高等院校信息技术系列教材

Linux操作系统基本原理与应用

（第2版）

周奇　周冠华　编著

清华大学出版社
北京

内容简介

本书以 Red Hat Enterprise Linux 9.2 为平台，对 Linux 的基础知识进行详细的介绍。本书根据初学者的学习规律，先简介 Linux 操作系统、Linux 的运行模式和基本操作、Linux 文件系统、Linux 用户管理、Linux 的 Shell 和自动化程序，然后在此基础上以进程管理和存储管理为例来提升 Linux 操作系统理论的深度与广度，可以为实践提供指导思想。

本书既可作为高等学校计算机类和信息技术类专业的本科教材，也可作为 Linux 初学者的培训教材。

版权所有，侵权必究。举报：010-62782989，beiqinquan@tup.tsinghua.edu.cn。

图书在版编目（CIP）数据

Linux 操作系统基本原理与应用 / 周奇，周冠华编著. 2 版. -- 北京：清华大学出版社，2025.4.
(高等院校信息技术系列教材). -- ISBN 978-7-302-68628-6

Ⅰ. TP316.89

中国国家版本馆 CIP 数据核字第 2025KT9453 号

责任编辑：郭　赛　薛　阳
封面设计：常雪影
责任校对：申晓焕
责任印制：宋　林

出版发行：清华大学出版社
网　　址：https://www.tup.com.cn, https://www.wqxuetang.com
地　　址：北京清华大学学研大厦 A 座
邮　　编：100084
社 总 机：010-83470000
邮　　购：010-62786544
投稿与读者服务：010-62776969，c-service@tup.tsinghua.edu.cn
质量反馈：010-62772015，zhiliang@tup.tsinghua.edu.cn
课件下载：https://www.tup.com.cn, 010-83470236

印 装 者：三河市铭诚印务有限公司
经　　销：全国新华书店
开　　本：185mm×260mm
印　　张：21
字　　数：485 千字
版　　次：2016 年 6 月第 1 版　2025 年 5 月第 2 版
印　　次：2025 年 5 月第 1 次印刷
定　　价：59.90 元

产品编号：105484-01

前言

　　Linux 是一个优秀的日益成熟的操作系统,现在已拥有大量的用户。由于其安全、高效、功能强大,且具有良好的兼容性和可移植性,Linux 已经被越来越多的人了解和使用。随着 Linux 技术和产品的不断发展和完善,其影响和应用日益扩大。Linux 系统正在占据越来越重要的地位。本书的编写目的是帮助读者掌握 Linux 相关基础知识,理解一些基本原理,提高实际操作技能。

　　本书以 Red Hat Enterprise Linux 9.2 为例,对 Linux 的基础知识进行详细的介绍。本书根据初学者的学习规律,先简介 Linux 操作系统、Linux 的运行模式和基本操作、Linux 文件系统、Linux 用户管理、Linux 的 Shell 和自动化程序,然后在此基础上以进程管理和存储管理为例来提升 Linux 操作系统理论的深度与广度,可以为实践提供指导思想。

　　本书具有如下特点:①结构严谨、内容丰富,作者对 Linux 内容的选取非常严谨,知识点的过渡顺畅自然;②讲解通俗、步骤详细,每个知识点以及实例的讲解都通俗易懂、步骤详细,并进行了归类处理,读者只要按步骤操作就可以很快上手;③理论和应用相结合,本书在讲解基本操作的前提下,从理论上对每个知识点的原理和应用背景都进行了详细的阐述,从而让读者在实践中举一反三,能够解决实际工作中遇到的问题。

　　本书是作者在经过多年"教产学研"实践以及教学改革探索的基础上,根据高等教育的教学特点编写而成的。其特色是以"理论够用、实用,强化应用"为原则,以帮助 Linux 初学者快速和轻松地进行学习。

作　者

2025 年 3 月

目录

第 1 章 Linux 操作系统简介 ... 1

- 1.1 计算机系统简介 ... 1
- 1.2 操作系统概述 ... 2
  - 1.2.1 操作系统的基本概念 ... 2
  - 1.2.2 操作系统的功能 ... 3
  - 1.2.3 操作系统的基本特性 ... 3
  - 1.2.4 操作系统的分类 ... 3
- 1.3 Linux 操作系统 ... 5
  - 1.3.1 Linux 操作系统的历史和背景 ... 5
  - 1.3.2 Linux 操作系统的特点 ... 5
  - 1.3.3 Linux 操作系统的组成 ... 6
  - 1.3.4 Linux 操作系统的内核 ... 6
  - 1.3.5 Linux 操作系统的版本 ... 6
- 1.4 Linux 操作系统的安装 ... 8
  - 1.4.1 虚拟机的下载与安装 ... 8
  - 1.4.2 Linux 操作系统的下载与安装 ... 8
- 1.5 Linux 操作系统的基本功能简介 ... 18
  - 1.5.1 终端的使用 ... 18
  - 1.5.2 用户切换 ... 18
  - 1.5.3 修改日期和时间 ... 19
  - 1.5.4 上网设置和测试 ... 20
  - 1.5.5 远程登录 ... 21
- 习题 ... 25

第 2 章 Linux 的运行模式和基本操作 ... 27

- 2.1 Linux 运行模式的简介 ... 27
  - 2.1.1 Linux 运行模式的概念 ... 27

2.1.2　Linux 运行模式的切换 ……………………………………………… 27
　2.2　Linux 的基本操作 ……………………………………………………………… 32
　　　2.2.1　控制台与终端 ………………………………………………………… 32
　　　2.2.2　登录方式 ……………………………………………………………… 32
　　　2.2.3　系统注销、关闭与重启 ……………………………………………… 33
　　　2.2.4　修改口令(密码) ……………………………………………………… 34
　2.3　常用的工具及命令 ……………………………………………………………… 35
　　　2.3.1　ps 命令查看进程信息 ………………………………………………… 37
　　　2.3.2　联机帮助命令 ………………………………………………………… 41
　2.4　应用软件的安装 ………………………………………………………………… 42
　习题 ……………………………………………………………………………………… 48

第 3 章　Linux 文件系统 …………………………………………………………… 49

　3.1　Linux 文件系统简介 …………………………………………………………… 49
　3.2　Linux 文件系统的结构 ………………………………………………………… 49
　　　3.2.1　Linux 文件系统的目录结构 ………………………………………… 49
　　　3.2.2　Linux 文件系统的文件结构 ………………………………………… 50
　　　3.2.3　Linux 的文件类型 …………………………………………………… 51
　　　3.2.4　Linux 文件系统的建立 ……………………………………………… 55
　　　3.2.5　Linux 存储设备的命名 ……………………………………………… 57
　3.3　Linux 文件系统的管理 ………………………………………………………… 58
　　　3.3.1　路径操作 ……………………………………………………………… 58
　　　3.3.2　文件和目录操作 ……………………………………………………… 59
　　　3.3.3　目录/文件的查看 …………………………………………………… 66
　　　3.3.4　vi/vim 文本编辑器 …………………………………………………… 77
　　　3.3.5　文件搜索和查找 ……………………………………………………… 87
　　　3.3.6　文件权限管理 ………………………………………………………… 91
　　　3.3.7　ln 命令链接操作 ……………………………………………………… 97
　　　3.3.8　文件压缩管理 ………………………………………………………… 98
　　　3.3.9　磁盘管理 ……………………………………………………………… 100
　　　3.3.10　文件系统检查和修复 ………………………………………………… 112
　　　3.3.11　其他一些常用命令 …………………………………………………… 114
　习题 ……………………………………………………………………………………… 116

第 4 章　Linux 用户管理 …………………………………………………………… 118

　4.1　用户和组概述 …………………………………………………………………… 118
　　　4.1.1　用户和组的基本概念 ………………………………………………… 118

4.1.2　用户和组的类型 …………………………………………… 118
　　　4.1.3　用户和组的配置文件 ……………………………………… 120
　4.2　用户的管理 …………………………………………………………… 123
　　　4.2.1　添加用户账号 ……………………………………………… 124
　　　4.2.2　修改用户口令 ……………………………………………… 125
　　　4.2.3　查看用户信息 ……………………………………………… 126
　　　4.2.4　修改用户信息 ……………………………………………… 129
　　　4.2.5　删除用户 …………………………………………………… 131
　4.3　用户高级管理 ………………………………………………………… 132
　　　4.3.1　setuid 和 setgid …………………………………………… 132
　　　4.3.2　用户组的管理 ……………………………………………… 134
　　　4.3.3　批量建立用户账号 ………………………………………… 137
　　　4.3.4　影子口令机制 ……………………………………………… 139
　习题 ……………………………………………………………………………… 140

第 5 章　Linux 的 Shell 和自动化程序 ……………………………………… 142

　5.1　Shell 入门和基础知识 ………………………………………………… 142
　　　5.1.1　Shell 的概念 ………………………………………………… 142
　　　5.1.2　Shell 的类型 ………………………………………………… 142
　　　5.1.3　创建和执行简单的 Shell 程序 ……………………………… 143
　5.2　Bash Shell …………………………………………………………… 145
　　　5.2.1　交互式处理 ………………………………………………… 146
　　　5.2.2　命令补全功能 ……………………………………………… 147
　　　5.2.3　别名功能 …………………………………………………… 147
　　　5.2.4　作业控制 …………………………………………………… 148
　　　5.2.5　输入/输出重定向 …………………………………………… 149
　　　5.2.6　管道 ………………………………………………………… 149
　　　5.2.7　Bash 中的特殊字符 ………………………………………… 150
　　　5.2.8　正则表达式 ………………………………………………… 153
　5.3　Shell 脚本编程 ………………………………………………………… 153
　　　5.3.1　Shell 变量 …………………………………………………… 153
　　　5.3.2　Shell 控制结构 ……………………………………………… 172
　　　5.3.3　Shell 函数 …………………………………………………… 177
　5.4　Shell 自动化脚本实例 ………………………………………………… 180
　　　5.4.1　系统备份脚本 ……………………………………………… 180
　　　5.4.2　日志分析脚本 ……………………………………………… 181
　　　5.4.3　用户管理脚本 ……………………………………………… 183
　　　5.4.4　网络监控脚本 ……………………………………………… 185

5.4.5 任务自动化 ………………………………………………………… 186
习题 ………………………………………………………………………… 187

第 6 章 进程管理 ………………………………………………… 189

6.1 进程与程序 ………………………………………………… 189
6.1.1 程序 ………………………………………………… 189
6.1.2 进程的概念 ………………………………………… 192
6.1.3 进程与程序的联系和区别 ………………………… 195
6.1.4 进程控制块 ………………………………………… 196
6.1.5 进程的组织 ………………………………………… 197
6.1.6 Linux 系统中的进程 ……………………………… 198

6.2 进程运行 …………………………………………………… 204
6.2.1 操作系统内核 ……………………………………… 204
6.2.2 中断与系统调用 …………………………………… 206
6.2.3 进程的运行模式 …………………………………… 209

6.3 进程控制 …………………………………………………… 210
6.3.1 进程控制的功能 …………………………………… 210
6.3.2 Linux 系统的进程控制 …………………………… 211
6.3.3 Shell 命令的执行过程 …………………………… 224

6.4 进程调度 …………………………………………………… 226
6.4.1 进程调度的基本原理 ……………………………… 226
6.4.2 Linux 系统的进程调度 …………………………… 228

6.5 进程互斥与进程同步 ……………………………………… 233
6.5.1 进程的互斥与同步 ………………………………… 233
6.5.2 信号量与 P、V 操作 ……………………………… 235
6.5.3 Linux 的信号量机制 ……………………………… 242
6.5.4 死锁问题 …………………………………………… 242

6.6 进程通信 …………………………………………………… 244
6.6.1 进程通信的方式 …………………………………… 244
6.6.2 Linux 信号通信原理 ……………………………… 245
6.6.3 Linux 管道通信原理 ……………………………… 248

6.7 线程 ………………………………………………………… 248
6.7.1 线程的概念 ………………………………………… 249
6.7.2 线程和进程的区别 ………………………………… 249
6.7.3 内核级线程与用户级线程 ………………………… 250
6.7.4 Linux 中的线程 …………………………………… 250

习题 ………………………………………………………………………… 251

第 7 章 存储管理 252

7.1 存储管理概述 252
7.1.1 计算机内存的角色 253
7.1.2 内存管理与多道程序设计的需求关系 253

7.2 内存管理模块功能 254
7.2.1 存储空间的分配 254
7.2.2 内存回收 259
7.2.3 存储地址的变换 262
7.2.4 内存的保护 277
7.2.5 内存的扩充和优化 279

7.3 多道程序并发与内存挑战 281
7.3.1 内存资源有限性 283
7.3.2 合理管理机制 285

7.4 存储管理任务与目标 287
7.4.1 多进程共存的需求 287
7.4.2 存储管理的任务 289

7.5 存储管理方案 290
7.5.1 分区存储管理 290
7.5.2 页式存储管理 294
7.5.3 段式存储管理 298
7.5.4 段页式存储管理 300

7.6 虚拟存储管理 301
7.6.1 虚拟存储技术 301
7.6.2 页式虚拟存储器原理 302

7.7 Linux 的存储管理 308
7.7.1 x86 架构的内存访问机制 308
7.7.2 Linux 的内存管理方案 317
7.7.3 进程地址空间的管理 320

习题 324

第 1 章 Linux 操作系统简介

计算机的运行需要硬件系统和软件系统的支持。操作系统是计算机系统的基本系统软件，是软件系统的核心，是计算机系统中至关重要的组成部分，它使计算机硬件和软件能够协同工作，提供了用户友好的界面，使计算机变得易于使用和管理。

Linux 操作系统是操作系统的重要成员之一。Linux 是一种功能强大、灵活和可定制的操作系统，广泛用于服务器、嵌入式系统、个人计算机和各种其他设备。它的开源本质使其成为一个受欢迎的选择，可满足各种需求。Linux 操作系统发展至今，已经成为主流操作系统之一，广泛应用于多个领域，包括服务器、个人计算机、嵌入式系统、移动设备、人工智能、云计算、大数据、物联网、跨平台支持和超级计算机等。

本章将对计算机系统、操作系统进行简单介绍，并开始逐步了解 Linux 操作系统，掌握 Linux 操作系统的安装方法和 Linux 的基本功能及其操作。本书将以 Red Hat Enterprise Linux 9.2 为操作系统环境进行讲解。

1.1 计算机系统简介

计算机系统是一个由硬件系统和软件系统组成的复杂系统，由软、硬件系统相互协作，执行各种计算和处理任务。它是现代信息技术的核心，广泛应用于各个领域，从个人计算机到企业服务器，从移动设备到嵌入式系统。

计算机系统的性能和功能因用途而异，从个人计算机到服务器、嵌入式系统、超级计算机和量子计算机（中国"九章三号"量子计算机，如图 1.1 所示），各种不同类型的计算机系统都存在。

计算机系统的组成如图 1.2 所示。

图 1.1 中国"九章三号"量子计算机

(资料来源：中国科学技术大学；新华社)

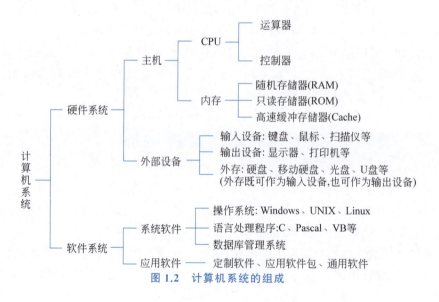

图 1.2 计算机系统的组成

1.2 操作系统概述

1.2.1 操作系统的基本概念

操作系统(Operating System,OS)是计算机系统中的核心软件组件，它管理和协调硬件资源、应用程序和用户之间的交互。

1.2.2 操作系统的功能

操作系统的功能可按结构组成角度和资源管理角度来进行分类。

1. 按结构组成分类

操作系统的主要功能基于其结构组成来看,这些功能涵盖了操作系统在计算机系统中的各个方面,确保了系统的有效性、安全性和可用性。以下是按结构组成分类的主要功能:资源管理、进程管理、内存管理、文件系统管理、用户界面、设备管理、网络管理、安全性、错误处理等。

2. 按资源管理分类

从资源管理的角度来看,操作系统的功能主要有处理机管理功能、存储器管理功能、设备管理功能、文件管理功能、操作系统与用户之间的接口功能。

1.2.3 操作系统的基本特性

操作系统具有多种基本特性,包括并发性、共享性、虚拟技术、异步性和分布式计算。这些基本特性使操作系统能够管理计算机系统的各个方面,同时提供高效性、可靠性和灵活性。

1.2.4 操作系统的分类

随着计算机技术的迅速发展和计算机在各行各业的广泛应用,人们对操作系统的功能、应用环境和使用方式等提出了不同的要求,从而逐渐形成了不同类型的操作系统。

操作系统也可以根据其用途、设计、架构和市场定位进行分类,具体如表 1.1 所示。

表 1.1 操作系统的分类

操作系统类型	应用
单用户单任务操作系统	MS-DOS、Windows 3.1、嵌入式系统等
单用户多任务操作系统	早期版本的 Linux、Windows、macOS
批处理操作系统	UNIX、Linux、IBM z/OS、Microsoft Windows Server 等
多用户操作系统	Linux、UNIX、macOS、Windows Server 等
分布式操作系统	Linux、Windows Server、Apache Hadoop 等
实时操作系统	VxWorks、RTLinux、QNX、RTOS、FreeRTOS、INTEGRITY 等
网络操作系统	Huawei VRP(基于 Linux 内核开发)、Cisco IOS 等
移动操作系统	HarmonyOS 鸿蒙系统(华为开发的分布式操作系统)、Android(基于 Linux 内核开发)、iOS、Windows 10 Mobile 等

续表

操作系统类型	应用
嵌入式操作系统	Embedded Linux、FreeRTOS、VxWorks 等
网络设备操作系统	Cisco IOS、Juniper Junos、HPE/Aruba OS 等
服务器操作系统	Linux、UNIX、Microsoft Windows Server 等
个人计算机操作系统	Linux、Windows、macOS、UNIX、Chrome OS、React OS 等
超级计算机操作系统	如中国"天河二号"超级计算机运行的银河麒麟操作系统 Kylin OS（基于 Linux）和 Ubuntu Linux，如图 1.3 所示
量子计算机操作系统	（中国 2023 年）本源司南 Pilot OS 量子操作系统（如图 1.4 所示）、Deltaflow.OS 量子操作系统、Parity OS 量子操作系统（基于 Linux）、Qiskit Runtime 量子操作系统等

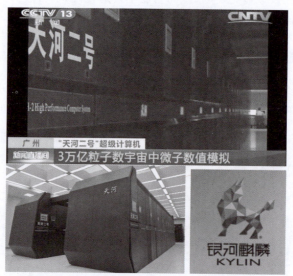

图 1.3　中国"天河二号"超级计算机和银河麒麟操作系统 Kylin OS

（资料来源：CCTV；中山大学；国防科技大学；麒麟软件）

图 1.4　中国首款量子操作系统——本源司南 Pilot OS

（资料来源：本源量子）

1.3 Linux 操作系统

1.3.1 Linux 操作系统的历史和背景

1991年，芬兰赫尔辛基大学的学生 Linus Torvalds（如图 1.5 所示）出于个人爱好，决定自己编写一个类似 Minix（类 UNIX 操作系统）的操作系统。他在 PC 上学习和研究 Minix，并参照它开发出最初的 Linux 内核。1991 年 9 月，Linus 通过 Internet 正式公布了 Linux 0.01 版。

图 1.5　Linus Torvalds 与 Linux 系统 Logo

（图片来源：Linux 官方）

Linux 的诞生和发展与 UNIX 系统、Minix 系统、Internet、GNU 计划有着不可分割的关系，它们对于 Linux 有着深刻的影响和促进作用。Linux 的历史和背景，如图 1.6 所示。

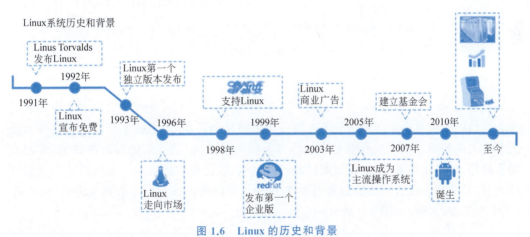

图 1.6　Linux 的历史和背景

（资料来源：Linux 官方；广东开放大学）

1.3.2 Linux 操作系统的特点

由于 Linux 是通过 Internet 协同开发的，使得其稳定性、健壮性兼备的网络功能非常强大。Linux 操作系统具有免费自由、高效安全稳定、可移植性强、支持多用户和多任务、集成图形界面、设备独立性和强大的网络功能等特点。

1.3.3 Linux 操作系统的组成

Linux 操作系统由 Linux 内核、Shell、文件系统、GNU 工具、库文件、图形用户界面(GUI)、系统服务和守护进程、用户空间工具和应用程序、驱动程序等多个组件组成，它们协同工作以实现一个完整的操作系统。

1.3.4 Linux 操作系统的内核

1. Linux 内核的概念和组成

Linux 内核是 Linux 操作系统的核心部分，它是一个开源的、类 UNIX 操作系统内核。它负责管理计算机的硬件资源，并提供了用户和应用程序与硬件之间的接口。Linux 内核的概念，如图 1.7 所示。Linux 内核的组成，如图 1.8 所示。

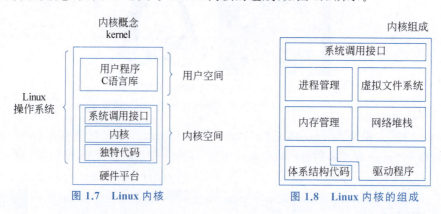

图 1.7　Linux 内核　　　　　图 1.8　Linux 内核的组成

2. Linux 内核的版本

所有 Linux 系统使用的内核只有一个版本，由 Linus 本人带领的内核团队维护和发布。内核的版本号由三组数字表示。第一组数字是主版本号，主版本不同的内核在功能上有很大的差异。第二组数字是次版本号。如果是奇数，则表示该版为测试版，可能有潜在缺陷；如果是偶数，则表示该版已经过严格测试，是稳定的版本。第三组数字是修订序列号，数字越大则表示功能越强或缺陷越少。目前的内核稳定主次版本是在 2003 年 12 月发布的 2.6 版，如图 1.9 所示。

1.3.5 Linux 操作系统的版本

一些常见的 Linux 发行版，如图 1.10 所示。

2023 年，Red Hat Enterprise Linux 的新版 9.2 版本已发布，本书也以此版本为研究环境。Red Hat Enterprise Linux 9.2 版本，如图 1.11 所示。

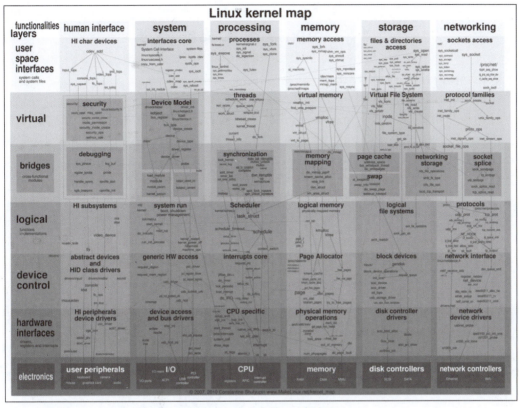

图 1.9　Linux 内核 2.6 版本图

(图片来源于 www.makeLinux.github.io/kernel/map/)

图 1.10　Linux 部分版本

图 1.11　Red Hat Enterprise Linux 9.2 版本系统

1.4 Linux 操作系统的安装

1.4.1 虚拟机的下载与安装

虚拟机请到 VMware Workstation 的官网进行下载,本书使用的虚拟机版本是 VMware Workstation PRO 17(建议使用目前最新版本,旧版本在新建虚拟机(安装 Linux 系统)时可能会出现检测不到 Red Hat Enterprise Linux 9.2 的系统镜像),下载网址如下。

```
https://www.vmware.com/cn/products/workstation-pro.html
```

下载后,基本上按默认提示进行安装即可,安装完成后如图 1.12 所示。

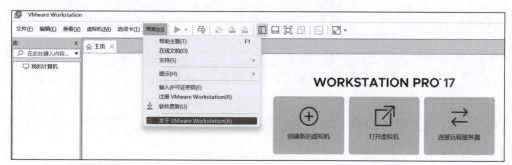

图 1.12 启动虚拟机

1.4.2 Linux 操作系统的下载与安装

本书使用 Red Hat Enterprise Linux 9.2 系统进行研究和实验。为方便实验,将会在虚拟机中安装 Red Hat Enterprise Linux 9.2 系统,具体安装步骤如下。

1. 准备系统镜像

建议到官网下载 Red Hat Enterprise Linux 9.2 的系统镜像,下载之前需要注册,下载过程中需要邮箱验证,下载地址如下。

```
https://developers.redhat.com/products/rhel/download#rhel-new-product-download-list-61451
```

下载完成后,得到 Red Hat Enterprise Linux 9.2 的系统镜像文件,如图 1.13 所示,为系统安装做准备。

rhel-9.2-x86_64-dvd.iso

图 1.13 Red Hat Enterprise Linux 9.2 的系统镜像文件

2. 在虚拟机中安装 Red Hat Enterprise Linux 9.2 系统

打开虚拟机，单击"创建新的虚拟机"，如图 1.14 所示。

图 1.14　创建新的虚拟机

步骤基本上选择默认选项，具体操作如下。第一步是"类型的配置"，如图 1.15 所示。

图 1.15　虚拟机创建向导-类型的配置

这里需要说明一下，若选择 Linux 系统镜像后显示"已检测到 Red Hat Enterprise Linux 9 64 位"，说明镜像可用并和虚拟机兼容，可继续进行 Linux 系统安装，否则会提示"检测不到镜像"，这时需要考虑是镜像问题或虚拟机兼容问题。具体如图 1.16 所示。本书再次建议使用 VMware Workstation PRO 17。

这一步需要设置用户名和密码，此时的密码将作为根用户 root 的用户密码，具体如图 1.17 所示。

此步骤可以给虚拟机命名，方便识别虚拟机，也可以后续修改此虚拟机名。另外，虚拟机存放位置尽量不要选择 C 盘，因为在后续操作和存储过程中，会产生大量数据。具体操作，如图 1.18 所示。

"最大磁盘大小"可选择默认，也可以根据需要进行调节，具体如图 1.19 所示。

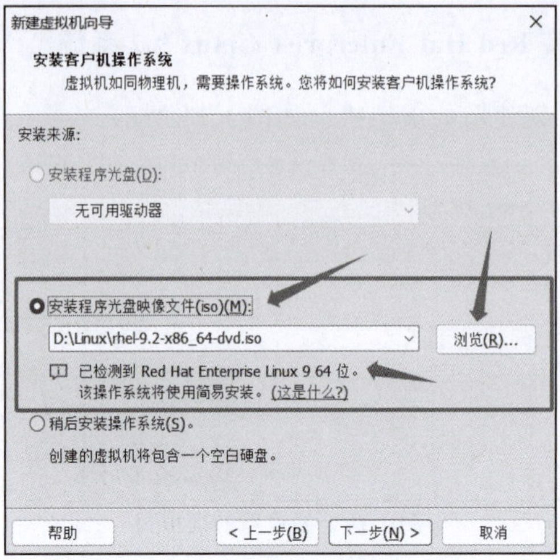

图 1.16　虚拟机创建向导-系统选择

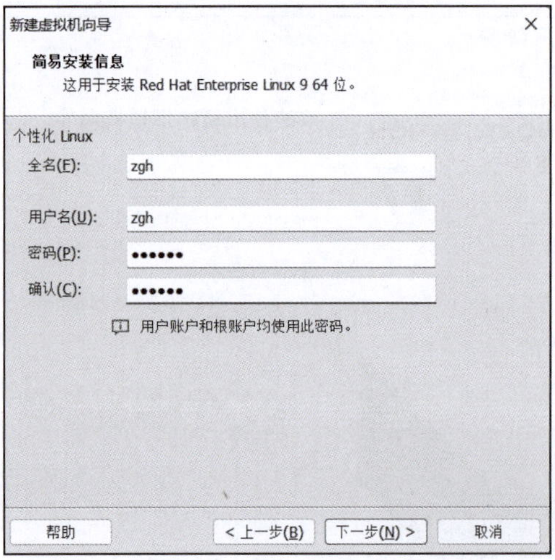

图 1.17　虚拟机创建向导-设置用户名和密码

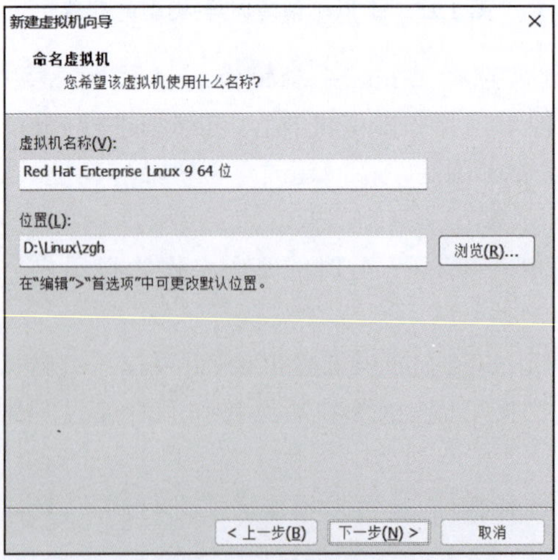

图 1.18　虚拟机创建向导-命名和安装位置选择

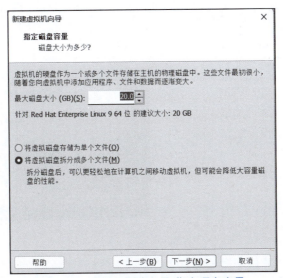

图 1.19　虚拟机创建向导-指定硬盘容量

最后确认安装配置信息后,完成虚拟机的创建,具体如图 1.20 所示。

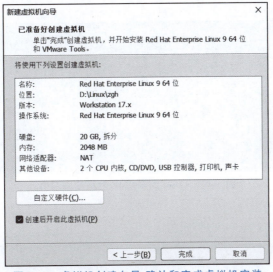

图 1.20　虚拟机创建向导-确认和完成虚拟机安装

创建完成后的界面如图 1.21 所示,可以看到虚拟机名为"Red Hat Enterprise Linux 9 64 位"的虚拟机,单击鼠标选中后,在右侧栏可见此虚拟机的相关信息。

可选择"编辑虚拟机设置",对虚拟机进行相关配置。

Linux 系统还没有完成安装,选择"开启此虚拟机",完成后续的 Linux 安装。详细安装过程,如图 1.22~图 1.30 所示。

提示:可以通过使用 Ctrl+Alt 组合键,把在虚拟机中的鼠标光标释放出来。

这一步是语言版本选择,建议选择"简体中文(中国)"。当然,如果此步骤选择英文,在 Linux 系统安装完成后,也可以更改语言版本,具体如图 1.24 所示。

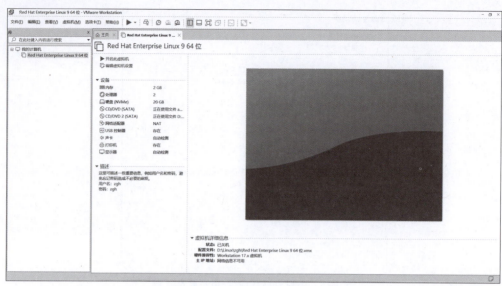

图 1.21 虚拟机启动界面

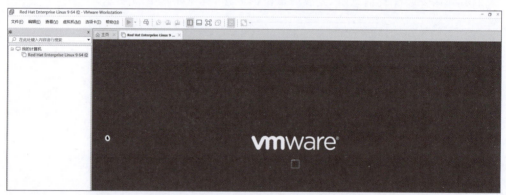

图 1.22 Linux 安装过程-开启此虚拟机

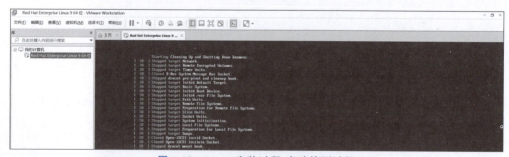

图 1.23 Linux 安装过程-启动检测过程

这一步是"安装信息摘要",发现"开始安装"按钮呈灰色而不能继续进行安装,需要对标红字的选项进行设置,完成后,才能继续安装,具体操作如图 1.25 所示。

进入"安装目标位置"界面,单击进入配置,可以选择存储自动配置,具体如图 1.26 所示。

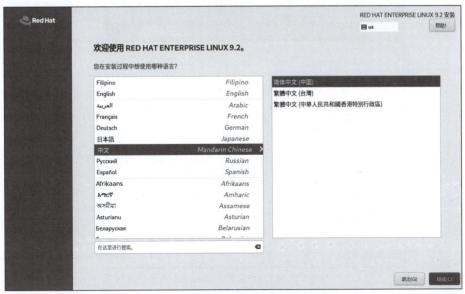

图 1.24　Linux 安装过程-语言版本选择

图 1.25　Linux 安装过程-安装信息摘要

　　此步骤是设置 Root 密码,如图 1.27 所示。
　　设置完 Root 密码后,"安装信息摘要"界面的"开始安装"按钮变成蓝色,即可以进行继续安装,如图 1.28 所示。
　　接下来是等待安装,此时需要耐心等待,如图 1.29 所示。
　　安装完成,单击"重启系统"按钮,如图 1.30 所示。
　　配置 Linux 系统,如图 1.31～图 1.35 所示。
　　设置隐私,位置服务可以勾选,如图 1.32 所示。

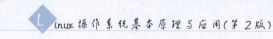

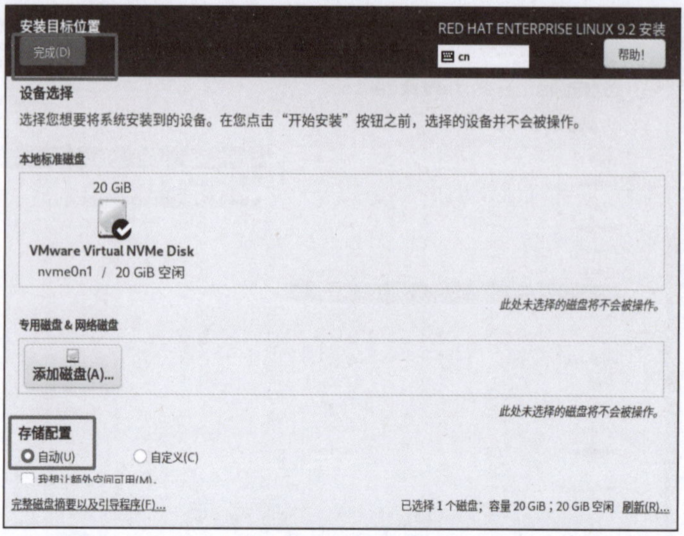

图 1.26 Linux 安装过程-安装信息摘要（安装目标位置）

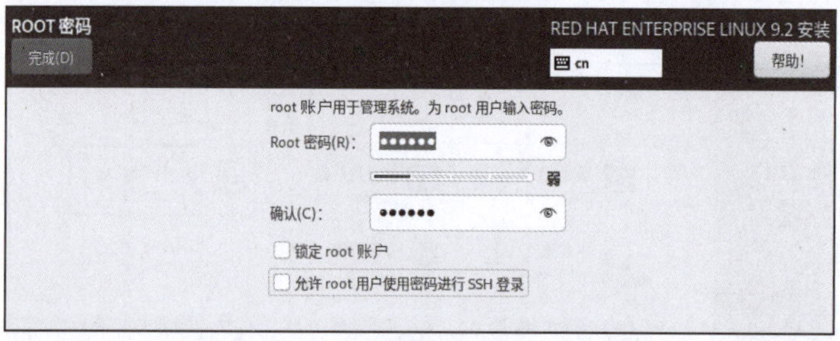

图 1.27 Linux 安装过程-设置 ROOT 密码

图 1.28 Linux 安装过程-继续开始安装

图 1.29　Linux 安装过程

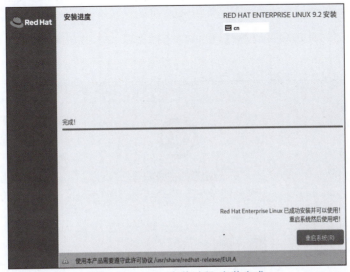

图 1.30　Linux 安装过程-安装完成

图 1.31　配置 Linux 系统

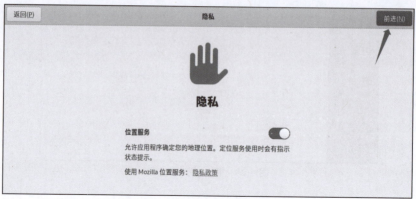

图 1.32　配置 Linux 系统-设置隐私

关联在线账号，此选项可以跳过，也可以选择关联。本书在此选择"跳过"，如图 1.33 所示。

图 1.33　配置 Linux 系统-关联在线账号

此界面填写用户的信息，也可以选择企业登录，如图 1.34 所示。

图 1.34　配置 Linux 系统-填写用户信息

此界面是设置上一个界面的用户的密码，如图 1.35 所示。

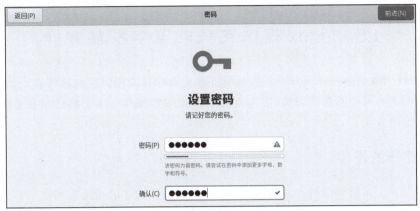

图 1.35　配置 Linux 系统-设置用户密码

配置完成,单击"开始使用 Red Hat Enterprise Linux"按钮,即可进入 Red Hat Enterprise Linux 9.2 的系统界面,如图 1.36 和图 1.37 所示。

图 1.36　配置 Linux 系统-配置完成

图 1.37　Red Hat Enterprise Linux 9.2 的系统界面

1.5 Linux 操作系统的基本功能简介

Red Hat Enterprise Linux 9.2 版本的可视化操作界面跟以往的操作界面大不相同，刚开始使用起来可能有些不习惯，因为有些功能比较难找到。本书将介绍部分常用的功能和程序使用方法。

1.5.1 终端的使用

进入 Linux 系统界面后，Red Hat Enterprise Linux 9.2 的系统安装已全部完成。比较常用的"终端"，可以通过"活动"→"终端"找到，如图 1.38 和图 1.39 所示。

图 1.38 打开 Linux 终端

图 1.39 Linux 终端

1.5.2 用户切换

Linux 是多用户系统，在使用过程中，通常需要做用户切换，如图 1.40 和图 1.41 所示。

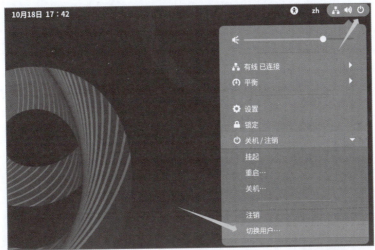

图 1.40 切换其他用户

图 1.41 登录其他用户

1.5.3 修改日期和时间

系统安装完成后，若发现日期和时间与实际时间不一致，可以进行修改，如图 1.42 所示，具体方法如下。

图 1.42 修改系统日期和时间

打开终端，使用以下命令修改日期，注意日期的格式为 dd/mm/yyyy 或 dd-mm-yyyy。

date -s 10/10/2023

打开终端,使用以下命令修改时间,注意时间的格式为 hh/mm/ss。

```
date -s 16:32:30
```

1.5.4　上网设置和测试

虚拟机安装的 Linux 系统,可以设置上网,设置之前首先要保证 Windows 真机能访问互联网。

第一步,对虚拟机进行设置,如图 1.43 所示。

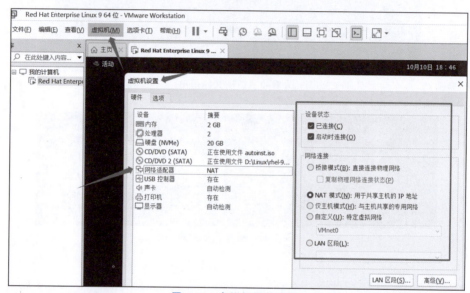

图 1.43　虚拟机网络设置

第二步,设置网络,自动获取 IP 即可,如图 1.44 所示。

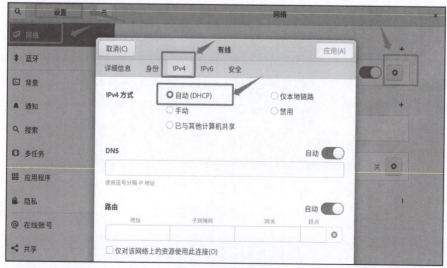

图 1.44　网络设置

第三步,测试网络连通性,打开终端,使用 ping 命令,分别对虚拟机 Linux 系统本机、Windows,以及局域网或外网进行连通性测试,如图 1.45 所示。

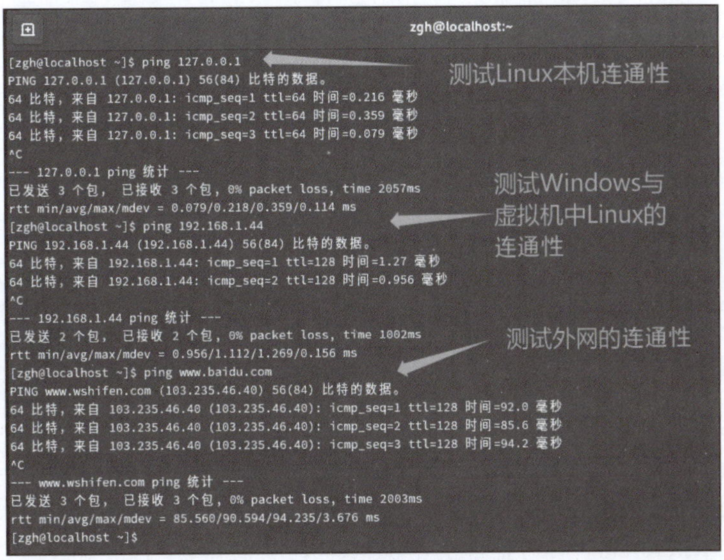

图 1.45 测试网络连通性

根据图 1.45,虚拟机 Linux 系统本机与外网可以连通,此时可以使用浏览器进行上网,本系统的默认浏览器是火狐(Firefox)浏览器,按 Win 键,该浏览器会在桌面下方出现,上网效果如图 1.46 所示。

图 1.46 虚拟机中 Linux 系统的上网效果

1.5.5 远程登录

测试任务:远程登录 Linux 系统。

步骤：

（1）下载并安装 Xshell 远程工具，建议在官网下载最新版本。本测试使用 Xshell 远程软件，安装后打开，默认界面如图 1.47 所示，右侧窗口"本地 Shell"是本地（Windows）的命令提示符（CMD）。

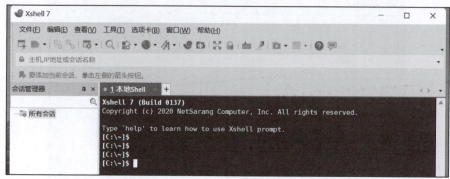

图 1.47　Xshell 远程登录软件主界面

（2）使用 systemctl status sshd 命令，查看目标 Linux 系统的 SSH 工作状态是否正常，显示 Active：active（running）为正常工作状态，同时查看远程端口（默认为 22），如图 1.48 所示。

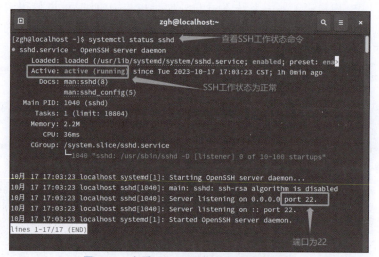

图 1.48　查看 Linux 系统的 SSH 工作状态

（3）在 Linux 中使用 ifconfig 命令查看目标 Linux 系统的 IP，并在本地按 Win＋R 组合键输入"cmd"后打开终端，然后使用 ping 命令测试连通性，如图 1.49～图 1.51 所示。

图 1.49　查看 Linux 系统的 IP

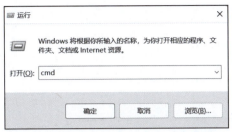

图 1.50　运行"cmd"打开 Windows 的终端

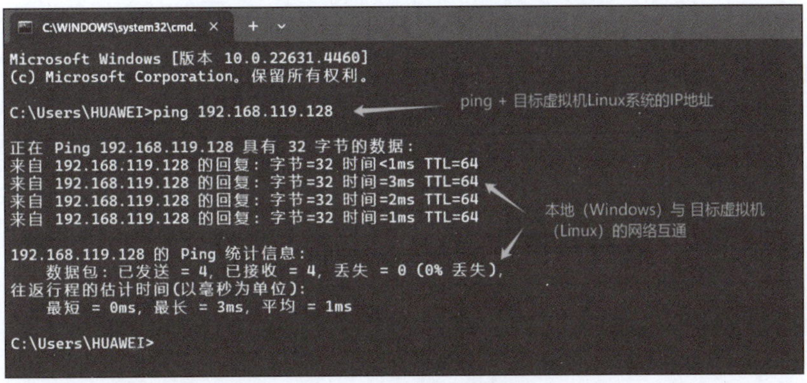

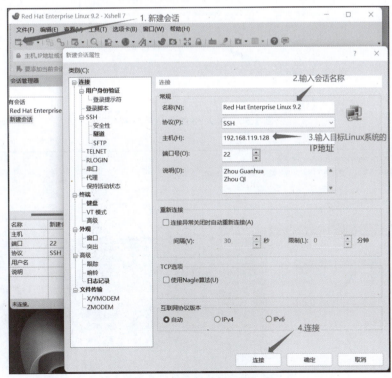

图 1.51　ping 命令测试连通性

（4）在本地 Windows 打开 Xshell 远程软件，使用 Xshell 远程登录 Linux 系统。具体方法如图 1.52～图 1.57 所示。

图 1.52　新建 SSH 远程会话

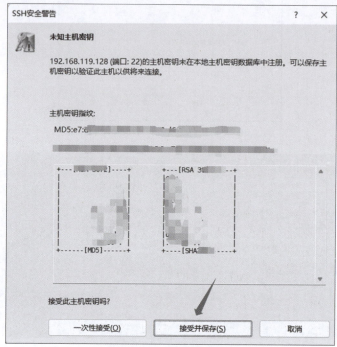

图 1.53　SSH 安全警告

图 1.54　输入 SSH 登录用户名

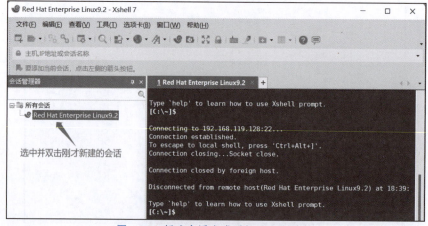

图 1.55　新建会话完成后打开远程连接

图 1.56　SSH 用户身份验证

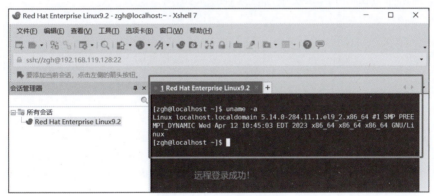

图 1.57　远程登录成功

习　　题

1. 什么是计算机系统？简要说明其主要组成部分。
2. 操作系统是什么？简述操作系统的定义和作用。
3. 列举并解释操作系统的基本功能。
4. 操作系统的主要目标是什么？提供一个具体的例子。
5. 什么是操作系统的基本特性？举例说明其中一个特性。
6. 根据不同的标准，操作系统可以分为哪些分类？
7. 请简要描述 Linux 操作系统的起源和发展历史。
8. 列出并解释 Linux 操作系统的主要特点。

9. 简要说明 Linux 操作系统的主要组成部分。
10. 解释 Linux 操作系统内核的作用和特点。
11. 列举一些常见的 Linux 发行版,并简要说明它们之间的区别。
12. 在哪些领域中广泛应用 Linux 操作系统? 举例说明。
13. 什么是虚拟机? 提供虚拟机下载和安装的基本步骤。
14. 简要说明 Linux 操作系统下载和安装的基本步骤。
15. 解释终端的概念,并提供一些常用的终端命令。
16. 在 Linux 系统中如何进行用户切换?
17. 提供查看系统文件的常用命令,并解释其作用。
18. 在 Linux 系统中如何使用中文输入法?
19. 如何在 Linux 系统中修改日期和时间?
20. 提供 Linux 系统上网设置和测试的基本步骤。
21. 在 Linux 系统中如何进行关机和重启操作?
22. 列举并解释一些其他系统设置的常见选项。
23. 介绍如何在 Linux 系统中进行远程登录操作。

第 2 章

Linux 的运行模式和基本操作

在使用 Linux 系统前,首先要安装 Linux 操作系统,了解和掌握一些基本的知识和操作,才能正确高效地使用 Linux 系统。本章主要介绍了 Linux 提供给用户的命令行运行模式以及运行模式的基本知识。

2.1 Linux 运行模式的简介

本节将介绍 Linux 运行模式的概念、特点、分类,以及 Linux 运行模式之间的切换方式。

2.1.1 Linux 运行模式的概念

Linux 运行模式,也称为运行级别,是指 Linux 操作系统在不同状态或模式下运行和提供服务的不同配置。

在 Linux 系统中通常有 7 个标准运行级别(0~6),每个级别都有不同的功能和服务。Linux 的运行级别如表 2.1 所示。

表 2.1 Linux 的运行级别

运行级别	详细
0	此运行级别表示系统处于关机状态
1	也称为单用户模式或救援模式
2	多用户模式,通常是默认的文本模式
3	与运行级别 2 类似,但还启动了网络服务,允许多用户通过网络访问系统
4	这个级别通常没有特殊用途,保留未使用,留作未来定制
5	多用户模式,包含图形用户界面(GUI)
6	系统重新启动的级别

2.1.2 Linux 运行模式的切换

运行模式的切换是指将系统从一个运行级别(或运行模式)切换到另一个,以满足不同的需求或任务。运行模式的切换可以涉及不同的运行级别,管理员可以根据系统的状态和任务选择适当的运行模式,以确保系统的正常运行和维护。

切换运行模式可以使用不同的命令和方法,如使用 init 或 telinit 命令、systemctl 命令(对于 Systemd 系统)、GRUB 引导菜单、文本编辑器修改配置文件,或特殊键组合来切换虚拟终端。Linux 运行模式的切换方式,如表 2.2 所示。

表 2.2 Linux 运行模式的切换方式

切换方法	用途
init 或 telinit 命令	切换到特定运行级别,如单用户模式
systemctl 命令	切换到不同的 Systemd 目标(对于 Systemd 系统)
runlevel 命令	查看当前运行级别,然后切换到其他运行级别
GRUB 引导菜单	在引导时选择不同的运行级别
文本编辑器修改配置文件	更改默认运行级别的配置文件以影响下次引导
特殊键组合	在图形环境中切换到不同的虚拟终端

1. 使用 init 或 telinit 命令

在 Linux 中,init 和 telinit 命令通常用于切换系统的运行级别。运行级别表示系统的状态和配置,不同的运行级别用于不同的任务和需求,例如,单用户模式、多用户模式、关机等。这两个命令允许管理员切换到不同的运行级别,以便执行特定的维护任务务或操作系统操作。这两个命令的作用是相同的,telinit 是 init 命令的一个符号链接(软链接)。

init 和 telinit 命令的基本语法:

init [运行级别]

其中,[运行级别]的代号(0~6)请参照表 2.1。

而 init 或 telinit 命令的基本用法,如表 2.3 所示。

表 2.3 init 或 telinit 命令的基本用法

用途	init 用法	telinit 用法
切换到单用户模式	init 1	telinit 1
切换到多用户模式(不带网络)	init 2	telinit 2
切换到多用户模式(带网络)	init 3	telinit 3
切换到多用户模式(带图形用户界面)	init 5	telinit 5
切换到关机模式	init 0	telinit 0
重启系统	init 6	telinit 6

使用 init 或 telinit 命令,切换运行模式,相关实例如图 2.1～图 2.6 所示。

图 2.1 使用 init 命令进入单用户模式

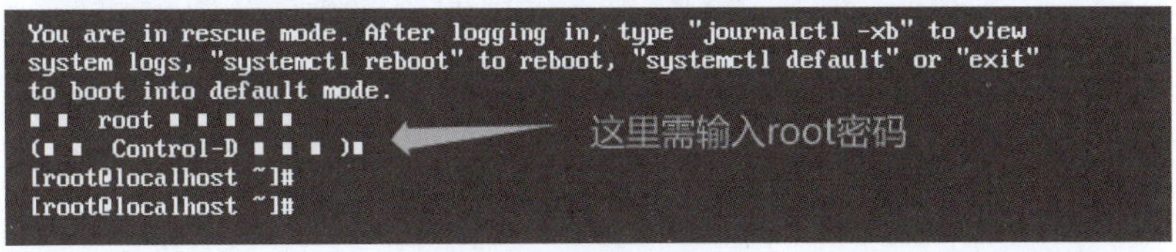

图 2.2 单用户模式

图 2.3 使用 init 命令进入带网络的多用户模式

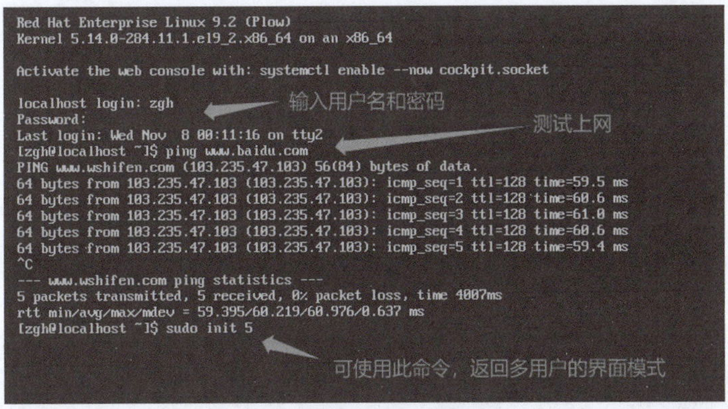

图 2.4 带网络的多用户模式

说明:如果使用的是管理员 root 的身份,就不用使用 sudo 命令,可直接使用 init 或 telinit,如图 2.5 和图 2.6 所示。

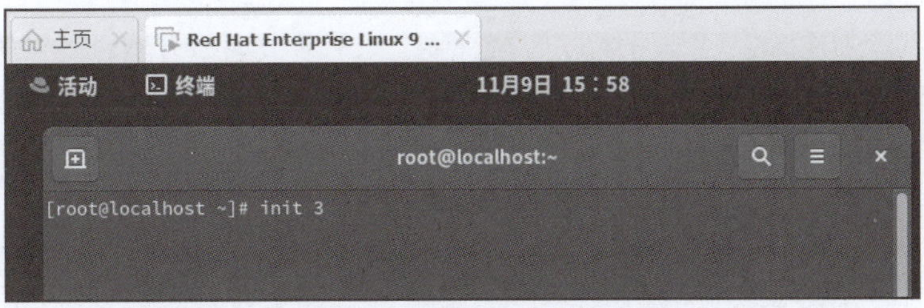

图 2.5 root 用户下使用 init 命令切换运行模式 1

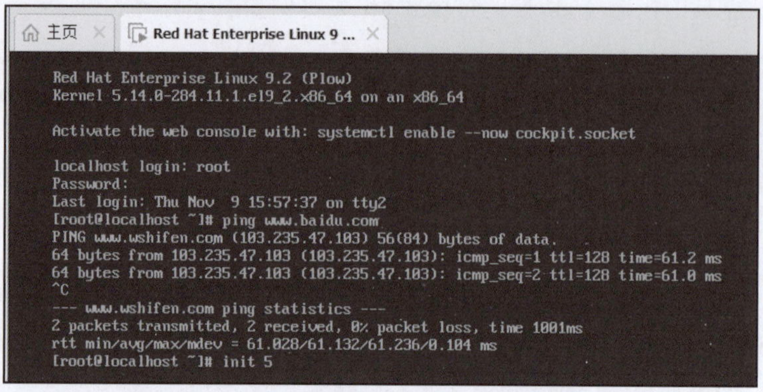

图 2.6　root 用户下使用 init 命令切换运行模式 2

2. 使用 systemctl 命令

systemctl 命令是用于控制 Systemd 系统和服务管理器的工具。systemctl 可以切换运行模式，允许管理员查看和控制系统服务的状态，启动或停止服务，以及管理系统的其他方面。systemctl 命令的基本语法如下。

```
systemctl [OPTIONS] COMMAND [UNIT…]
```

其中：

OPTIONS 是一些可选的命令行选项，用于指定 systemctl 的行为。

COMMAND 是 systemctl 的具体命令，表示要执行的操作。

UNIT 是 systemd 单元的名称，可以是 TARGET、服务（service）、套接字（socket）、设备（device）等。而 TARGET 是 systemd 的目标单元，是 systemd 初始化系统的概念之一，用于表示系统的不同状态或运行级别，如图 2.7 和图 2.8 所示。

图 2.7　systemctl 命令查看所有正在运行的单元

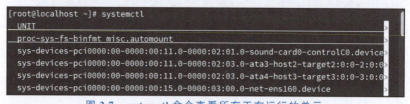

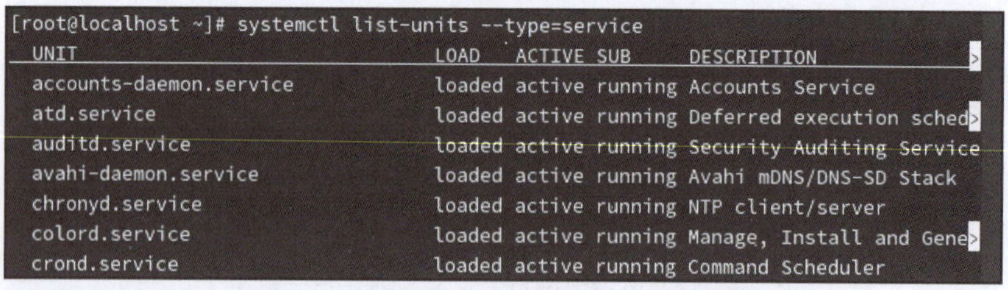

图 2.8　systemctl 命令查看所有服务的状态

在 systemctl 中,切换到特定运行级别可以使用 isolate 命令。每个目标运行级别对应一个 target 单元,以下是展示如何使用 systemctl 命令切换到特定运行级别的示例,具体如表 2.4 所示。

表 2.4 使用 systemctl isolate 命令切换到特定的运行级别

目标运行级别	命 令
切换到图形模式	systemctl isolate graphical.target
切换到多用户模式	systemctl isolate multi-user.target
切换到单用户(救援)模式	systemctl isolate rescue.target
切换到关机模式	systemctl isolate poweroff.target
切换到重启模式	systemctl isolate reboot.target

将多任务模式(级别 3)切换到图形模式,如图 2.9 所示。

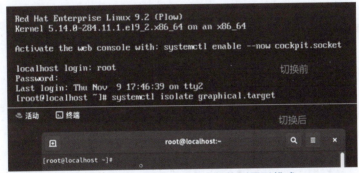

图 2.9 systemctl isolate 命令切换到图形模式

3. 使用特殊键组合

使用特殊键组合在图形环境中切换到不同的虚拟终端或运行模式,具体如表 2.5 所示。

表 2.5 使用特殊键组合切换模式

操 作	键 组 合	功 能
切换到运行模式 1	Ctrl + Alt + F1	切换到第一个虚拟终端(tty1)或文本模式
切换到运行模式 2	Ctrl + Alt + F2	切换到第二个虚拟终端(tty2)或文本模式
切换到运行模式 3	Ctrl + Alt + F3	切换到第三个虚拟终端(tty3)或文本模式
切换到运行模式 4	Ctrl + Alt + F4	切换到第四个虚拟终端(tty4)或文本模式
切换到运行模式 5	Ctrl + Alt + F5	切换到第五个虚拟终端(tty5)或文本模式
切换到运行模式 6	Ctrl + Alt + F6	切换到第六个虚拟终端(tty6)或文本模式
返回到图形界面	Ctrl + Alt + F7	tty7 或返回到默认图形界面

2.2　Linux 的基本操作

2.2.1　控制台与终端

Linux 中的控制台和终端是两个不同的概念,用于与操作系统进行交互。Linux 控制台和终端之间的区别,如表 2.6 所示。

表 2.6　控制台和终端的区别

特　征	控制台（Console）	终端（Terminal）
硬件 vs.软件	控制台是硬件设备,如物理键盘和显示器	终端是一个软件应用程序,运行在图形用户界面中
物理 vs.虚拟	控制台通常是物理设备,实际存在于计算机上	终端是虚拟的,以图形窗口的形式出现在桌面中
直接命令行界面	控制台提供直接的命令行界面,用户可以在控制台上输入命令	终端是一个模拟控制台的工具,提供一个命令行界面,用户也可以在其中输入命令

2.2.2　登录方式

Linux 的登录方式包括本地登录、远程登录、虚拟终端登录、远程桌面登录(SSH 和 Telnet)、Web 登录和自动登录。

用字符控制台登录的方法是:将显示屏切换到一个字符控制台,按 Alt＋Ctrl＋F2 或 Alt＋F2 组合键,如图 2.10 所示,输入用户名和密码进行登录,登录成功后,系统显示 Shell 命令提示符,表示用户可以输入命令。

```
Red Hat Enterprise Linux 9.2 (Plow)
Kernel 5.14.0-284.11.1.el9_2.x86_64 on an x86_64

Activate the web console with: systemctl enable --now cockpit.socket

localhost login: zgh
Password:
Last login: Sat Oct 14 02:19:42 on tty2
[zgh@localhost ~]$
```

图 2.10　字符控制台登录

默认的文本界面 Shell 提示符有两种,如图 2.11 所示。
root 用户登录后的提示符:#。
普通用户登录后的提示符:$。

```
[zhouguanhua@localhost ~]$
[zhouguanhua@localhost ~]$ su
密码:
[root@localhost zhouguanhua]#
[root@localhost zhouguanhua]#
```

图 2.11　X-Window 终端

登录后的当前目录是登录用户的主目录。在 X-Window 下桌面上将出现该目录的文件夹图标。在文本终端下，以 zhouguanhua 的用户名登录，Shell 将显示：

```
[zhouguanhua@localhost ~]$
```

[root@localhost ~]中,root 表示当前用户,即超级用户或管理员权限。@localhost 表示当前所在的主机名为 localhost。"~"表示的是当前目录名。(注意：与 Windows 不同,Linux 区分字母大小写;Linux 系统在输入口令期间,屏幕光标不做反应,在输入完整无误的密码后,按 Enter 键即可。)

2.2.3 系统注销、关闭与重启

1. 系统注销

系统注销就是终止用户与系统的当前交互过程。在字符控制台界面,用 logout 或 exit 命令或按 Ctrl+D 组合键(可能需要多次使用 exit 命令或按 Ctrl+D 组合键直至退出)。注销的相关命令,如表 2.7 所示。

表 2.7 系统注销的相关命令

命令	描述	命令	描述
logout	注销当前用户	Ctrl+D	通过键盘快捷键退出
exit	退出当前终端会话		

2. 系统关机和重启

出于系统安全和防止数据丢失,一般建议在关机之前执行三次同步指令 sync,可以用分号";"来把指令合并在一起执行,如图 2.12 所示。

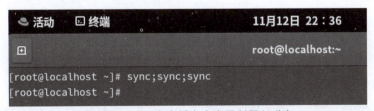

图 2.12 sync 命令缓存内容强制写入磁盘

Linux 系统中用于关机和重启的常见命令,如表 2.8 所示。

表 2.8 常见的关机和重启命令

操作	命令	描述
关机	poweroff	立即关闭系统电源
	shutdown	系统内置 2min 关机,并传送一些消息给正在使用的 user

续表

操 作	命 令	描 述
关机	halt	立即停止系统运行
	init 0	关机（通过运行级别）
	shutdown -h now	立即关闭系统电源。now 可换成时间，如 17:30
延迟关机	shutdown -h 17:30	系统会在今天的 17:30 关机
	shutdown -h +20	系统会在 20 分钟后关机
	shutdown -P now	立即关闭系统电源。now 可换成时间，如 12:00
重启	reboot	重启系统
	init 6	重启系统
延迟重启	shutdown -r now	立即重启系统。now 可换成时间，如 12:00
	shutdown -r +N	在 N 分钟后重启系统，例如，shutdown -r +5 表示在 5 分钟后重启系统

2.2.4 修改口令（密码）

用户在初次使用系统时，一般是超级用户为其设置的初始口令登录。登录后应及时修改口令。passwd 是修改口令（密码）的命令，如表 2.9 所示。

表 2.9 修改口令（密码）的命令

命 令	描 述
passwd	修改当前用户的密码
sudo passwd username	修改指定用户（username）的密码
sudo passwd -e username	强制指定用户在下次登录时更改密码
sudo passwd -l username	锁定指定用户的账户，防止登录
sudo passwd -u username	解锁指定用户的账户

字符控制台界面修改口令使用 passwd 命令，如图 2.13 所示。

图 2.13 字符控制台修改口令

2.3 常用的工具及命令

Linux 的文本环境功能非常强大,很多工具必须在命令行模式下完成,如应用程序的编译安装。文本模式的命令非常丰富,下面介绍几类常用命令。其中,按使用功能分类,常用的命令如表 2.10 所示。

表 2.10 Linux 常用的命令

功能类别	常用命令	描 述
系统管理	ls	列出目录内容
	pwd	显示当前工作目录
	cd	切换工作目录
	mkdir	创建新目录
	touch	创建新文件
	rm	删除文件或目录。有强制删除作用
	rmdir	删除空目录
	cp	复制文件或目录
	mv	移动文件或目录
	chmod	修改文件权限
	chown	修改文件所有者
	df	显示文件系统磁盘空间使用情况
	du	估算文件空间使用情况
	fdisk	在磁盘上创建和管理分区
	mount	挂载文件系统到指定目录
	umount	卸载文件系统
	ps	显示当前进程
	top	实时查看系统性能信息
	kill	终止进程
文件操作	cat	显示文件内容
	less	逐页查看文件内容
	head	显示文件头部
	tail	显示文件尾部
	grep	在文件中搜索文本

续表

功能类别	常用命令	描述
文件操作	find	查找文件或目录
	tar	打包和解压文件
	zip/unzip	创建和解压 ZIP 压缩文件
网络配置	ifconfig	配置网络接口信息
	ping	测试网络连接
	netstat	显示网络统计信息
	ssh	远程登录和管理
	curl/wget	下载文件或网页内容
	iptables	配置防火墙规则
软件包管理	apt/apt-get	Debian 系列发行版的包管理器
	yum	Red Hat 系列发行版的包管理器
	dnf	Fedora 和新版 Red Hat 系列的包管理器
	rpm	管理 RPM 包
	dpkg	Debian 系列包管理器
联机帮助	man	查看 Linux 命令和工具的手册页面
	man command	查看特定命令的手册页面,例如 man ls
	info	查看 Linux 命令和工具的详细信息
	info command	查看特定命令的详细信息,例如 info ls
	command --help	在许多命令中,使用 --help 选项显示简短的命令帮助信息
用户和权限	useradd	创建新用户
	userdel	删除用户
	passwd	更改用户密码
	usermod	修改用户属性
	groupadd	创建新用户组
	chown	更改文件所有者
	chmod	更改文件权限
系统信息查询	uname	显示系统信息
	hostname	显示或设置系统主机名
	df	显示磁盘空间使用情况
	free	显示内存使用情况

续表

功能类别	常用命令	描述
编辑器	nano	简单的文本编辑器
	vi/vim	强大的终端文本编辑器
其他	date	显示或设置系统时间
	cal	显示日历
	history	查看命令历史记录

2.3.1　ps 命令查看进程信息

Linux 是一个多任务、多用户、多线程的操作系统。每个任务都是一个进程,而进程可以包含多个线程。进程和线程的管理由 Linux 内核负责,而用户通过 Shell 或图形界面与内核进行交互。

在 Linux 进程管理过程中,可以使用查看、终止、调整进程的优先级等命令,具体如表 2.11 所示。

表 2.11　Linux 进程管理相关命令

命令	描述
ps	显示当前运行中的进程详细信息,包括 PID、CPU 使用率等
top	提供实时动态查看进程和系统资源使用情况的界面
pstree	显示整个进程树,以树形结构展示进程之间的关系
kill	终止指定进程,可使用 PID 或进程名
pkill	根据进程名、用户名、信号等终止进程
killall	根据进程名、用户名等终止进程
renice	修改运行中进程的优先级
nice	启动一个新进程并设置其优先级
htop	以交互式界面显示进程和系统资源使用情况
pgrep	根据用户名、进程名等查找进程 ID
pidof	根据进程名查找进程 ID
systemctl	管理系统服务的状态

ps 命令用于显示当前运行在系统上的进程信息,使用格式如下。

　　ps　[选项]

ps 命令的相关选项参数和示例,如表 2.12 所示。

表 2.12 ps 命令相关选项参数和示例

选项/参数	描　　述	示　　例
a	显示所有终端上的进程，包括其他用户的	ps aux
u	以用户格式显示详细信息	ps -u username
x	显示没有控制终端的进程	ps auxx
f	以树形结构显示进程关系	ps auxf
e	显示所有进程，包括没有控制终端的	ps -e
k	杀死指定的进程	ps-k 进程名或进程 ID

以下将会讲解和演示 ps 命令的常用选项。

1. ps 命令

ps 命令不添加任何参数时，将显示当前终端中运行的进程的基本信息，如图 2.14 所示。

输出结果显示：进程 ID 为 5229 的是一个 Bash Shell 进程。进程 ID 为 5257 的是运行 ps 命令的进程。

```
[root@localhost ~]# ps
    PID TTY          TIME CMD
   5229 pts/0    00:00:00 bash
   5257 pts/0    00:00:00 ps
```

图 2.14　ps 命令查看进程的基本信息

其中：

PID：进程 ID，唯一标识每个进程的数字。

TTY：终端(Terminal)的缩写，指示进程所连接的终端。

TIME：进程占用 CPU 的累计时间。

CMD：进程的命令行。显示启动进程的完整命令。

2. ps -aux 命令

ps -aux 命令以详细的格式显示所有运行中的进程，具体如图 2.15 所示。

```
[root@localhost ~]# ps -aux
USER         PID %CPU %MEM    VSZ   RSS TTY      STAT START   TIME COMMAND
root           1  0.0  0.8 189056 16092 ?        Ss   Nov19   0:04 /usr/lib/syst
root           2  0.0  0.0      0     0 ?        S    Nov19   0:00 [kthreadd]
root           3  0.0  0.0      0     0 ?        I<   Nov19   0:00 [rcu_gp]
root           4  0.0  0.0      0     0 ?        I<   Nov19   0:00 [rcu_par_gp]
root           5  0.0  0.0      0     0 ?        I<   Nov19   0:00 [slub_flushwq
root           6  0.0  0.0      0     0 ?        I<   Nov19   0:00 [netns]
root          10  0.0  0.0      0     0 ?        I<   Nov19   0:00 [kworker/0:1H
root          11  0.0  0.0      0     0 ?        I<   Nov19   0:00 [mm_percpu_wq
root          13  0.0  0.0      0     0 ?        I    Nov19   0:00 [rcu_tasks_kt
root          14  0.0  0.0      0     0 ?        I    Nov19   0:00 [rcu_tasks_ru
root          15  0.0  0.0      0     0 ?        I    Nov19   0:00 [rcu_tasks_tr
```

图 2.15　ps -aux 命令显示所有的进程

使用 ps 命令查看进程信息时的输出格式，每一列表示不同的信息。下面是对每个字段的解释。

USER：进程所属的用户。

PID：进程 ID，唯一标识每个进程的数字。

％CPU：进程占用 CPU 的百分比。
％MEM：进程占用内存的百分比。
VSZ：虚拟内存大小(以 KB 为单位)。
RSS：物理内存占用大小(以 KB 为单位)。
TTY：进程所连接的终端。
STAT：进程的状态。

  进程的状态包括以下几种。

  D：不可中断的睡眠状态。

  R：正在运行中或在队列中等待运行的状态。

  S：处于休眠状态。

  T：停止或被追踪。

  ＜：高优先级的进程。

  N：低优先级的进程。

  W：进入内存交换(从内核 2.6 开始无效)。

  X：死掉的进程。

  Z：僵尸进程。

START：进程启动的时间。
TIME：进程占用 CPU 的累计时间。
COMMAND：启动进程的完整命令。

3. top 命令

top 命令是一个用于动态监视系统进程和系统性能的交互式命令行工具。top 命令的基本用法：

运行 top 命令后，进入系统性能信息的实时更新界面，下面是一些常用的交互命令。

q：退出 top。

Space：刷新显示。

k：终止一个进程。输入此命令后，将提示输入要终止的进程的 PID。

u：显示指定用户的进程。

M：按照内存使用排序进程。

P：按照 CPU 使用排序进程。

r：重新安排终止的进程。

U：可以根据后面输入的用户名来筛选进程。

T：根据进程运行时间的长短来排序。

h：获得帮助。

top 命令具体操作，如图 2.16 所示。

执行 top 命令的结果，相关字段和信息解释如下。

```
[root@localhost ~]# top
top - 01:53:31 up 16:03,  3 users,  load average: 0.08, 0.02, 0.01
Tasks: 294 total,   1 running, 293 sleeping,   0 stopped,   0 zombie
%Cpu(s):  1.5 us,  1.7 sy,  0.0 ni, 95.6 id,  0.0 wa,  1.0 hi,  0.2 si,  0.0 st
MiB Mem :   1750.8 total,     64.7 free,   1389.4 used,    467.0 buff/cache
MiB Swap:   2048.0 total,   2000.5 free,     47.5 used.    361.4 avail Mem

   PID USER      PR  NI    VIRT    RES    SHR S  %CPU  %MEM     TIME+ COMMAND
  2506 root      20   0 3873404 204172 108240 S   4.6  11.4   2:20.58 gnome-shell
  5199 root      20   0  771688  49100  36164 S   1.7   2.7   0:05.21 gnome-terminal-
  5467 root      20   0  226012   4272   3384 R   0.7   0.2   0:01.22 top
  1916 root      20   0   79564   2700   2532 S   0.3   0.2   0:07.75 irqbalance
```

图 2.16　top 命令进入交互模式

系统运行时间和负载平均值：

　　01:53:31：当前系统时间。

　　up 16:03：系统运行时间，表示系统自上次启动以来的时间。

　　3 users：当前登录系统的用户数。

　　load average：0.08，0.02，0.01：系统的负载平均值，分别表示过去 1 分钟、5 分钟和 15 分钟的平均负载。

任务信息：

　　Tasks：294 total：总进程数。

　　1 running：正在运行的进程数。

　　293 sleeping：休眠的进程数。

　　0 stopped：被停止的进程数。

　　0 zombie：僵尸进程数。

CPU 使用情况：

　　%Cpu(s)：显示 CPU 使用情况的百分比。

　　1.5 us：用户空间占用 CPU 的百分比。

　　1.7 sy：系统空间占用 CPU 的百分比。

　　0.0 ni：用户进程以低优先级运行的百分比。

　　95.6 id：CPU 空闲百分比。

　　0.0 wa：等待 I/O 操作完成的百分比。

　　1.0 hi：硬中断占用 CPU 的百分比。

　　0.2 si：软中断占用 CPU 的百分比。

　　0.0 st：被虚拟化引擎窃取的时间百分比。

内存使用情况：

　　MiB Mem：物理内存使用情况。

　　1750.8 total：总物理内存。

　　64.7 free：空闲内存。

　　1389.4 used：已使用的内存。

　　467.0 buff/cache：缓冲和缓存的内存。

　　MiB Swap：交换空间使用情况。

　　2048.0 total：总交换空间。

2000.5 free：空闲交换空间。

47.5 used：已使用的交换空间。

361.4 avail Mem：可用于分配的内存大小。

进程表头：

PID：进程 ID。

USER：启动进程的用户。

PR：进程的调度优先级。

NI：进程的静态优先级。

VIRT：进程使用的虚拟内存。

RES：进程占用的物理内存。

SHR：进程使用的共享内存。

S：进程状态。

%CPU：进程占用 CPU 的百分比。

%MEM：进程占用物理内存的百分比。

TIME+：进程累计占用 CPU 的时间。

COMMAND：启动进程的命令。

2.3.2 联机帮助命令

man 命令是 Linux 系统中获取详细文档和帮助信息的主要方式之一。可以使用它来深入了解命令、系统调用以及其他程序的用法和功能。man 命令的基本语法是：

man [选项] 命令名

man 命令的一些常见选项以及相应的示例，如表 2.13 所示。

表 2.13 man 命令常见选项和示例

选项	描述	示例
不带选项	显示默认的手册页（通常是用户命令的手册页）	man ls
-f	显示与关键字相关的所有手册页	man -f keyword
-k	在手册页数据库中搜索关键字	man -k keyword
-u	更新手册页数据库	sudo mandb

man 命令的功能键，如表 2.14 和图 2.17 所示。

表 2.14 man 命令帮助手册常用的功能键及其功能

功能键	功能	功能键	功能
Space	向下翻一页	B	向上翻一页
Enter	向下翻一行	Y	向上翻一行

续表

功 能 键	功 能	功 能 键	功 能
/	进入搜索模式	g	跳到手册页的开头
n	查找下一个匹配项	F	前进半页
N	查找上一个匹配项	B	后退半页
Q	退出 man	R	重新加载手册页
H	显示帮助界面	l	显示手册页的文件名
1，2，3，…	切换到相应的章节	s	显示手册页的章节
G	跳到手册页的末尾		

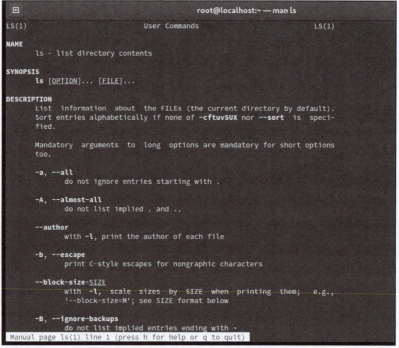

图 2.17 man 命令帮助手册

2.4 应用软件的安装

下面简要介绍几种常见的安装方法和原理。

(1) 包管理器安装方法和原理。

Ubuntu/Debian(使用 apt)：apt 是一个高级的包管理工具，它会从系统的软件源中下载软件包，并安装所有相关的依赖项。

CentOS/RHEL(使用 yum 或 dnf)：yum 和 dnf 也是包管理工具，它们负责管理

RPM(Red Hat Package Manager)软件包。它会解决依赖关系,下载并安装软件包。

(2) RPM 安装方法和原理。

基于 RPM 的系统(如 RHEL/CentOS):使用 rpm 命令安装软件包。这个命令会检查软件包的依赖性,然后将二进制文件和相关文件安装到系统中。

(3) 应用商店安装方法和原理。

图形界面应用商店:这些应用商店提供了一个图形界面,用户可以通过简单的单击和搜索来安装软件。底层原理包括从软件源下载软件包,并在用户系统上安装。

Linux 常见的软件安装方法及分类,如表 2.15 所示。

表 2.15 Linux 常见的软件安装方法及分类

安装分类	方 法	示 例
基于发行版的包管理器	APT(Debian/Ubuntu):使用 apt-get 或 apt 命令	sudo apt-get install package_name 或 sudo apt install package_name
	DPKG (Debian/Ubuntu):使用 dpkg 命令安装 .deb 文件	sudo dpkg -i package.deb
	YUM (RHEL/CentOS/Fedora):使用 yum 命令	sudo yum install package_name
	DNF (RHEL/CentOS/Fedora):使用 dnf 命令	sudo dnf install package_name
	Pacman(Arch Linux):使用 pacman 命令	sudo pacman -S package_name
	pacman	sudo pacman -S package_name
	zypper	sudo zypper install package_name
基于 RPM 包的系统	RPM 安装	sudo rpm -ivh package_name.rpm (RHEL/CentOS)

RPM 是一种软件打包发行并且实现自动安装的程序,需要用 RPM 程序安装的软件包,其后缀是 .rpm,并可以对这种程序包进行安装、卸装和维护。rpm 命令的使用格式如下。

> rpm [选项] [软件包名]

常用的参数及含义如表 2.16 所示。

表 2.16 RPM 的功能和选项

功 能	选 项	示 例
安装软件包	-i	rpm -i package.rpm
使用"♯"显示详细的安装过程及进度	-h	rpm -h package.rpm
显示安装的详细信息	-v	rpm -v package.rpm
卸载软件包	-e	rpm -e package_name

续表

功　能	选　项	示　　例
查询已安装的软件包	-qa	rpm -qa
查询特定软件包是否安装	-q	rpm -q package_name
查看系统已安装的所有软件包	-a	rpm -a package_name
显示软件包信息	-qi 或 -qip	rpm -qi package_name
列出软件包文件	-ql	rpm -ql package_name
验证软件包完整性	-V	rpm -V package_name
升级软件包	-U	rpm -U package.rpm
查询文件所属软件包	-qf	rpm -qf /path/to/file
查询软件包提供的文件	-qlp	rpm -qlp package.rpm
查询包中的文档文件	-qdp	rpm -qdp package.rpm
查询软件包依赖关系	-qR	rpm -qR package_name
重建软件包数据库	--rebuilddb	rpm --rebuilddb
强制执行操作,忽略其他问题	--force	rpm -ivh --force package_name
忽略所有依赖关系检查	--nodeps	rpm -ivh --nodeps package_name

1. RPM 软件包的命名规则

　　RPM 软件包的命名遵循一定的规则,每一部分共同形成一个 RPM 软件包的完整命名,允许对软件包进行唯一标识和管理。下面以 httpd-2.4.53-11.el9_2.4.x86_64.rpm 为例。

　　根据提供的信息,httpd-2.4.53-11.el9_2.4.x86_64.rpm 是一个针对 Apache HTTP Server(httpd)的 RPM 软件包。每个部分的含义如下。

　　软件包名(Package Name):httpd,表示该软件包是 Apache HTTP Server。

　　版本号(Version):2.4.53,这是软件包的版本号,表示该软件包的版本为 2.4.53。

　　发布号(Release):11.el9_2.4,这是软件包的发布版本号。11 表示这是第 11 次发布,el9 表示适用于 Enterprise Linux 9,而 _2.4 表示该软件包是在 Apache HTTP Server 2.4 系列的基础上进行的修改或更新。

　　架构(Architecture):x86_64,表示软件包是为 64 位 x86 架构的系统构建的。

　　文件扩展名(.rpm):表示这是一个 RPM 软件包。

　　综合起来,这个软件包是 Apache HTTP Server 版本 2.4.53 的一个特定构件,适用于运行 64 位 x86 架构的系统,并且是为 Enterprise Linux 9 发行版设计的。

2. RPM 工具的常用操作

　　以下是 RPM 工具的常用操作。下面以挂载光盘后/mnt/cdrom/AppStream/

Packages 目录下的 httpd-2.4.53-11.el9_2.4.x86_64.rpm 软件包为例讲述 RPM 工具的使用。所有的命令都在 Linux 的文本模式或终端中使用。

1) 准备 RPM 包

RPM 包可以在 Linux 系统安装光盘或 Linux 系统 ISO 镜像中获取,也可以在 Linux 的官网进行下载。本示例将从 Linux 系统 ISO 镜像中获取 RPM 包。具体方法如下。

(1) 虚拟机连接光盘并加载 ISO 镜像。

选择"虚拟机"→"设置"→选择(CD/DVD)光盘,设备状态选择"已连接"和"启动时连接",使用 ISO 映像文件时,浏览 Linux 系统的安装镜像,如图 2.18 所示。(注意,选择任意光盘,如果没有,即需要添加新的光盘。)

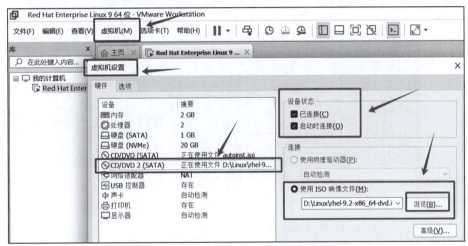

图 2.18 虚拟机连接光盘并加载 ISO 镜像

(2) 挂载磁盘(光盘)。

使用 mkdir 命令创建挂载目录/mnt/cdrom,使用 df-h 命令查看已连接的磁盘(光盘)的设备路径(设备名),使用 mount 命令挂载光盘到/mnt/cdrom 目录中,如图 2.19 所示。

```
[root@localhost ~]#mkdir /mnt/cdrom
[root@localhost ~]#ls /mnt
[root@localhost ~]#df -h
[root@localhost ~]#mount /dev/sr1 /mnt/cdrom
[root@localhost ~]#ls /mnt/cdrom
```

(3) 获取 RPM 包。

挂载光盘后,RPM 包的存放目录是/mnt/cdrom/AppStream/Packages,为方便操作,可先进入此目录,然后使用 find 命令查找软件包名,从而确定目标 RPM 包。本示例使用目标 RPM 软件包为 httpd-2.4.53-11.el9_2.4.x86_64.rpm,如图 2.20 所示。

```
[root@localhost ~]#cd /mnt/cdrom/AppStream/Packages
[root@localhost Packages]#find httpd*
```

```
[root@localhost ~]# mkdir /mnt/cdrom
[root@localhost ~]# ls /mnt
cdrom  cdrom1  cdrom2  hgfs  new_drive
[root@localhost ~]# df -h
Filesystem            Size  Used Avail Use% Mounted on
devtmpfs              4.0M     0  4.0M   0% /dev
tmpfs                 876M     0  876M   0% /dev/shm
tmpfs                 351M  8.7M  342M   3% /run
/dev/mapper/rhel-root  17G  4.4G   13G  26% /
/dev/nvme0n1p1       1014M  292M  723M  29% /boot
tmpfs                 176M   96K  175M   1% /run/user/0
/dev/sr1              9.0G  9.0G     0 100% /run/media/root/RHEL-9-2-0-BaseOS-x86_64
/dev/sr0              110M  110M     0 100% /run/media/root/CDROM
[root@localhost ~]# mount /dev/sr1 /mnt/cdrom
mount: /mnt/cdrom: WARNING: source write-protected, mounted read-only.
[root@localhost ~]# ls /mnt/cdrom
AppStream  EFI      extra_files.json  images    media.repo    RPM-GPG-KEY-redhat-release
BaseOS     EULA     GPL               isolinux  RPM-GPG-KEY-redhat-beta
[root@localhost ~]#
```

图 2.19　挂载磁盘（光盘）

```
[root@localhost ~]# cd /mnt/cdrom/AppStream/Packages
[root@localhost Packages]# find httpd*
httpd-2.4.53-11.el9_2.4.x86_64.rpm
httpd-core-2.4.53-11.el9_2.4.x86_64.rpm
httpd-devel-2.4.53-11.el9_2.4.x86_64.rpm
httpd-filesystem-2.4.53-11.el9_2.4.noarch.rpm
httpd-manual-2.4.53-11.el9_2.4.noarch.rpm
httpd-tools-2.4.53-11.el9_2.4.x86_64.rpm
[root@localhost Packages]#
```

图 2.20　获取 RPM 包

2) rpm 命令的操作

（1）rpm -q 和 rpm -ivh 命令软件查询和安装。

安装前,可使用 rpm -q 命令查询目标软件包（或服务）是否已安装。其中,参数-q 表示查询系统当前是否安装了指定的软件包。

在安装过程中,使用 rpm -ivh 命令进行软件的安装,其中,参数-i 指定安装的软件包,包括名称、描述等;-v 详细列表输出信息;-h 显示安装进程。本操作在/mnt/cdrom/AppStream/Packages 目录下完成。（注意：软件包名为全名。）

完成安装后,同样使用 rpm -q 命令,查看是否安装成功。

具体操作,如图 2.21 所示。

```
[root@localhost Packages]# find httpd*
[root@localhost Packages]# rpm -q httpd
[root@localhost Packages]# rpm -ivh httpd-2.4.53-11.el9_2.4.x86_64.rpm --force --nodeps
[root@localhost Packages]# rpm -q httpd
```

（2）rpm -Uvh 命令升级软件。

rpm -Uvh 命令用于软件的升级或更新。其中,参数-U 表示升级软件包。具体操作如图 2.22 所示。

```
[root@localhost Packages]# rpm -Uvh httpd-2.4.53-11.el9_2.4.x86_64.rpm --force --nodeps
```

图 2.21　rpm -q 和 rpm -ivh 命令进行软件查询和安装

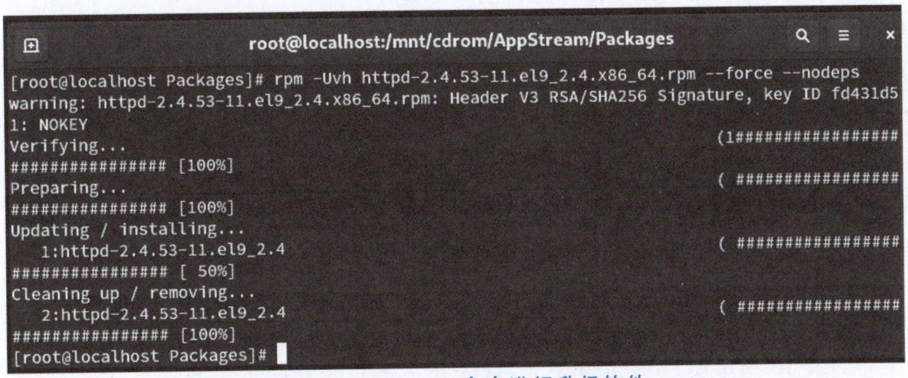

图 2.22　rpm -Uvh 命令进行升级软件

（3）rpm -ef 命令卸载软件。

rpm -ef 命令用于卸载软件。其中,参数-e 表示卸载软件。-f 和-e 一起使用表示强制卸载软件包。在卸载软件包的时候不需要完整的软件包名称,卸载后使用 rpm -q 查询是否卸载成功。具体操作如图 2.23 所示。

```
[root@localhost Packages]# rpm -e httpd
[root@localhost Packages]# rpm -q httpd
```

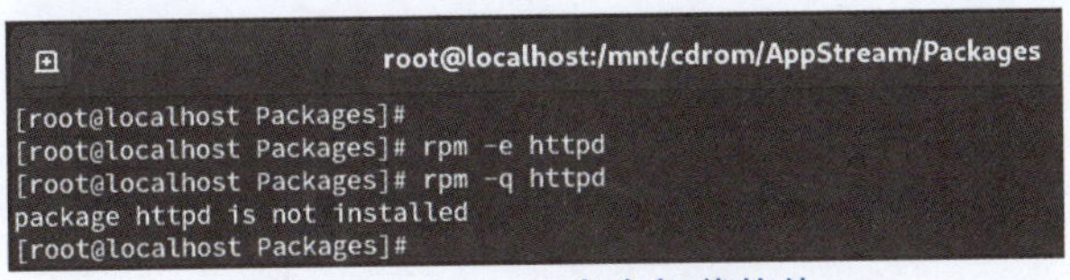

图 2.23　rpm -ef 命令卸载软件

使用 RPM 包管理工具安装软件时,确保软件包的依赖关系被满足是非常重要的。依赖关系指的是软件包在运行或安装时所需要的其他软件包或库。如果依赖关系未满足,可能会导致软件包无法正常运行或安装。本示例在展示 RPM 使用过程中,为不影响实操效果,暂不考虑软件的依赖关系。因而,在安装和更新过程中,使用了 --force 和 --nodeps 两个参数,其中,--force 表示强制执行,--nodeps 表示忽略依赖。

习　　题

1. 什么是 Linux 运行模式？简要说明其概念和作用。
2. 列举并解释 Linux 运行模式的特点。
3. Linux 运行模式根据什么分类？请列举一些分类并简要说明。
4. 介绍 Linux 运行模式的切换方法,包括使用哪些命令和配置。
5. 什么是 Linux 单用户模式？简要说明其概述。
6. 列举并解释 Linux 单用户模式的特点。
7. 说明 Linux 单用户模式的功能和主要用途。
8. 在 Linux 单用户模式下,有哪些关键目录和配置需要注意？
9. 什么是 Linux 多用户模式？简要说明其概述。
10. 有哪些类型的 Linux 多用户模式？列举多用户模式的特点。
11. 说明 Linux 多用户模式的功能和主要用途。
12. 在 Linux 多用户模式下,有哪些关键目录和配置需要注意？
13. 什么是 Linux 图形用户界面模式？简要说明。
14. 解释 Linux X Window System (X11)的特点、用途和应用类型。
15. 说明 Linux 图形用户界面下的桌面环境和窗口管理器。
16. 在 Linux 图形用户界面模式下,有哪些关键目录和配置需要注意？
17. 什么是 Linux 单用户网络模式？简要说明其概念。
18. 解释 Linux 恢复模式的概念和用途。
19. 区分控制台(Console)和终端(Terminal),简要说明它们的作用。

第 3 章 Linux 文件系统

文件系统是操作系统的重要组成部分,通过对文件系统的管理,操作系统可以方便地存取所需的数据。Linux 系统中所有的程序、语言库、系统文件和用户文件都是存放在文件系统之上的,可靠性和安全性是文件系统的重要因素。本章围绕与文件系统管理有关的各个方面展开叙述,分别介绍磁盘分区的管理,Linux 文件系统的建立、挂载与管理,文件的基本操作,以及文件存取权限的管理等方面的内容。

3.1 Linux 文件系统简介

Linux 文件系统是一种用于组织和存储数据的系统,以及管理对这些数据的访问的机制。它通常是建立在磁盘或其他存储设备上的一种层次结构,并负责管理存储空间、文件和目录的结构,以及文件的权限等信息。

文件系统是 Linux 系统上所有数据的基础。Linux 系统是一种兼容性很强的系统,它支持多种文件系统,包括 vfat、NTFS、ext2、ext3、ext4、Btrfs、XFS、ZFS、F2FS、JFS、NILFS、ReiserFS、SquashFS、CephFS 等。其中,vfat 文件系统支持读写操作,而 NTFS 文件系统仅支持读操作,常见的 Linux 文件系统包括 ext4、XFS、Btrfs 等。

3.2 Linux 文件系统的结构

与 Windows 操作系统类似,所有 Linux 的数据都是由文件系统按照树形目录结构管理的。采用树形层次化结构对于组织和管理文件与目录非常有效。而且 Linux 操作系统同样要区分文件的类型,判断文件的存取属性和可执行属性。

3.2.1 Linux 文件系统的目录结构

1. Linux 目录结构

Linux 文件系统采用层次化的目录结构,以树形的形式组织文件和目录,在目录结构上与 Windows 类似。但 Linux 文件系统不使用驱动器这个概念,而是使用单一的根目录结构,所有的分区都挂载到单一的"/"目录上,其结构如图 3.1 所示。

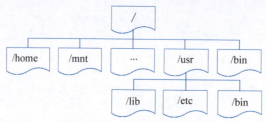

图 3.1　Linux 文件系统结构

其中,"/"目录也称为根目录,位于 Linux 文件系统目录结构的顶层,必须使用 ext 文件系统。如果还有其他分区,必须挂载到"/"目录下的某个位置。常见的 Linux 系统目录,如表 3.1 所示。

表 3.1　常见的 Linux 系统目录

目　录	描　述
/	根目录,所有文件和目录的起点
/bin	存放基本系统命令(二进制文件),用于系统启动和基本恢复
/boot	包含引导加载程序和内核镜像,用于系统引导
/dev	包含设备文件,Linux 将硬件设备都视为文件
/etc	存放系统范围的配置文件和子目录,包括网络配置、用户配置等
/home	每个用户都有一个独立的子目录,用于存储个人文件和配置信息
/media	用于挂载可移动媒体设备,如 USB 驱动器、光盘等
/mnt	通常用于手动挂载临时文件系统,如 CD-ROM 或 NFS 共享
/root	root 用户的主目录
/tmp	用于存放临时文件,定期被清空,不保留重要数据
/usr	包含用户安装的应用程序、库和文档等
/var	包含在系统运行时可能变化的文件,如日志文件、缓存文件等

2. 目录结构的查看命令

在 Linux 终端可以使用 tree 命令查看目录结构,具体命令如下。

```
[root@localhost ~]# tree -L 1 /
```

显示根目录下的二级目录,其中,-L 1 限制了显示的层级为 1 层,如图 3.2 所示。

3.2.2　Linux 文件系统的文件结构

Linux 文件系统的文件结构主要是由各种文件类型和文件组成的,包括二进制可执行文件、配置文件、库文件、设备文件等。常见的文件结构,如表 3.2 所示。

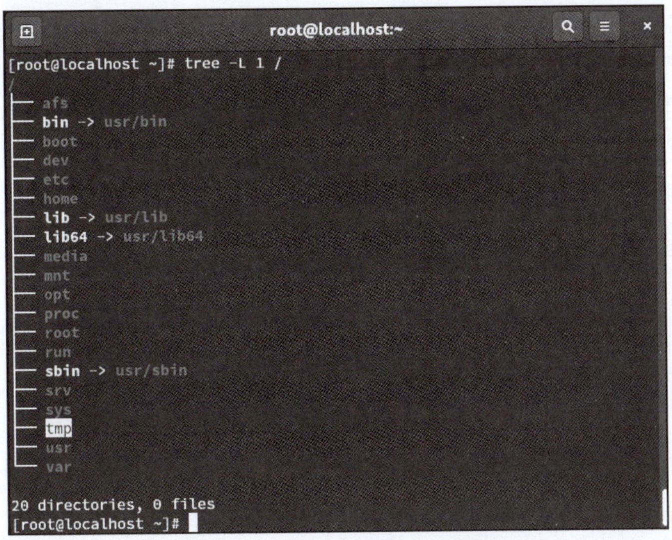

图 3.2　tree 命令查看目录结构

表 3.2　Linux 文件系统的文件结构

文件结构类型	描　　述	位　　置
可执行文件和命令脚本	二进制可执行文件	/bin，/usr/bin，/sbin，/usr/sbin 等目录
	命令脚本	/bin，/usr/bin，/sbin，/usr/sbin 等目录
配置文件	系统级配置文件	/etc
	应用程序配置文件	/etc 或应用程序安装目录下
库文件	共享库文件	/lib 或 /lib64
设备文件	字符设备和块设备文件	/dev
家目录文件	用户文件	/home
运行时文件	进程信息文件	/proc
日志文件	系统日志文件	/var/log
临时文件	临时文件	/tmp
系统引导文件	引导加载器文件	/boot
服务相关文件	服务数据文件	/var 或其他相关目录
可选安装文件	可选软件包文件	/opt

3.2.3　Linux 的文件类型

1. Linux 文件类型概述

通常，Linux 系统中常用的文件类型有普通文件、目录文件、链接文件、设备文件（字符设备文件和块设备文件）、管道文件、套接字文件和权限掩码文件，具体如表 3.3 所示。

表 3.3　Linux 文件类型

文 件 类 型	标　　识
普通文件（Regular File）	—
目录文件（Directory）	d
链接文件（Symbolic Link）	l
字符设备文件（Character Device）	c
块设备文件（Block Device）	b
管道文件（Named Pipe）	p
套接字文件（Socket）	s
权限掩码文件	—

1）普通文件

Linux 普通文件是计算机操作系统用于存放数据、程序等信息的文件，一般都长期存放于外存储器（如磁盘、磁带等）中。它包含各种数据，可以是文本文件、二进制文件、程序文件等。

在 Linux 系统中，普通文件没有特殊的标识，其权限和访问控制由文件的权限位控制。普通文件的权限位包括读取（r）、写入（w）和执行（x）权限，分别表示对文件的读取、写入和执行权限。这些权限位在文件详细信息的第一组字符中显示。

2）目录文件

目录文件是一种特殊的文件类型，利用它构成文件系统的树形结构，用于组织和存储其他文件和目录。目录文件包含文件系统中的层次结构，并提供了一种有序的方式来组织文件。每个目录都是一个包含文件和子目录的容器，每个目录文件至少包括两个条目，".."表示上一级目录，"."表示该目录本身。

3）链接文件

链接文件有两种：一种是符号链接，也称为软链接；另一种是硬链接。例如：

```
lrw-r--r-- 2 user group 1024 Nov 29 10:00 filename
```

文件类型与权限的第一个字符为 l，则代表该文件为链接文件。链接数为 1，表示符号链接；链接数为 2，表示硬链接。

4）设备文件

设备文件在 Linux 系统中表示硬件设备或其他内核模块的一种特殊文件类型。设备文件分为字符设备文件和块设备文件，字符设备文件和块设备文件的基本操作和主要特征，包括创建、查询、编辑和删除等。

（1）字符设备文件。

字符设备文件以字符为单位进行读写操作。这些设备是顺序访问的，数据以字符流的形式传递。一些例子包括终端设备（/dev/tty）、键盘设备（/dev/console）、串口设备

(/dev/ttyS0)等。

(2) 块设备文件。

块设备文件以固定大小的块为单位进行访问,通常与磁盘或其他存储设备相关联。块设备文件支持随机访问,可以对文件中的任意块进行读写。一些例子包括硬盘驱动器(如/dev/sda)、分区(如/dev/sda1)、光驱等。

5) 管道文件

管道文件是一种特殊类型的文件,用于在 Linux 系统中实现进程间通信。它是一种单向通信机制,通过连接一个进程的标准输出到另一个进程的标准输入,使得数据可以从一个进程流向另一个进程。管道文件的基本操作,如表 3.4 所示。

表 3.4 管道文件的基本操作

操 作	示 例
创建管道文件	mkfifo mypipe
编辑管道内容	不适用,管道是一种通信机制,不像文件可编辑
读取管道内容	cat mypipe
写入管道内容	echo "data" > mypipe
删除管道文件	rm mypipe
检查管道状态	ls -l mypipe

6) 套接字文件

套接字文件是一种特殊类型的文件,用于实现进程间的通信,特别是在同一台计算机上的不同进程之间。套接字文件是通过套接字(Socket)接口创建的,它提供了一种通过网络或本地计算机进行进程通信的机制。

7) 权限掩码文件

权限掩码文件(umask file)是一个用于设置文件创建默认权限的特殊文件。它通常被称为"umask",是一种掩码,用于屏蔽掉文件创建时的某些权限。umask 值是一个八进制数,它指定了在创建新文件或目录时要从权限中去除的位。新文件的实际权限由系统默认权限和 umask 值共同决定。

2. Linux 文件类型的创建

在 Linux 中,可以使用不同的命令和工具来创建不同类型的文件。以下是创建不同类型文件的方法,具体如表 3.5 所示。

表 3.5 Linux 文件类型的创建

文件类型	创建命令及示例
普通文件	touch filename.txt
目录文件	mkdir dirname

文 件 类 型	创建命令及示例
链接文件	ln -s target_file link_name
字符设备文件	sudo mknod /dev/mychardev c 240 0
块设备文件	sudo mknod /dev/myblockdev b 8 0
管道文件	mkfifo mypipe
套接字文件	通常由应用程序或系统服务创建
权限掩码文件	通常由系统自动创建和管理

部分文件类型的创建,如图 3.3 所示。

```
[root@localhost ~]#touch textfile.txt
[root@localhost ~]#mkdir mydirectory
[root@localhost ~]#ln -s myfile.txt mylink
[root@localhost ~]#mkfifo mypipe
[root@localhost ~]#ls -l
```

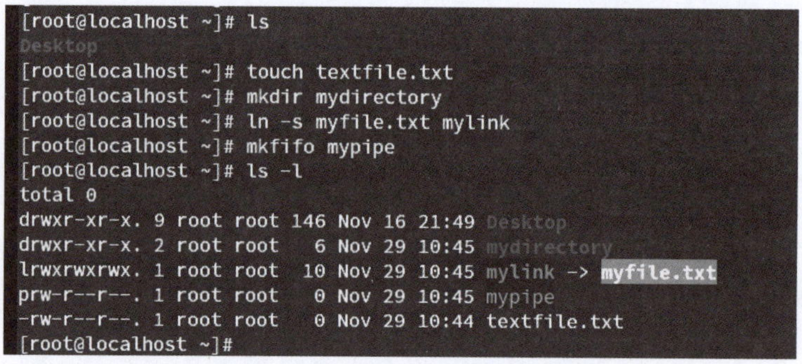

图 3.3　Linux 部分文件类型的创建

3. Linux 文件类型的查看

在 Linux 系统中,可以通过 ls -l 命令、file 命令、stat 命令等来查看文件的属性,文件属性中包含文件的类型,具体如表 3.6 和图 3.4 所示。

表 3.6　Linux 文件类型的查看

命　　令	示　　例	输出说明
ls -l	ls -l	列出文件的详细信息
file	file textfile.txt	确定文件类型,此处为 ASCII 文本文件
stat	stat textfile.txt	显示详细的文件信息
find	find -type 1	find 命令根据文件类型搜索文件

```
[root@localhost ~]#
[root@localhost ~]# ls -l
total 4
drwxr-xr-x. 9 root root 146 Nov 16 21:49 Desktop
drwxr-xr-x. 2 root root   6 Nov 29 10:45 mydirectory
lrwxrwxrwx. 1 root root  10 Nov 29 10:45 mylink -> myfile.txt
prw-r--r--. 1 root root   0 Nov 29 10:45 mypipe
-rw-r--r--. 1 root root  11 Nov 30 02:13 textfile.txt
[root@localhost ~]# file textfile.txt
textfile.txt: ASCII text
[root@localhost ~]# stat textfile.txt
  File: textfile.txt
  Size: 11          Blocks: 8          IO Block: 4096   regular file
Device: fd00h/64768d    Inode: 18113170    Links: 1
Access: (0644/-rw-r--r--)  Uid: (    0/    root)   Gid: (    0/    root)
Context: unconfined_u:object_r:admin_home_t:s0
Access: 2023-12-01 11:39:59.426249203 +0800
Modify: 2023-11-30 02:13:06.627132759 +0800
Change: 2023-11-30 02:13:06.632132781 +0800
 Birth: 2023-11-30 02:13:06.612132693 +0800
[root@localhost ~]# find  -type l
./mylink
./.mozilla/firefox/9e4mpb36.default-default/lock
[root@localhost ~]#
```

图 3.4 Linux 文件类型的查看

3.2.4 Linux 文件系统的建立

在 Linux 中，要创建文件系统，通常会涉及以下几个步骤，如表 3.7 所示。在执行任何磁盘操作之前，请务必备份重要数据以防止数据丢失。

表 3.7 Linux 文件系统的建立

步　　骤	命令/操作
1. 查看磁盘信息	sudo fdisk -l 或 lsblk 或 df -h
2. 分区(可选)	sudo fdisk /dev/sdX
3. 创建文件系统(重点)	sudo mkfs.ext4 /dev/sdX1
4. 创建挂载点	sudo mkdir /mnt/new_fs
5. 挂载文件系统	sudo mount /dev/sdX1 /mnt/new_fs
6. 更新 /etc/fstab 文件	sudo nano /etc/fstab
7. 在 /etc/fstab 中添加行	vi /etc/fstab
8. 测试挂载和检查错误	sudo mount -a
9. 检查文件系统	df -h

其中，步骤 3 是创建文件系统过程的重点，使用 mkfs 工具建立文件系统。

mkfs 是一个用于创建文件系统的命令。它通常用于格式化分区，为文件系统准备存储设备。mkfs 命令的具体用法取决于要创建的文件系统类型。

其基本语法为

```
mkfs -t <filesystem_type> <device>
```

其中：

<filesystem_type>是要创建的文件系统的类型，如 ext4、xfs、ntfs 等。

<device>是要格式化的设备路径，如/dev/sda1。

一些常见文件系统(如 ext4、xfs、ntfs)的 mkfs 命令选项示例，如表 3.8 所示。

表 3.8 mkfs 命令常见的选项和示例

文件系统	选 项	描 述	示 例
ext4	-b block-size	指定块大小(默认为 4096B)	mkfs -t ext4 -b 4096/dev/sda
xfs	-f	强制创建文件系统，即使设备已经被挂载	mkfs -t xfs -f/dev/sda
ntfs	-f	快速格式化	mkfs -t ntfs -f/dev/sda

mkfs 操作将删除设备上的所有数据，因此在执行此命令之前，需确保已经备份了重要数据。因此，在此建议使用刚才新建的磁盘/dev/sda，作为创建文件系统实验的目标磁盘。

本示例分为 3 个步骤，完成 mkfs 操作演示。

1. 使用 df -h 查看磁盘路径信息

如果不知道目标磁盘路径，可先使用 df -h 查看磁盘路径信息，如图 3.5 所示。

```
[root@localhost ~]#
[root@localhost ~]# df -h
Filesystem              Size  Used Avail Use% Mounted on
devtmpfs                4.0M     0  4.0M   0% /dev
tmpfs                   876M     0  876M   0% /dev/shm
tmpfs                   351M  8.6M  342M   3% /run
/dev/mapper/rhel-root    17G  4.3G   13G  26% /
/dev/nvme0n1p1         1014M  292M  723M  29% /boot
tmpfs                   176M   96K  175M   1% /run/user/0
/dev/sr0                110M  110M     0 100% /run/media/root/CDROM
/dev/sr1                9.0G  9.0G     0 100% /run/media/root/RHEL-9-2-0-B
aseOS-x86_64
/dev/sda                974M   24K  907M   1% /mnt/new_drive
[root@localhost ~]#
```

图 3.5 df -h 命令查看磁盘路径信息

2. 使用 mkfs -t 命令创建文件系统

使用 mkfs -t 命令对新建硬盘(虚拟磁盘)/dev/sda 的文件系统指定为 ext4，这里使用-b 指定块大小(默认为 4096B，可省略-b)，具体命令如下，具体操作如图 3.6 所示。

```
[root@localhost ~]#mkfs -t ext4 -b 4096 /dev/sda
```

3. 查看文件系统类型

使用 df -T 命令查看，结果显示/dev/sda 的文件系统类型为 ext4，如图 3.7 所示。

```
[root@localhost ~]# mkfs -t ext4 -b 4096 /dev/sda
mke2fs 1.46.5 (30-Dec-2021)
Creating filesystem with 262144 4k blocks and 65536 inodes
Filesystem UUID: d9805993-bbba-4bb5-9d84-df73df676585
Superblock backups stored on blocks:
        32768, 98304, 163840, 229376

Allocating group tables: done
Writing inode tables: done
Creating journal (8192 blocks): done
Writing superblocks and filesystem accounting information: done
```

图 3.6　使用 mkfs -t 命令创建文件系统

```
[root@localhost ~]#
[root@localhost ~]# df -T
Filesystem            Type       1K-blocks    Used Available Use% Mounted on
devtmpfs              devtmpfs        4096       0      4096   0% /dev
tmpfs                 tmpfs         896416       0    896416   0% /dev/shm
tmpfs                 tmpfs         358568    8776    349792   3% /run
/dev/mapper/rhel-root xfs         17811456 4489444  13322012  26% /
/dev/nvme0n1p1        xfs          1038336  298992    739344  29% /boot
tmpfs                 tmpfs         179280      96    179184   1% /run/user/0
/dev/sr0              iso9660       112498  112498         0 100% /run/media/root/CDROM
/dev/sr1              iso9660      9370716 9370716         0 100% /run/media/root/RHEL-9-2-0-BaseOS-x86_64
/dev/sda              ext4          996780      24    927944   1% /mnt/new_drive
[root@localhost ~]#
```

图 3.7　使用 df -T 命令查看文件系统类型

3.2.5 Linux 存储设备的命名

在 Linux 系统中，存储设备的命名通常采用类似于 /dev/sdXY 的命名规则，其中：

/dev/：这是 Linux 系统中设备文件的存储位置的标准路径。

sd：表示 SCSI（Small Computer System Interface）设备。虽然实际上可能是 SATA、USB 等接口的设备，但命名保留了“sd”。

X：表示字母，通常是从 a 开始，代表系统上的不同磁盘。例如，/dev/sda、/dev/sdb、/dev/sdc 等。

Y：表示分区号，通常是一个数字。例如，/dev/sda1、/dev/sda2 等。磁盘编号之后是分区编号，使用阿拉伯数字表示。主分区的编号依次是 1～4，而扩展分区上的逻辑分区编号从 5 开始。

Linux 中存储设备命名的常见示例，如表 3.9 所示。

表 3.9　Linux 中存储设备命名的常见示例

设　备	描　述
/dev/sda	第一个磁盘（通常是系统硬盘）
/dev/sda1	第一个磁盘上的第一个分区
/dev/sdb	第二个磁盘
/dev/sdb1	第二个磁盘上的第一个分区
/dev/nvme0n1	NVMe SSD 设备
/dev/nvme0n1p1	NVMe SSD 上的第一个分区
/dev/mmcblk0	MMC（多媒体卡）设备，如 SD 卡
/dev/mmcblk0p1	MMC 设备上的第一个分区

3.3　Linux 文件系统的管理

3.3.1　路径操作

Linux 使用斜杠"/"分隔的路径表示文件系统中的位置。这是一个层次结构的路径，根目录在最前面。在路径中，"."表示当前目录，".."表示上级目录。总体而言，Linux 的路径表示方式是层级结构，从根目录开始，通过斜杠分隔目录和文件的名称。Linux 表示路径的方式，具体如表 3.10 所示。

表 3.10　Linux 表示路径的方式

表示方式	示　　例
绝对路径	/usr/bin 表示根目录下的 usr 目录中的 bin 目录。可使用 pwd 命令查看当前绝对路径
相对路径	（相对路径）documents/file.txt 如果当前工作目录是 /home/user，那么 documents/file.txt 的绝对路径是/home/user/documents/file.txt
当前目录	.
上级目录	..
混合使用	/home/user/documents/../file.txt

路径的具体使用，如图 3.8 所示。

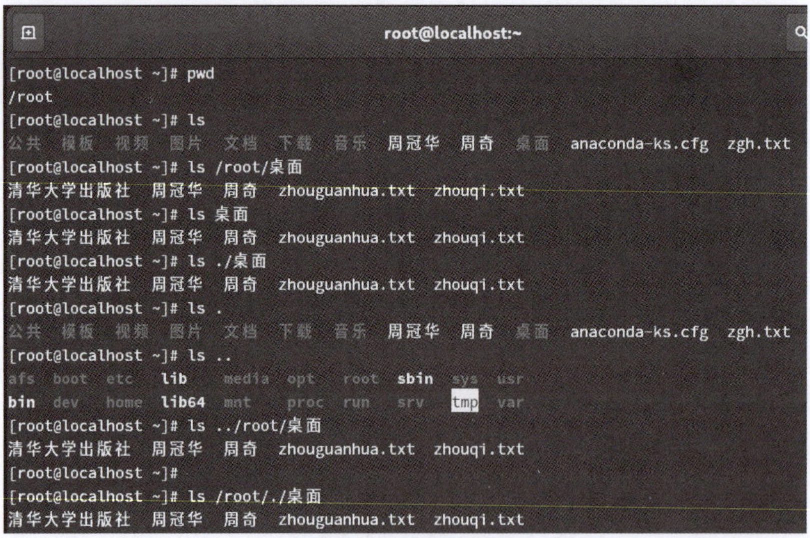

图 3.8　路径的使用

1. pwd 命令查看当前工作目录

pwd 命令用于显示当前工作目录的绝对路径，如图 3.9 所示。

```
root@localhost:~
[root@localhost ~]# pwd
/root
[root@localhost ~]#
```

图 3.9 pwd 命令

2. cd 命令切换工作目录

cd 命令用于改变当前工作目录并切换到指定的目录。用户可以通过提供目录的绝对路径、相对路径或者使用特殊的符号(如“..”表示上级目录)来指定目标目录。

cd 命令一些常见的用法和示例,如表 3.11 所示。

表 3.11 cd 命令常见的用法和示例

命令	描述	示例
cd [目录路径]	切换到指定目录路径,其中,路径可以是绝对的,也可以是相对的	cd /etc
cd ..	返回上一级目录	cd ..
cd ~或 cd	返回家(当前用户主)目录	cd ~或 cd
cd -	返回前一个工作目录	cd -
cd 目标目录	使用相对路径切换到目标目录	cd Documents
cd $变量名	使用环境变量切换目录	cd $HOME 与 cd ~效果一致

cd 命令一些常见的用法和示例,如图 3.10 所示。

```
[root@localhost ~]# pwd
/root
[root@localhost ~]# cd /etc
[root@localhost etc]# cd -
/root
[root@localhost ~]# cd ..
[root@localhost /]# pwd
/
[root@localhost /]# cd ~
[root@localhost ~]# pwd
/root
[root@localhost ~]# ls
公共  视频  文档  音乐   周奇   anaconda-ks.cfg
模板  图片  下载  周冠华  桌面   zgh.txt
[root@localhost ~]# cd 桌面
[root@localhost 桌面]# cd $HOME
[root@localhost ~]#
```

图 3.10 cd 命令一些常见的用法和示例

3.3.2 文件和目录操作

文件和目录操作命令用于创建、删除、复制、移动文件和目录,以及查看它们的属性。

1. mkdir 命令创建目录

mkdir 是用于创建目录(文件夹)的命令,如表 3.12 所示,具体操作如图 3.11～图 3.14 所示。

```
mkdir [选项] 目录名
```

表 3.12　mkdir 命令的基本用法和常见选项及示例

命　　令	描　　述
mkdir 目录名	创建单个目录
mkdir dir1 dir2 dir3	创建多个目录
mkdir -p parent_directory/child_directory	递归创建目录,如果上级目录不存在也一并创建
mkdir -m 700 secure_directory	创建并指定新目录的权限(权限用八进制表示)
mkdir -v verbose_directory	详细模式,显示创建的目录信息

1) mkdir 命令

使用 mkdir 命令创建单个和多个目录,如图 3.11 所示。

图 3.11　mkdir 命令创建单个和多个目录

2) mkdir -p 命令

使用 mkdir -p 命令递归创建目录,如果上级目录不存在也一并创建,如图 3.12 所示。

图 3.12　mkdir -p 命令递归创建目录

3) mkdir -m 命令

使用 mkdir -m 命令创建并指定新目录的权限(权限用八进制表示),如图 3.13 所示。

图 3.13　mkdir -m 命令创建并指定新目录的权限

这个命令使用 mkdir 命令创建一个名为 secure_directory 的目录,并设置该目录的权限为 700。在 Linux 中,权限是以八进制数表示的(二进制转换成八进制),700 表示:

所有者(Owner)有读、写、执行权限(rwx,对应数值 7)。

同组用户(Group)有读、执行权限(r--,对应数值 0)。

其他用户(Others)有读、执行权限(r--,对应数值 0)。

因此,secure_directory 目录的权限表示为 rwx------。

4) mkdir -v 命令

mkdir -v 是 mkdir 命令的一个选项,用于在创建目录时显示详细信息。该选项会显示每个创建的目录名称,如图 3.14 所示。

图 3.14　mkdir -v 命令创建目录时显示详细信息

2. touch 命令创建文件

touch 用于创建占位文件、强制更新文件时间戳,或者确保文件存在。touch 命令的基本用法如下。

```
touch 文件名
```

如果文件已经存在，touch 将更新文件的访问和修改时间。如果文件不存在，touch 会创建一个空文件。以下是 touch 命令常见的用法和示例，具体如表 3.13 和图 3.15 所示。

表 3.13 touch 命令常见的用法和示例

命　　令	描　　述
touch 文件名	创建空文件或更新文件的访问和修改时间戳
touch newfile.txt	更新现有文件的访问和修改时间戳
touch file1.txt file2.txt file3.txt	创建多个空文件
touch /path/to/newfile2.txt	在指定路径创建空文件
touch -t YYYYMMDDHHMM 文件名	创建文件并指定访问和修改时间戳

对照表 3.13 中的示例，完成以下操作，如图 3.15 所示。

```
[root@localhost ~]# ls
周冠华  桌面
[root@localhost ~]# touch newfile.txt
[root@localhost ~]# ls -l
总用量 8
-rw-r--r--. 1 root root  702 11月 15 22:56 周冠华
drwxr-xr-x. 10 root root 4096 11月 16 17:57 桌面
-rw-r--r--. 1 root root    0 11月 16 17:59 newfile.txt
[root@localhost ~]# touch newfile.txt
[root@localhost ~]# ls -l
总用量 8
-rw-r--r--. 1 root root  702 11月 15 22:56 周冠华
drwxr-xr-x. 10 root root 4096 11月 16 17:57 桌面
-rw-r--r--. 1 root root    0 11月 16 18:00 newfile.txt
[root@localhost ~]# touch file1.txt file2.txt file3.txt
[root@localhost ~]# ls
周冠华  桌面    file1.txt  file2.txt  file3.txt  newfile.txt
[root@localhost ~]# pwd
/root
[root@localhost ~]# touch /root/newfile2.txt
[root@localhost ~]# ls
周冠华  桌面    file1.txt  file2.txt  file3.txt  newfile2.txt  newfile.txt
[root@localhost ~]# touch -t 202311161807 newfile3.txt
[root@localhost ~]# ls -l
总用量 8
-rw-r--r--. 1 root root  702 11月 15 22:56 周冠华
drwxr-xr-x. 10 root root 4096 11月 16 17:57 桌面
-rw-r--r--. 1 root root    0 11月 16 18:05 file1.txt
-rw-r--r--. 1 root root    0 11月 16 18:05 file2.txt
-rw-r--r--. 1 root root    0 11月 16 18:05 file3.txt
-rw-r--r--. 1 root root    0 11月 16 18:05 newfile2.txt
-rw-r--r--. 1 root root    0 11月 16 18:07 newfile3.txt
-rw-r--r--. 1 root root    0 11月 16 18:00 newfile.txt
```

图 3.15 touch 命令常见的用法和示例

3. cp 命令复制文件或目录

cp 命令是用于复制文件或目录。

命令语法：

```
cp [选项] 源文件/目录 目标文件/目录
```

其中，选项如表 3.14 所示。

表 3.14　cp 命令选项

选　项	描　述	命 令 示 例
-	复制文件到目录	cp a.txt /root/01
-r(或-R)	递归复制目录及其内容	cp -r 01/ /root/02
-i	在复制前询问确认	cp -i c.txt /root/03
-u	仅复制更新的文件	cp -u 03/* /root/04

根据表 3.14 中示例，操作之前，需要新建需要用到的文件（a.txt、b.txt、c.txt、d.txt）和目录（01、02、03、04），复制之后，需要查看目标。具体操作如图 3.16 所示。

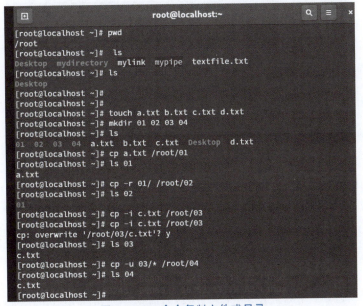

图 3.16　cp 命令复制文件或目录

4. mv 命令移动/重命名文件或目录

mv 命令用于移动（或重命名）文件或目录。mv 命令的选项和操作，如表 3.15 和图 3.17 所示。

命令语法：

mv [选项] 源文件/目录 目标文件/目录

选项：

-i：在移动前询问确认。

-u：仅在源文件比目标文件更新时才移动文件。

表 3.15 mv 命令移动/重命名文件或目录

操　　作	命　　令
移动文件到目录	mv a.txt 05/
重命名文件	mv b.txt b1.txt
递归移动目录及其内容	mv 05/ 06/
在移动前询问确认	mv -i b1.txt 06/
仅移动更新的文件	mv -u 06/ * 07/

mv 命令操作之前,需要创建需要使用的文件和目录。操作之后,需要查询验证。mv 命令的具体操作,如图 3.17 所示。

```
[root@localhost ~]# mkdir 05 06 07
[root@localhost ~]# ls
01  02  03  04  05  06  07  a.txt  b.txt  c.txt  Desktop  d.txt
[root@localhost ~]# mv a.txt 05/
[root@localhost ~]# ls 05
a.txt
[root@localhost ~]# mv b.txt b1.txt
[root@localhost ~]# ls
01  02  03  04  05  06  07  b1.txt  c.txt  Desktop  d.txt
[root@localhost ~]# mv -r 05/ 06/
[root@localhost ~]# cp b1.txt 06/
[root@localhost ~]# mv b1.txt 06/
mv: overwrite '06/b1.txt'? y
[root@localhost ~]# ls 06
05  b1.txt
[root@localhost ~]# mv -u 06/* 07/
[root@localhost ~]# ls 07
05  b1.txt
[root@localhost ~]# ls
01  02  03  04  06  07  c.txt  Desktop  d.txt
```

图 3.17 mv 命令移动/重命名文件或目录

5. rmdir 命令删除文件或目录

rmdir 命令是用于删除空目录(空文件夹)的命令。但删除非空目录时,需要使用 rm -r 命令来递归删除整个目录及其内容。

以下是 rmdir 命令的基本用法。

```
rmdir [选项] 目录名
```

示例:先使用 ls -l 命令查看文件类型,文件属性第一个字符为 d 的是目录,rmdir 只能删除目录,具体操作如图 3.18 所示。

还可以使用 rmdir 命令同时删除多个目录,如图 3.19 所示。

```
[root@localhost ~]#rmdir dir2 dir3
```

6. rm 命令删除目录

rm 命令是用于删除文件或目录的命令。以下是 rm 命令的基本用法和一些常见选

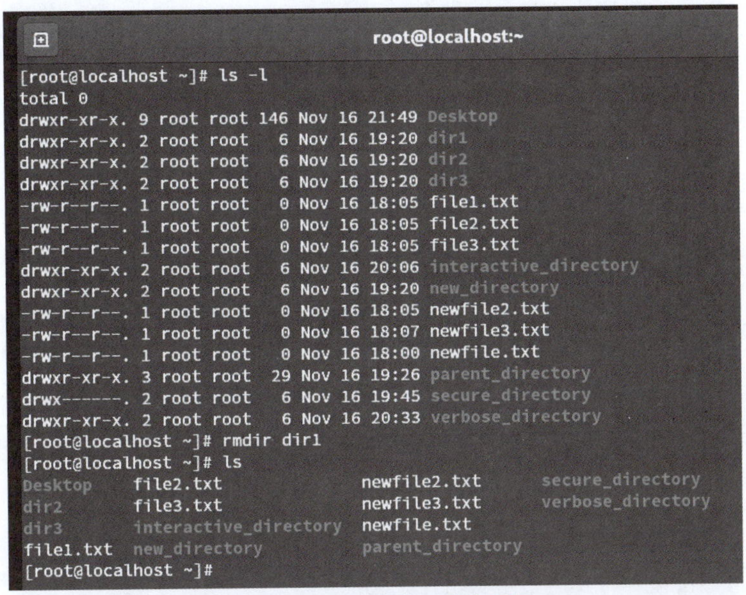

图 3.18　rmdir 命令删除空目录

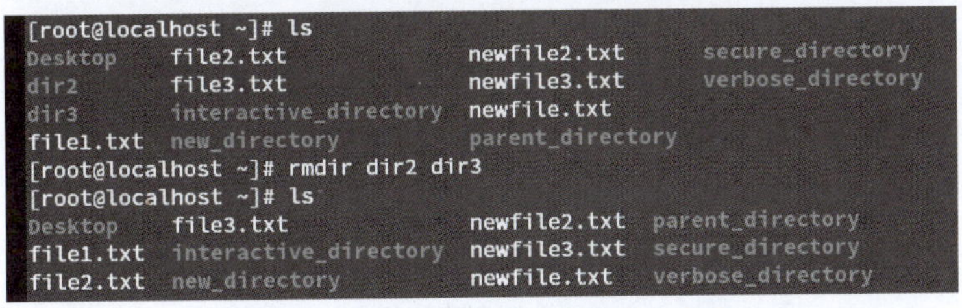

图 3.19　rmdir 命令同时删除多个目录

项，如表 3.16 所示。

rm [选项] 文件或目录

表 3.16　rm 命令的基本用法和常见选项

命　令	描　述	示　例
rm 文件名	删除指定文件	rm file1.txt
rm -f 文件名	强制删除文件，不进行提示	rm -f file2.txt
rm -i 文件名	交互式删除，删除前提示用户确认	rm -i file3.txt
rm -r 目录名/文件名	递归删除文件或目录	rm -r 文件或目录
rm -rf 目录名/文件名	强制递归删除文件或目录，无提示	rm -rf 文件或目录

1）rm 命令

删除目标文件前，先使用 ls 命令查看，再执行 rm 命令。具体操作如图 3.20 所示。

```
[root@localhost ~]#rm file1.txt
```

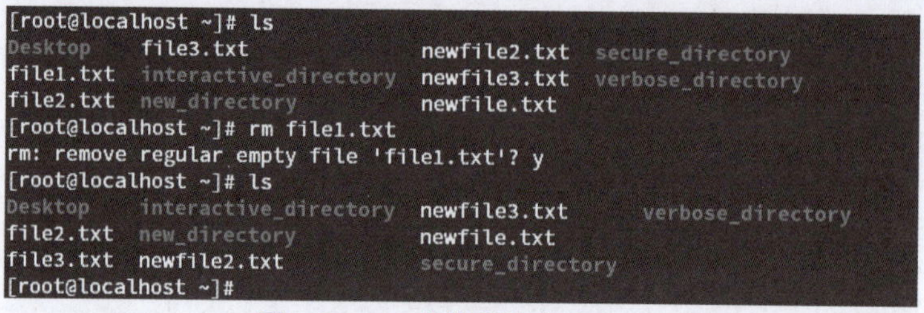

```
[root@localhost ~]# ls
Desktop    file3.txt              newfile2.txt  secure_directory
file1.txt  interactive_directory  newfile3.txt  verbose_directory
file2.txt  new_directory          newfile.txt
[root@localhost ~]# rm file1.txt
rm: remove regular empty file 'file1.txt'? y
[root@localhost ~]# ls
Desktop    interactive_directory  newfile3.txt      verbose_directory
file2.txt  new_directory          newfile.txt
file3.txt  newfile2.txt           secure_directory
[root@localhost ~]#
```

图 3.20 rm 命令删除指定文件

2）rm -rf 命令

rm -rf 命令是 rm 命令的一种组合，用于强制递归删除目录及其内容而无须进行确认。

rm -rf 命令的详细操作，如图 3.21 所示。

```
[root@localhost ~]#rm -rf new_directory
[root@localhost ~]#rm -rf newfile2.txt newfile3.txt
```

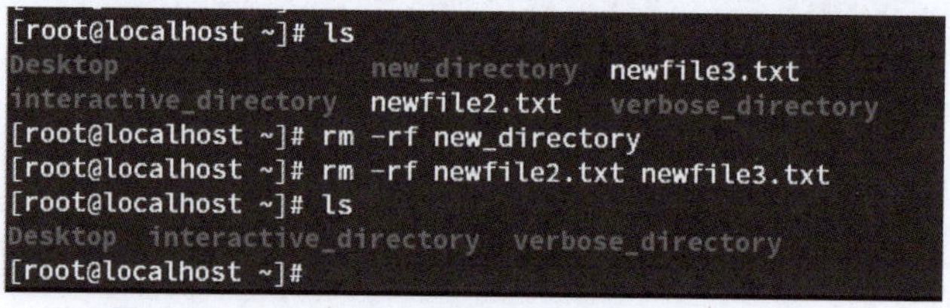

```
[root@localhost ~]# ls
Desktop                new_directory  newfile3.txt
interactive_directory  newfile2.txt   verbose_directory
[root@localhost ~]# rm -rf new_directory
[root@localhost ~]# rm -rf newfile2.txt newfile3.txt
[root@localhost ~]# ls
Desktop  interactive_directory  verbose_directory
[root@localhost ~]#
```

图 3.21 rm -rf 命令强制删除目录/文件无提示

3.3.3 目录/文件的查看

Linux 系统中常用的文件和目录查看工具，可以查看文件和目录列表、目录、详细信息、文件内容等。常用的命令，如表 3.17 所示。

表 3.17 常用的目录/文件查看命令

命令	描述	示例
ls	列出目录中的文件和子目录	ls -l
tree	以树形图显示目录结构	tree
cat	连接文件并打印到标准输出	cat 文件名
more	分页查看文件内容	more 文件名
less	分页查看文件内容(支持上下滚动)	less 文件名
head	显示文件开头的几行	head 文件名 或 head -n 10 文件名
tail	显示文件结尾的几行	tail 文件名 或 tail -n 10 文件名

续表

命　令	描　述	示　例
nano	文本编辑器,也可用于查看文件	nano 文件名
grep	在文件中搜索指定文本	grep"关键词"文件名
vi/vim	强大的文本编辑器,也可用于查看文件	vim 文件名

1. ls 命令

ls 命令对于每个目录,该命令将列出其中的所有子目录与文件。
ls 命令的格式如下。

ls [选项] [文件或目录]

ls 命令的相关参数,如表 3.18 所示。

表 3.18　ls 命令

命　令	描　述	示　例
-a	显示所有文件,包括隐藏文件	显示所有文件:ls -a 只隐藏文件显示:ls -a -I " * " 或 ls -a --ignore=" * "
-l	以长格式显示,包括文件详细信息	ls -l
-t	按修改时间排序,最新的文件在前	ls -t　或(倒序)ls -tr

1) ls -a 命令

ls -a 命令用于显示所有文件,包括以"."开头的隐藏文件。

ls -a

ls -a 命令具体操作,如图 3.22 所示。

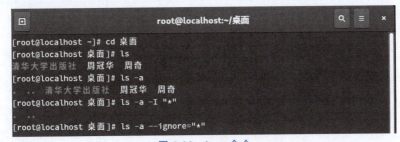

图 3.22　ls -a 命令

2) ls -l 命令

ls -l 命令用于以长格式显示文件和目录(详细)列表,具体如图 3.23 所示。
图 3.23 中 ls -l 命令的输出结果为文件的详细信息,其各列解释如图 3.24 所示。

```
[root@localhost 桌面]# ls -l
总用量 4
drwxr-xr-x. 2 root root   6 11月 15 22:39 清华大学出版社
-rw-r--r--. 1 root root 702 11月 15 22:56 周冠华
-rw-r--r--. 1 root root   0 11月 15 21:57 周奇
[root@localhost 桌面]#
```

图 3.23　ls -l 命令

文件类型	文件权限	连接数	文件所有者	文件所属组	文件大小	最后修改时间	文件或目录的名称
d	rwxr-xr-x.	2	root	root	6	11月 15 22:39	清华大学出版社
-	rw-r--r--.	1	root	root	702	11月 15 22:56	周冠华
-	rw-r--r--.	1	root	root	0	11月 15 21:57	周奇

图 3.24　文件详细信息注解

2. cat 命令

cat 是一个用于在终端中查看、连接、创建文件的命令。它通常用于显示文本文件的内容，也可以用于将多个文件连接起来，或者创建新文件。具体如表 3.19 所示。

基本语法：

> cat [选项] [文件]

表 3.19　cat 命令的选项和示例

命令/选项	描　　述
cat 文件名	显示文件内容
cat 文件 1 文件 2 ＞ 新文件	连接多个文件并将结果输出到新文件
cat 文件 1 ＞＞ 文件 2	将文件 1 的内容追加到文件 2 的末尾
cat	从标准输入读取并显示，按 Ctrl+D 组合键结束输入
cat -n 文件名	显示文件内容并标出行号
cat -v 文件名	显示文件内容，非打印字符显示为^和 M(可见的换行符)

1) cat 命令显示文件内容

cat 命令是用于连接文件并显示文件内容的命令。其基本语法：

> cat 文件名

cat 后面直接加文件名，这是最常用的。为达到操作效果，可事先使用 vi 命令创建和编辑需要用到的文件（如 example.txt），再使用 cat 命令把目标文件 example.txt 的内容显示出来。具体操作如图 3.25 所示。

> [root@localhost ~]#vi example.txt
> [root@localhost ~]#cat example.txt

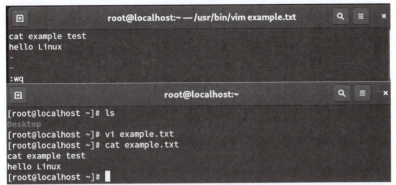

图 3.25　cat 命令显示文件内容

2）cat 命令连接多个文件并将结果输出到新文件

cat 命令可以连接多个文件并将结果输出到新文件，其语法是：

cat 文件 1 文件 2 > 新文件

示例：分别使用三个文件名 file1.txt、file2.txt 和 combined.txt。把 file1.txt 和 file2.txt 两个文件连接，并将结果输出到新文件 combined.txt。其中，file1.txt 和 file2.txt 需要事先使用 vi 命令创建好并输入相应内容，而 combined.txt 文件及其内容是通过 cat 生成，最后使用 cat 命令查看 combined.txt 文件的内容。具体操作如图 3.26 所示。

图 3.26　cat 命令连接多个文件并将结果输出到新文件

```
[root@localhost ~]#vi file1.txt
[root@localhost ~]#vi file2.txt
[root@localhost ~]#cat file1.txt file2.txt > combined.txt
[root@localhost ~]#ls
[root@localhost ~]#cat combined.txt
```

3) cat -n 命令

cat -n 命令是 cat 命令的一个选项,用于在显示文件内容时显示行号。这个选项在查看文件内容时很有用,因为它可以帮助定位特定行。

基本语法:

```
cat -n 文件名
```

具体操作如图 3.27 所示。

```
[root@localhost ~]#cat -n example.txt
```

```
[root@localhost ~]# ls
combined.txt  Desktop  example.txt  file1.txt  file2.txt
[root@localhost ~]# cat -n example.txt
     1  cat example test
     2  hello Linux
[root@localhost ~]#
```

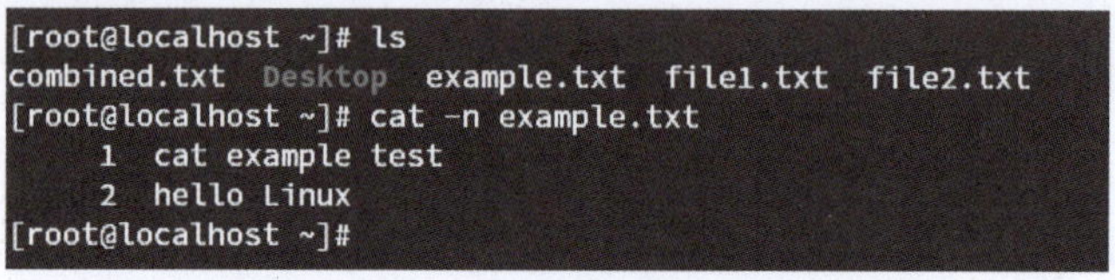

图 3.27 cat -n 命令输入结果和显示行号

3. more 命令

more 是一个用于在终端分页显示文件内容的命令。它允许用户逐页查看文件,而不需要一次性显示整个文件内容。此外,该命令还可以在文件中搜索指定的字符串,其格式如下。

```
more [选项] 文件名
```

more 命令的常用选项和示例,如表 3.20 所示。

表 3.20 more 命令的常用选项和示例

选 项		描 述	示 例
无		逐页查看文件内容	more 文件名
-d		显示每一页的百分比和当前行号	more -d 文件名
+n		从文件的第 n 行开始显示	more +10 文件名
进入 more 模式后的操作	向下滚动一页		空格键
	向下滚动一行		Enter 键
	退出 more		q 键或 Ctrl+C 组合键

例如,使用 more 命令查看/etc 目录下的 services 文件,如图 3.28 所示。

```
[root@localhost ~]#more /etc/services
```

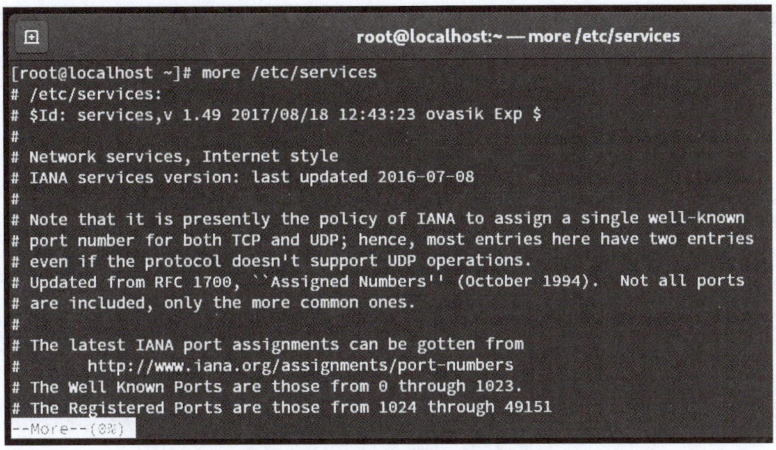

图 3.28　more 命令的使用

4. less 命令

less 是一个在终端下浏览文本文件的命令,它提供了比 more 更多的功能,less 命令允许用户使用光标键反复浏览文本。其基本格式如下。

```
less ［参数］ 文件名
```

less 命令相对于 more 提供了更多的交互功能,具体的选项和示例,如表 3.21 所示。

表 3.21　less 命令的基本用法

选　　项	描　　述	示　　例
无	逐页查看文件内容	less 文件名
-N	显示行号	less -N 文件名
-i	忽略大小写	less -i 文件名
进入 less 模式后的操作	向下滚动一页	空格键
	向上滚动一页	b 键
	跳到文件开头	g 键
	跳到文件末尾	G 键
	搜索关键词,按 N 键查找下一个匹配	/关键词
	反向搜索关键词,按 N 键查找上一个匹配	?关键词
	退出 less	q 键或 Ctrl+C 组合键

例如,使用 less 命令查看/etc 目录下的 services 文件,并且进行交互,查找 ftp 关键字,如图 3.29 所示。

```
[root@localhost ~]#less /etc/services
```

图 3.29　less 命令的交互查看

5. head 命令

head 命令用于显示文件的开头部分,默认显示文件的前 10 行。如果没有接文件名,那么将会显示用户从键盘上输入的字符。该命令格式如下。

```
head [选项] [参数] 文件名
```

head 命令的常见选项、示例和基本操作,如表 3.22 所示。

表 3.22　head 命令的常见选项、示例和基本操作

选项	描述	示例
无	显示文件的前 10 行	head 文件名
-n 数量	指定显示的行数	head -n 20 文件名
-c 字节数	指定显示的字节数	head -c 50 文件名
-q 或 --quiet	不显示文件名行(适用于多文件)	head -q 文件名

例如,使用 head 命令分别查看/etc 目录下的 services 文件的前 10 行、前 5 行和前 50 字节的内容,如图 3.30 所示。

```
[root@localhost ~]#head /etc/services
[root@localhost ~]#head -n 5 /etc/services
[root@localhost ~]#head -c 50 /etc/services
```

6. tail 命令

tail 命令用于显示文件的尾部内容,默认显示文件的最后 10 行。其命令格式如下。

```
tail [选项] [参数] 文件名
```

```
[root@localhost ~]#
[root@localhost ~]# head /etc/services
# /etc/services:
# $Id: services,v 1.49 2017/08/18 12:43:23 ovasik Exp $
#
# Network services, Internet style
# IANA services version: last updated 2016-07-08
#
# Note that it is presently the policy of IANA to assign a single well-known
# port number for both TCP and UDP; hence, most entries here have two entries
# even if the protocol doesn't support UDP operations.
# Updated from RFC 1700, ``Assigned Numbers'' (October 1994).  Not all ports
[root@localhost ~]# head -n 5 /etc/services
# /etc/services:
# $Id: services,v 1.49 2017/08/18 12:43:23 ovasik Exp $
#
# Network services, Internet style
# IANA services version: last updated 2016-07-08
[root@localhost ~]# head -c 50 /etc/services
# /etc/services:
[root@localhost ~]#
```

图 3.30　head 命令查看文件内容

tail 命令的一些基本用法和选项，如表 3.23 所示。

表 3.23　tail 命令的基本用法和选项

选　　项	描　　述	示　　例
无	显示文件的最后 10 行	tail 文件名
-n 数量	指定显示的行数	tail -n 20 文件名
-c 字节数	指定显示的字节数	tail -c 50 文件名
-f 或 --follow	实时追踪文件的变化，常用于查看日志	tail -f 文件名
-q 或 --quiet	不显示文件名行（适用于多文件）	tail -q 文件名

例如，使用 tail 命令分别查看/etc 目录下的 services 文件的后 10 行和后 5 行的内容，如图 3.31 所示。

```
[root@localhost ~]#tail /etc/services
[root@localhost ~]#tail -n 5 /etc/services
```

```
[root@localhost ~]# tail /etc/services
aigairserver      21221/tcp        # Services for Air Server
ka-kdp            31016/udp        # Kollective Agent Kollective Delivery
ka-sddp           31016/tcp        # Kollective Agent Secure Distributed Delivery
edi_service       34567/udp        # dhanalakshmi.org EDI Service
axio-disc         35100/tcp        # Axiomatic discovery protocol
axio-disc         35100/udp        # Axiomatic discovery protocol
pmwebapi          44323/tcp        # Performance Co-Pilot client HTTP API
cloudcheck-ping   45514/udp        # ASSIA CloudCheck WiFi Management keepalive
cloudcheck        45514/tcp        # ASSIA CloudCheck WiFi Management System
spremotetablet    46998/tcp        # Capture handwritten signatures
[root@localhost ~]# tail -n 5 /etc/services
axio-disc         35100/udp        # Axiomatic discovery protocol
pmwebapi          44323/tcp        # Performance Co-Pilot client HTTP API
cloudcheck-ping   45514/udp        # ASSIA CloudCheck WiFi Management keepalive
cloudcheck        45514/tcp        # ASSIA CloudCheck WiFi Management System
spremotetablet    46998/tcp        # Capture handwritten signatures
[root@localhost ~]#
```

图 3.31　tail 命令的使用

7. nano 命令

nano 命令是一个文本编辑器，操作界面相对其他文本编辑器简单，其基本命令语法：

nano 文件名

其中，一些常见的选项和操作，如表 3.24 所示。

表 3.24　nano 命令的基本选项和操作

选项	描述	示例
无	打开文件进行编辑	nano 文件名
-B	启用备份文件	nano -B 文件名
-i	自动缩进	nano -i 文件名
-k	切换显示/隐藏行号	nano -k 文件名
＋行号,列号	打开文件并定位到指定行列	nano ＋10,20 文件名
--smooth	启用平滑滚动	nano --smooth 文件名
--tabsize＝数值	设置制表符宽度	nano --tabsize＝4 文件名
--autoindent	启用自动缩进	nano --autoindent 文件名
进入编辑模式后的操作	保存文件（按 Enter 键确认）	Ctrl ＋ O
	退出编辑器（若有未保存的修改会提示）	Ctrl ＋ X
	撤销上一步操作	Ctrl ＋ U
	剪切一行	Ctrl ＋ K
	粘贴剪切的内容	Ctrl ＋ U
	搜索关键词	Ctrl ＋ W
	替换	Ctrl ＋ \
	跳转到指定行	Ctrl ＋ _
	显示当前光标位置的行列	Ctrl ＋ C
	显示帮助信息	Ctrl ＋ G

示例，使用 nano 命令进入当前目录下的 c.txt 文件的编辑模式，进入后，可以进行相关操作，如图 3.32 所示。

进入命令：

```
[root@localhost ~]#nano c.txt
```

查看或编辑后，按 Ctrl＋X 组合键退出，退出时提示保存、不保存或取消操作，如图 3.33 所示。

图 3.32 nano 命令文本编辑模式

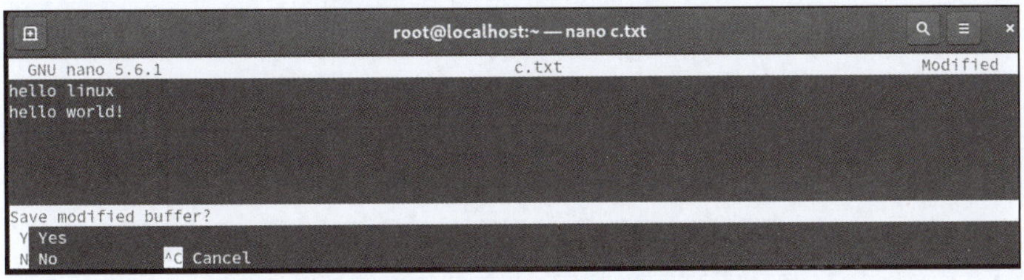

图 3.33 nano 命令退出操作

8. grep 命令

grep 是一个在文本中搜索指定模式的命令行工具。它常用于查找文件中包含特定文本的行，或者在输出中过滤包含特定文本的行。

基本用法：

grep [选项] [模式] 文件名

或

grep [选项] [模式] 文件1 文件2 文件3

grep 命令常见的选项、模式、编辑模式操作以及示例，如表 3.25 所示。

表 3.25 grep 命令的常规选项和操作

选项/模式/操作		描述
grep 选项	无	在文件中搜索指定模式
	-i	忽略大小写
	-r 或 -R	递归地在目录中搜索
	-n	显示匹配行的行号
	-v	显示不包含匹配模式的行
	-c	只显示匹配行的数量
	-A 数量	显示匹配行及其后面的指定行数（上下文显示）

续表

选项/模式/操作		描 述
grep 选项	-B 数量	显示匹配行及其前面的指定行数（上下文显示）
	-C 数量	显示匹配行及其前后的指定行数（上下文显示）
	--color	高亮显示匹配的文本
grep 模式	无	普通字符串模式，在文件中搜索指定关键字的行
	()	分组模式
	—E ^	正则表达式模式，使用正则表达式搜索匹配的行
	^	匹配行的开头
	$	匹配行的结尾
	[]	字符类模式，匹配包含其中任一字符的行
	[^]	反向字符类模式，匹配不包含其中任一字符的行
	.	点号通配符模式，匹配任意单个字符
	*	星号通配符模式，匹配前一个字符的零次或多次重复
	+	加号通配符模式，匹配前一个字符的一次或多次重复
	?	问号通配符模式，匹配前一个字符的零次或一次重复
	\	转义字符模式，用于匹配特殊字符
	\b	单词边界模式，匹配单词边界
	\B	非单词边界模式，匹配非单词边界
grep 编辑模式操作	Ctrl + C	终止当前的 grep 操作，返回命令行提示符
	Ctrl + Z	挂起当前的 grep 操作，将其放入后台运行
	Ctrl + R	在命令行历史中搜索 grep 命令

例如，使用 grep 命令查看或搜索当前目录下的 c.txt 文件内容，其查看或搜索条件是递归地搜索所有包含"Linux"字符的行，并显示每行的行号，不区分大小写。可以进行相关操作，如图 3.34 所示。

```
[root@localhost ~]#grep -i -r -n Linux c.txt
```

```
[root@localhost ~]#
[root@localhost ~]# cat c.txt
hello linux
hello world!
[root@localhost ~]# grep -i -r -n Linux c.txt
1:hello linux
[root@localhost ~]#
```

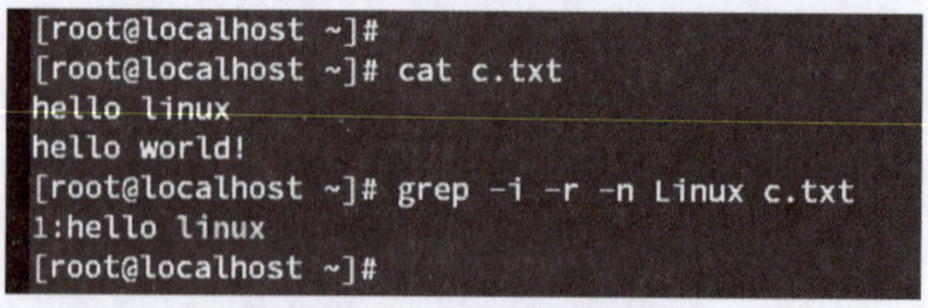

图 3.34 grep 命令的使用

3.3.4 vi/vim 文本编辑器

Linux 提供的全屏编辑器 vi 和 vim 启动快,且支持鼠标,能够胜任所有的文本操作,使得用户的文本编辑更加轻松。在 Linux 操作系统中使用 vi 和 vim 编辑器来处理文件的时候,会先将文件复制一份到内存缓冲区。vi/vim 对文本文件的编辑都会首先直接修改缓冲区的内容,再使用 w 命令后,才将缓冲区中的内容回写到磁盘文件。

vi/vim 的模式切换关系,如图 3.35 和表 3.26 所示。

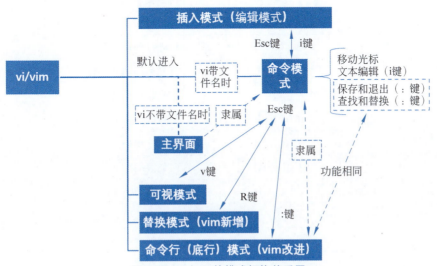

图 3.35 vi/vim 的模式切换关系图

表 3.26 vi/vim 的模式切换关系

模 式	进入方式	退出方式	说 明
命令模式	默认启动时或按下 Esc 键	进入插入模式(i、I 等)	在该模式下执行命令,包括移动光标、删除、复制等操作
插入模式(编辑模式)	按 i 键	按 Esc 键	在该模式下直接输入文本
可视模式	按 v 键	按 Esc 键	在该模式下选择文本块,可以进行复制、删除等操作
替换模式(vim 特有)	按 R 键	按 Esc 键	vim 特有的一种编辑模式,它允许用户替换或覆盖文本
命令行模式/底行模式	按 : 键	按 Enter 键	在命令模式下输入":"进入底行模式,执行一些底层命令和编辑操作

1. vi/vim 的模式

1) vi/vim 命令模式

在 vi/vim 编辑器中,命令模式是默认的模式,用户在这个模式下可以执行各种编辑和移动命令。命令模式包括移动光标、行内移动、屏幕移动、文本搜索、删除、复制、撤销、重做、文件操作等功能，其中包含命令行模式（底行模式）及其功能。以下是一些常用的vi/vim命令模式下的操作，如表3.27和图3.36所示。

表 3.27 vi/vim 命令模式功能和操作

功能分类	命　　令	功 能 描 述
移动光标	h	向左移动光标
	j	向下移动光标
	k	向上移动光标
	l	向右移动光标
行内移动	0	将光标移动到行首
	^	将光标移动到行首的第一个非空格字符
	$	将光标移动到行尾
屏幕移动	Ctrl + F	向前滚动一屏
	Ctrl + B	向后滚动一屏
	Ctrl + U	向前滚动半屏
	Ctrl + D	向后滚动半屏
删除和复制	x	删除光标处的字符
	dd	删除整行
	yy	复制整行
	p	在光标后粘贴
撤销和重做	u	撤销上一步操作
	Ctrl + R	重做上一步被撤销的操作
文件操作	:w	保存当前文件
	:w filename	将文件保存为指定的文件名
	:q	退出编辑器
	:q!	强制退出 vi/vim，不保存修改
	:wq 或 :x	保存修改并退出编辑器
打开多个文件	vi file1 file2 file3	在 vi 中同时打开多个文件
切换文件	:n 或 :next	切换到下一个文件
	:N 或 :previous 或 :prev	切换到上一个文件
	:e filename	打开另一个文件
	:bnext 或 :bn	切换到下一个缓冲区（文件）
	:bprev 或 :bp	切换到上一个缓冲区（文件）

续表

功 能 分 类	命　　令	功 能 描 述
切换文件	:bfirst	切换到第一个缓冲区(文件)
	:blast	切换到最后一个缓冲区(文件)
切换到 Shell	:sh 或 :shell	切换到 Shell
	exit	从 Shell 返回 vi
退出 vi	:qa	退出所有文件
文本编辑与插入	:i	进入插入模式
	:a	在光标后插入文本
	:r filename	从另一个文件中读取内容并插入当前文件
	:d	删除当前行
	:1,5d	删除行范围(1~5 行)
光标移动与显示	:set number	显示行号
	:set nonumber	隐藏行号
	:line_number	跳转到指定行
	:set wrap	自动折行显示
	:set nowrap	关闭自动折行
	:set tabstop=4	设置制表符宽度为 4 个空格
	:set expandtab	使用空格代替制表符
搜索与替换	:/{pattern}	向下搜索匹配模式
	:?{pattern}	向上搜索匹配模式
	:s/{pattern}/{replacement}	替换匹配模式为指定文本
	:1,10s/{pattern}/{replacement}/g	在指定范围内全局替换
配置(环境)设置	:set syntax={syntax}	设置语法高亮
	:syntax enable	启用语法高亮
	:colorscheme <scheme>	设置颜色主题
	:set ignorecase	忽略大小写
	:set noignorecase	不忽略大小写
	:set autowrite	在切换文件时自动保存
	:set backup	启用备份文件
	:set undofile	启用撤销历史记录到文件
	:PluginInstall	安装插件(需先安装插件管理器)

续表

功能分类	命　　令	功能描述
配置(环境)设置	:map <key> <action>	创建键盘映射
	:unmap <key>	取消键盘映射

图 3.36　vi/vim 命令模式

2）vi/vim 插入模式（编辑模式）

在 vi/vim 编辑器中，插入模式是一种允许用户直接输入文本的模式。在命令模式下时，可以通过按 i 键进入插入模式。一旦进入插入模式，就可以开始输入文本。插入模式是 vi/vim 编辑器中用于输入和编辑文本的重要模式之一。一旦完成文本输入，按 Esc 键返回到命令模式，可以执行其他编辑和移动操作。vi/vim 插入模式，如图 3.37 所示。

图 3.37　vi/vim 插入模式

3）vi/vim 可视模式

vi/vim 编辑器中的可视模式是一种允许用户选择和操作文本的模式，其中包括普通可视模式、行可视模式、块可视模式。在可视模式下，可以通过移动光标来选择文本，并执行各种编辑和操作命令。vi/vim 可视模式，如图 3.38 所示。

4）vim 替换模式

替换模式是 vim 编辑器特有的，是一种允许用户替换已有文本的模式。在替换模式下，可以用新的文本替换光标所在位置的字符。vim 替换模式的功能和用法，如图 3.39 所示。

图 3.38　vi/vim 可视模式

图 3.39　vim 替换模式

5）vi 和 vim 编辑器的主界面

当执行 vi/vim 命令后，首先进入命令模式，此时输入的任何字符都被视为命令。如图 3.40 所示为 vi 主界面。

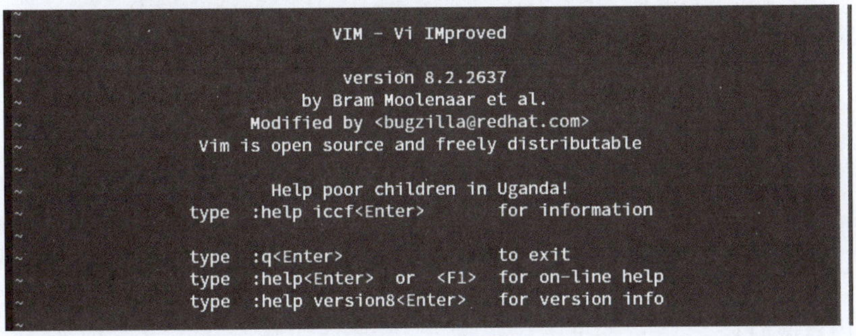

图 3.40　vi 主界面

在屏幕左上方的是光标，在它下面是"～"符号，这些符号中的内容是不会被存入文件的。整个"～"符号标志的区域就是文本的输入区域，最底下的一行显示了在命令模式下输入的命令或是当前编辑的文本的信息。

2. 使用 vi 编辑文档

1）vi/vim 主界面操作

在 Linux 的终端命令主提示符下输入"vi/vim"后可以打开其主界面，然后按 a 键，进入输入模式,然后输入文本。可以使用 Enter 键来换行,使用 BackSpace 键删除前面的文字。文本输入完成以后,按 Esc 键切换到命令模式。

为了保存输入的内容,在命令模式下输入":w file1",然后按 Enter 键,此时 vi 会新建一个 vi_file 文件,将文本区输入的内容写入该文件,如图 3.41 所示。

图 3.41　保存文件 vi_file

在命令行模式下输入":q"(引号内的部分)并按 Enter 键,退出 vi,并回到 Shell 命令提示符。

2) vi/vim 单文档操作

使用 vi 打开文件的方法很简单,在 vi 命令后面跟上文件名,然后按 Enter 键即可,例如:

```
[root@ localhost ~]#vi file1
```

由于没有指定路径,vi 程序在默认的路径,即当前目录中查找 file1,用户也可以为其指定路径。如果 file1 文件不存在,此时会新建一个 file1 文件。如果 file1 确实存在,就会被读入缓冲区,并在屏幕上显示出来,如图 3.42 所示。

图 3.42　vi/vim 单文档操作

此时,会在底部的状态行显示"file1" 2L, 15B written 2,1　All,表示 file1 已被读入缓冲区,共 1 行 15 个字符,光标在第 2 行第 1 列。按 a 键进入插入模式。

如果用户此时按 i 键,也会进入输入模式,但是这两种方式是有区别的:"a"表示在当前光标后面插入文字,"i"表示在当前光标前面插入文字。

3) vi/vim 多文档操作

vi 能够在同一个窗口中一次打开多个文件,打开多个文件的方法是在终端的命令主提示符下输入:

```
[root@localhost ~]#vi -o file1 file2 file3
```

在输入上述命令后按 Enter 键,vi 将第一个文件 file1 读入缓冲区,用户可以在终端中输入":n"以编辑下一个文件,这里是 file2。此时 vi 虽然同时打开了多个文件,但是某一时刻却只能编辑一个文件。在命令模式下输入":N"或":previous"或":prev"可以切换到前一个文件。vi 还可以在多个窗口中打开多个文件,不过需要给 vi 程序传递一个参数-o。具体如图 3.43 所示。

图 3.43 vi/vim 多文档操作

3. 综合实训:vi 的环境设置

在 vi 编辑器中有很多环境参数可以设置,通过环境参数的设置,可以增加 vi 的功能。这里仅介绍 vi 常用的参数,这些参数可以在 vi 的命令模式下使用,或在全局配置文件/etc/ vimrc 中设置,vi 启动时就会使用 vimrc 中的参数来初始化 vi 程序。

vi 环境设置可以理解为个性化设置,可以根据个人喜好对 vi 的操作环境进行设置。

综合实训步骤:

1) 编辑 ~/.vimrc 文件

打开或创建 ~/.vimrc 文件,这是 vi 的配置文件。可以使用任何文本编辑器进行编辑。

```
[root@localhost ~]#vi ~/.vimrc
```

新建并打开~/.vimrc 文件,如图 3.44 所示。

图 3.44 编辑 ~/.vimrc 文件

2) 添加基本设置

在 ~/.vimrc 文件中添加一些基本设置,如显示行号、设置制表符宽度等。添加基本设置的内容如下,操作如图 3.45 所示。

```
" ~/.vimrc
" 显示行号
set number
" 设置制表符宽度为 4 个空格
set tabstop=4
" 使用空格代替制表符
set expandtab
```

图 3.45　添加基本设置

3）添加显示设置

添加一些显示设置,例如,启用语法高亮和选择颜色主题。添加显示设置的内容如下,操作如图 3.46 所示。

```
" 启用语法高亮
syntax enable
" 设置颜色主题
colorscheme desert
```

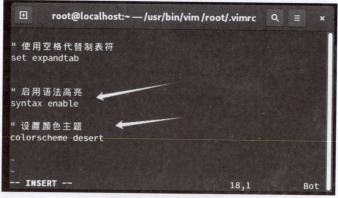

图 3.46　添加显示设置

4）添加编辑设置

添加编辑设置，例如，忽略大小写、增量搜索等。添加编辑设置的内容如下，操作如图 3.47 所示。

```
" 忽略大小写
set ignorecase
" 在有大小写字符时区分大小写
set smartcase
" 实时增量搜索
set incsearch
```

图 3.47　添加编辑设置

5）添加文件设置

添加文件设置，例如，在切换文件时自动保存、启用备份文件等。添加文件设置的内容如下，操作如图 3.48 所示。

```
" 在切换文件时自动保存
set autowrite
" 启用备份文件
set backup
" 启用撤销历史记录到文件
set undofile
```

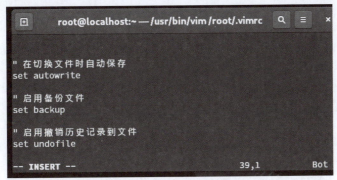

图 3.48　添加文件设置

6）自定义键盘映射

在 ~/.vimrc 文件中添加自定义键盘映射。设置的内容如下，操作如图 3.49 所示。

```
" 自定义键盘映射
map <F2> :NERDTreeToggle<CR>    " 映射 F2 切换 NERDTree 插件的显示
```

图 3.49　添加自定义键盘映射

7）其他自定义设置

添加其他自定义设置，例如，启用鼠标支持、始终显示状态栏等。设置的内容如下，操作如图 3.50 所示。

```
" 启用鼠标支持
set mouse=a
" 始终显示状态栏
set laststatus=2
" 在底行显示正在输入的命令
set showcmd
```

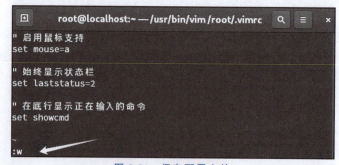

图 3.50　启用鼠标支持、始终显示状态栏等设置

8）保存配置文件

使用 w 保存配置文件，如图 3.51 所示。

图 3.51　保存配置文件

9）重新加载配置

如果 vi 已经打开,可以使用以下命令重新加载配置,如图 3.52 所示。

```
:source ~/.vimrc
```

图 3.52　重新加载配置

10）配置效果

vi 全局设置完成后,使用 vi 打开任意文件,其效果如图 3.53 所示。

图 3.53　vi 全局配置效果

3.3.5　文件搜索和查找

一些常见的 Linux 文件搜索和查找命令,如表 3.28 所示。

表 3.28　Linux 文件搜索和查找命令

命　令	描　述
find	用于搜索文件和目录
locate	使用数据库快速查找文件
grep	搜索目录下包含特定文本的文件
which	查找命令的可执行文件位置
whereis	查找命令的二进制文件、源代码和帮助文档位置

1. find 命令

find 命令用于搜索文件和目录。find 命令的基本语法如下。

```
find 路径 -option [表达式]
```

其中,路径指定要搜索的起始路径;-option 用于指定搜索选项;[表达式]用于过滤和匹配文件。

find 命令的基本语法、选项和示例,如表 3.29 所示。

表 3.29 find 命令的基本语法、选项和示例

选　项	描　述	示　例
find 路径 -name "文件名"	根据文件名搜索文件。可省略"-name",执行效果一致。如在当前路径,可省略"路径"	find /path/to/search -name file1.txt
-iname	类似 -name,但忽略大小写	find /path -iname filename
find 路径 "文件名(或字符)和通配符组合"	属于模糊查找; 通配符 *（星号）表示匹配任意字符;? **表示匹配单个字符**;[ ]表示匹配括号内的任意字符;[-]表示定义字符范围,匹配范围内的任意一个字符;[!]表示匹配不在括号内的字符	find a * find a? find [a][ab][acb] find [a-f] * find [! a] *
find 路径 -type 文件类型	根据文件类型搜索文件	find /root/sk -type f

1) find 命令

根据文件名搜索文件。可省略"-name",执行效果一致。如在当前路径,可省略"路径"。基本语法:

```
find 路径 -name "文件名"
```

例如,查找当前目录下的 file1.txt 文件。路径可以用相对路径、绝对路径,如果是当前路径也可省略,另外,也可以使用特殊路径,如"."".""~"等。具体操作如图 3.54 所示。

```
[root@localhost ~]# find /root/file1.txt
```

或

```
[root@localhost ~]# find file1.txt
```

2) find 命令与通配符

find 命令与通配符的结合使用,属于模糊查找。其中,通配符的表示,如表 3.30 所示。

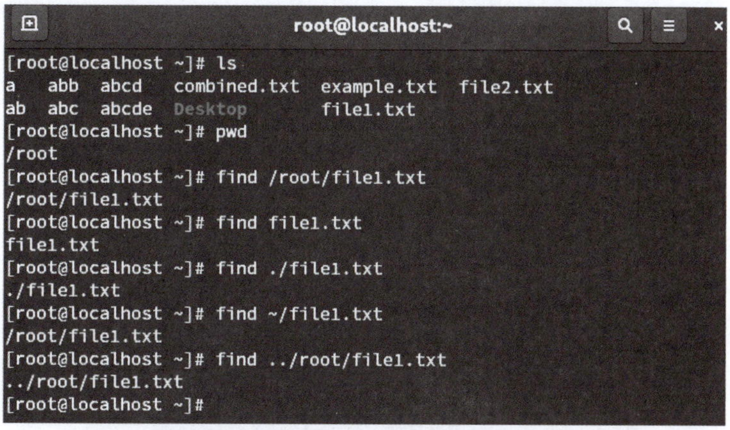

```
[root@localhost ~]# ls
a    abb   abcd    combined.txt  example.txt  file2.txt
ab   abc   abcde   Desktop       file1.txt
[root@localhost ~]# pwd
/root
[root@localhost ~]# find /root/file1.txt
/root/file1.txt
[root@localhost ~]# find file1.txt
file1.txt
[root@localhost ~]# find ./file1.txt
./file1.txt
[root@localhost ~]# find ~/file1.txt
/root/file1.txt
[root@localhost ~]# find ../root/file1.txt
../root/file1.txt
[root@localhost ~]#
```

图 3.54　find 路径 -name "文件名"命令

表 3.30　通配符

通 配 符	注　　释
*	匹配任意字符
?	**匹配单个字符**
[ ]	匹配括号内的任意字符。注意：括号取值后，代表一个字符
[-]	定义字符范围，匹配范围内的任意一个字符
[!]	匹配不在括号内的字符

find 命令与通配符"＊"的使用，如图 3.55 所示，具体操作如下。

```
[root@localhost ~]#find *
[root@localhost ~]#find a*
[root@localhost ~]#find *b
```

find 命令与通配符"?"的使用，通配符"?"**代表单个字符，可与字符配合，并结合 find 命令查找**。具体操作如图 3.56 所示。

2. locate 命令

locate 命令用于快速定位文件，利用事先在系统中建立系统文件索引资料库的然后再检查资料库的方式工作。为了提高 locate 命令的查出率，使用 updatedb 命令手动更新数据库，然后再使用 locate 命令进行文件搜索。

```
[root@localhost ~]#updatedb
```

locate 命令的基本语法：

```
locate [选项] 文件名
```

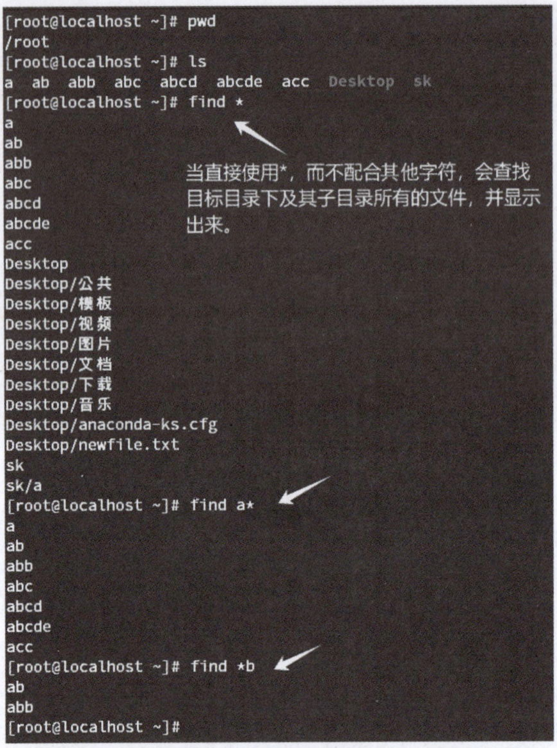

图 3.55　find 命令与通配符"＊"的使用

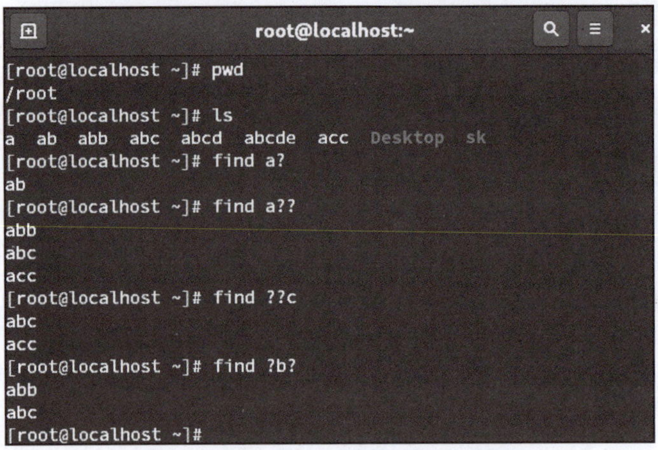

图 3.56　find 命令与通配符"?"的使用

常见的 locate 命令的选项和示例，如表 3.31 所示。

表 3.31　常见的 locate 命令的选项和示例

选项	描述
无选项	查找匹配文件名的文件
-i	忽略大小写进行搜索

续表

选　　项	描　　述
-c	显示匹配的文件数量而不是文件名
-l N	限制显示的结果数量(这里限制为5个结果)

示例：首先使用updatedb命令建立资料数据库，然后使用locate命令搜索文件名中包含“file”的文件及存放位置，忽略大小写，限制显示结果数量为5。具体操作如图3.57所示。

在终端提示符下输入如下命令。

```
[root@localhost ~]#updatedb
[root@localhost ~]#locate -i -l 5 file
```

```
[root@localhost ~]#
[root@localhost ~]# updatedb
[root@localhost ~]# locate -i -l 5 file
/boot/grub2/i386-pc/configfile.mod
/boot/grub2/i386-pc/file.mod
/boot/grub2/i386-pc/search_fs_file.mod
/etc/filesystems
/etc/makedumpfile.conf.sample
[root@localhost ~]#
```

图3.57　updatedb和locate命令的使用

3.3.6　文件权限管理

文件权限是对文件和目录访问的控制机制之一。每个文件和目录都有一个与之关联的权限位。这些权限位分为三组，分别对应文件的所有者、所属组和其他用户。

1. Linux文件安全模型

为了保护系统的安全性，Linux系统除了对用户权限做了严格的界定外，还在用户身份认证、访问控制、传输安全、文件读写权限等方面做了周密的控制。

Linux系统中，用户对文件的文件读写权限包括三种，分别是读权限、写权限和可执行权限。

读权限(r)：允许用户读取文件内容或者列目录。

写权限(w)：允许用户修改文件内容或者创建、删除文件。

可执行权限(x)：允许用户执行文件或者运行使用cd命令进入目录。

可以通过ls -l命令来查看文件的详细信息，包括权限信息，如图3.58所示。

```
[root@localhost ~]# ls -l
total 0
drwxr-xr-x. 2 root root  19 Dec  1 15:42 01
```

图3.58　ls -l命令查看文件权限

```
drwxr-xr-x. 2 root root   19 Dec  1 15:42 01
```

其中,这里的 drwxr-xr-x 表示文件权限,分别对应所有者、所属组和其他用户的权限。"."表示文件有扩展属性或者 SELinux 安全上下文,这些信息通常在权限后的第 9 位显示。如果没有扩展属性,它可能是空白。

rwx 表示所有者(root)有读、写和执行权限。

r-x 表示所属组(root)有读和执行权限,但没有写权限。

r-x 表示其他用户也有读和执行权限,但没有写权限。

在 Linux 系统中,文件权限可以用一个三位的八进制数字表示,也可以使用符号表示,如表 3.32 所示。

表 3.32 文件权限与八进制转换

权 限	符 号	数 字	描 述
r	-	4	读权限(Read)
w	-	2	写权限(Write)
x	-	1	执行权限(Execute)
-	-	0	无权限

这些权限位组成三个数字,分别对应文件的所有者、所属组和其他用户的权限。例如,权限字符串 -rwxr-xr-- 可以转换为数字 751。

权限在八进制数字表示下的组合,如表 3.33 所示。

表 3.33 权限在八进制数字表示下的组合

权 限	数 字	说 明
---	0	无权限
--x	1	执行权限
-w-	2	写权限
-wx	3	写执行权限
r--	4	读权限
r-x	5	读执行权限
rw-	6	读写权限
rwx	7	读写执行权限

2. chmod 命令修改文件/目录的访问权限

chmod 命令用于修改文件或目录的权限。该命令的基本使用格式如下。

```
chmod [选项] 权限模式 文件或目录
```

把模式展开，chmod 命令的格式如下。

chmod [选项] [用户类别] [运算符] [权限符号表示方法] 文件或目录

但当权限模式使用数字表示法时，则不需要"用户类别"和"运算符"，其 chmod 命令的格式如下。

chmod [选项] [权限八进制数字表示方法] 文件或目录

chmod 常用的选项，如表 3.34 所示。

表 3.34　chmod 常用的选项

选项	描述	示例
-c	仅在发生更改时显示提示信息	chmod -c u+x filename
-f	不显示错误消息	chmod -f go-rwx filename
-R	递归地应用权限更改，包括子目录和文件	chmod -R 755 directory

模式部分的权限，如表 3.35 所示。

表 3.35　chmod 命令中模式符号表示法

权限模式		描述	示例
用户类别	u	用户（所有者）	chmod u+x filename
	g	组（所属组）	chmod g-w filename
	o	其他用户（非所有者且非所属组的用户）	chmod o+r filename
	a	所有用户（包括所有者、所属组和其他用户）	chmod a=rw filename
运算符	+	添加权限	chmod +x script.sh
	-	移除权限	chmod go-rwx file.txt
	=	设置权限	chmod u=rw,go=r filename
符号表示法	r	读权限：允许读取文件内容或列出目录中的文件	chmod u+r filename
	w	写权限：允许修改文件内容或在目录中创建、删除文件	chmod g-w file.txt
	x	执行权限：允许执行文件或进入目录	chmod +x script.sh
	-	无权限	chmod o-rw file.txt
数字表示法	4	读权限 r	chmod 777 file.txt 其中，777 三个数字需要转换
	2	写权限 w	
	1	执行权限 x	
	0	无权限 -	

下面是一些示例。

(1) 使用符号模式给文件所有者添加执行权限,如图 3.59 所示。

```
[root@localhost ~]#ls -l
[root@localhost ~]#chmod u+x filename
[root@localhost ~]#ls -l
```

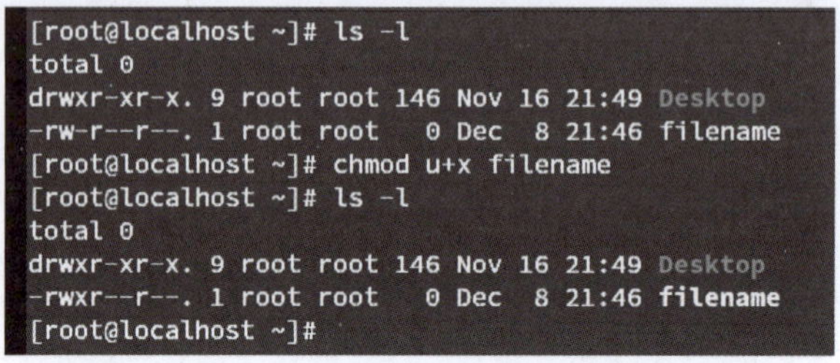

图 3.59　chmod 命令添加文件所有者的执行权限

(2) 使用符号模式移除所属组的读取权限,如图 3.60 所示。

```
[root@localhost ~]#chmod g-r filename
```

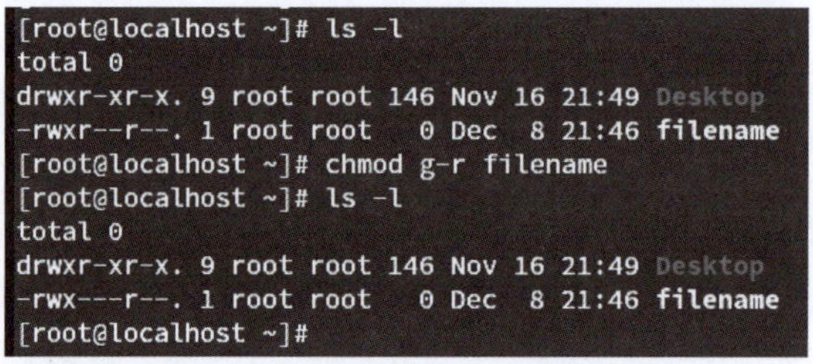

图 3.60　移除所属组的读取权限

(3) 使用数字模式设置文件所有者有读写权限 w,所属组和其他用户有只读权限 r,所有用户没有执行权限。组合后的 9 位权限字符是 rw-r--r--,转换为八进制数字 644,如图 3.61 所示。

```
[root@localhost ~]#chmod 644 filename
```

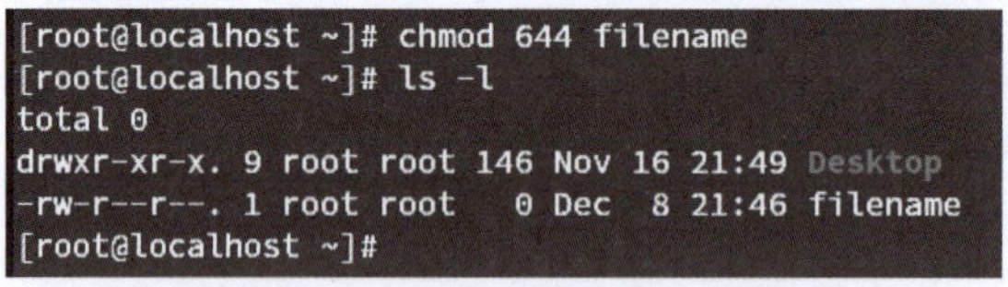

图 3.61　chmod 命令数字模式设置权限

(4) 从参考文件 filename 中复制权限设置到目标文件 file,如图 3.62 所示。

```
[root@localhost ~]#touch file
[root@localhost ~]#chmod 755 file
```

```
[root@localhost ~]#ls -l
[root@localhost ~]#chmod --reference=filename file
[root@localhost ~]#ls -l
```

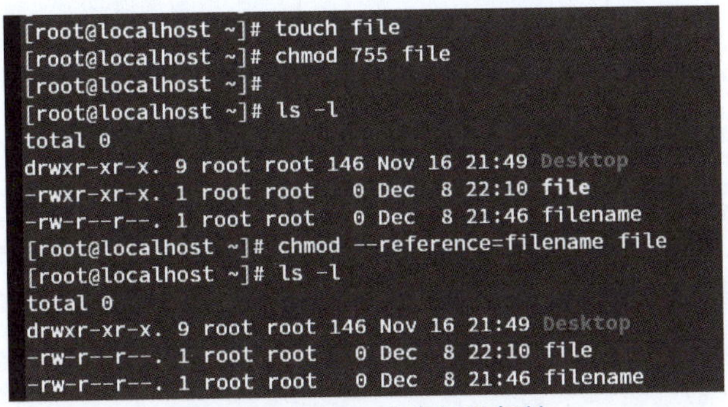

图 3.62　chmod 命令权限复制

（5）综合运用：对 file 文件设置权限，给文件所有者添加执行权限，给所属组添加写和执行权限，移除其他用户的所有权限，如图 3.63 所示。

```
[root@localhost ~]#chmod ug+x,g+w,o-rwx file
```

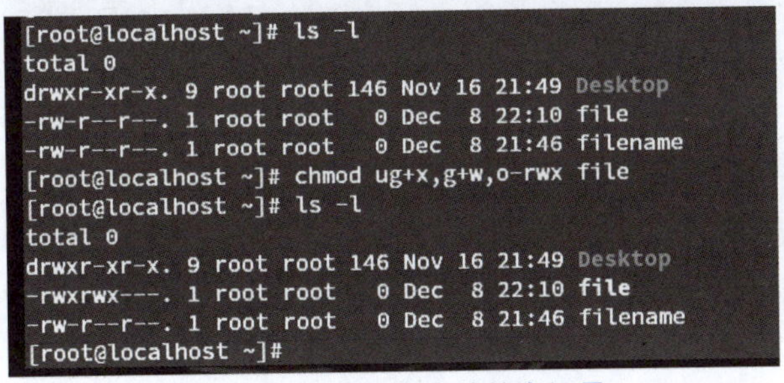

图 3.63　chmod 命令的综合运用

3. 改变文件/目录的所有权

文件和目录的所有权是 Linux 文件安全模型的另一个组成部分。用户可以使用 chown 命令来修改文件的所有者和归属的组从而限制文件或目录的访问权限。使用 chgrp 命令也可以改变文件的归属组。

1) chown 命令

该命令用于变更指定文件或目录的属主和属组信息，即改变文件或目录的所有权。chown 命令基本格式如下：

```
chown [参数] 新属主[.新属组] 文件或目录
```

chown 常用的参数及含义如表 3.36 所示。

表 3.36　chown 常用的参数及含义

参数	含 义
-c	若文件拥有者确实已经更改，才显示其更改动作
-f	若该文件拥有者无法被更改也不显示错误信息
-h	只对于链接（link）进行变更，而非该 link 真正指向的文件
-v	显示拥有者变更的信息
-R	对目前目录下的所有文件与子目录进行相同的拥有者变更

示例：将 file 文件修改为 zgh 组中 zgh 用户所有。

首先使用 who 命令确认是以超级用户登录系统的，然后在终端提示符下执行如下命令。

```
[root@localhost ~]#chown zgh. zgh file
```

其执行结果如图 3.64 所示。

```
[root@localhost ~]#
[root@localhost ~]# ls -l |grep file
-rwxrwx---. 1 root root    0 Dec  8 22:10 file
-rw-r--r--. 1 root root    0 Dec  8 21:46 filename
[root@localhost ~]# who
root     seat0        2023-12-09 11:04 (login screen)
root     tty2         2023-12-09 11:04 (tty2)
[root@localhost ~]# ls -l |grep file
-rwxrwx---. 1 root root    0 Dec  8 22:10 file
-rw-r--r--. 1 root root    0 Dec  8 21:46 filename
[root@localhost ~]# chown zgh.zgh file
[root@localhost ~]# ls -l |grep file
-rwxrwx---. 1 zgh  zgh     0 Dec  8 22:10 file
-rw-r--r--. 1 root root    0 Dec  8 21:46 filename
[root@localhost ~]#
```

图 3.64　chown 命令改变文件所有者

说明：先使用了 who 命令查看当前登录系统的账号是不是超级用户 root，然后使用 ls -l |grep file 查看 file 文件当前的属主和组，然后修改之，最后再使用 ls 命令确定修改的结果。执行结果显示，file 文件的所有者（包括所属用户和组）已改为 zgh。

2）chgrp 命令

该命令用于变更文件与目录的所属组。只有文件的所有者并且是该组成员或者是超级用户才能够修改文件的属组。chgrp 命令基本格式如下：

```
chgrp  [参数]  新属组  文件或目录
```

chgrp 常用的参数及含义如表 3.37 所示。

表 3.37　chgrp 常用的参数及含义

参数	含 义
-c	效果类似"-v"参数，但仅回报更改的部分
-f	不显示错误信息

续表

参数	含 义
-h	只对符号链接的文件作修改,而不更动其他任何相关文件
-v	显示指令执行过程
-R	递归处理,将指定目录下的所有文件及子目录一并处理

示例：将 file 文件所属组改为 root。

首先使用 who 命令确认是以超级用户登录系统的,然后在终端提示符下执行如下命令。

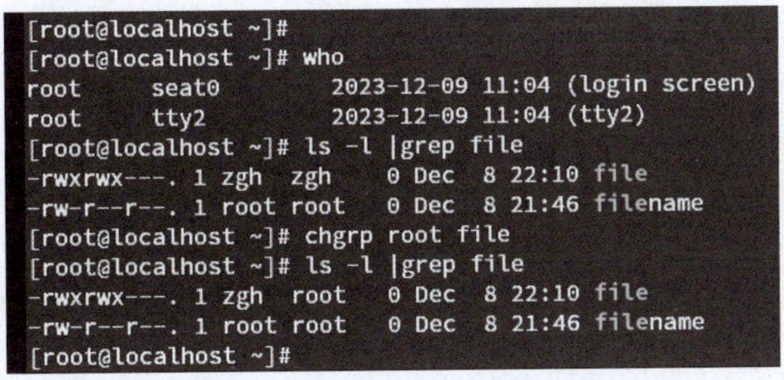

```
[root@localhost ~]#chgrp root file
```

具体操作和执行结果显示,file 文件的所属组已改为 root,如图 3.65 所示。

图 3.65　chgrp 命令改变文件所属组

3.3.7　ln 命令链接操作

链接是指将一个文件名与一个文件关联起来的过程。有两种类型的链接：硬链接和符号链接(软链接)。硬链接是指多个文件名指向同一个索引节点(inode)的链接,但都表示同一文件实体。符号链接(软链接)是一个特殊类型的文件,它包含指向另一个文件的路径。

ln 命令既可以创建硬链接,也可以创建软链接,其使用格式如下。

```
ln　[选项]　源文件　目标链接文件
```

链接操作使用 ln 命令创建,其选项、描述和示例,如表 3.38 所示。

表 3.38　ln 命令的链接操作

选　项	描　述	示　例
不加选项	创建**硬链接**	ln file.txt hardlink.txt
-s	创建**符号链接**(软链接)	ln -s file.txt symlink.txt
删除链接格式：rm 硬链接名或符号链接名		

示例：分别为文件 file 建立一个软链接 file1 和一个硬链接 file2。操作完成后使用 ls -l 命令查看，然后使用 rm 命令删除链接。具体操作如图 3.66 所示。

```
[root@localhost ~]#ls -l
[root@localhost ~]#ln -s file file1
[root@localhost ~]#ln file1 file2
[root@localhost ~]#ls -l
[root@localhost ~]#rm file1 file2
[root@localhost ~]#ls -l
```

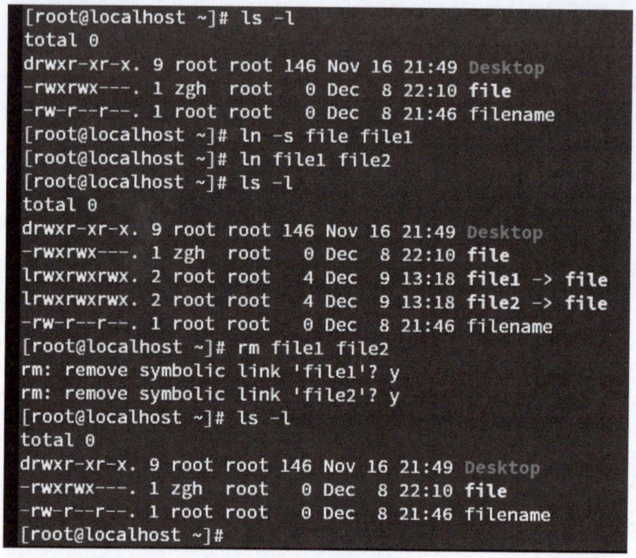

图 3.66 链接操作

3.3.8 文件压缩管理

Linux 中的压缩管理是一个重要的系统管理任务，可以使用 tar、gzip 或 bzip2 等工具有效地管理和处理文件与目录。

tar 命令用于打包和解包文件。它通常与 gzip 或 bzip2 一起使用，以便对打包的文件进行压缩。

tar 命令的基本语法和格式如下。

tar [选项] 目标文件

tar 命令的一些常见选项和示例，如表 3.39 所示。

表 3.39 tar 命令的常见选项和示例

选项	描述	示例
-c	创建一个新的归档文件（打包）	tar -cvf archive.tar file1 file2 directory1
-x	从归档文件中提取文件（解包）	tar -xvf archive.tar

续表

选　　项	描　　述	示　　例
-v	在操作过程中显示详细信息(verbose)	tar -cvf archive.tar file1 file2
-f	指定归档文件的名称	tar -cvf archive.tar file1 file2

以下是相关示例的演示。

1. tar -cvf 命令打包文件或目录

在本示例中先创建三个文件 file1、file2、directory1，然后执行 tar -cvf 命令打包并命名为 archive.tar，具体方法如图 3.67 所示。

```
[root@localhost ~]#tar -cvf archive.tar file1 file2 directory1
```

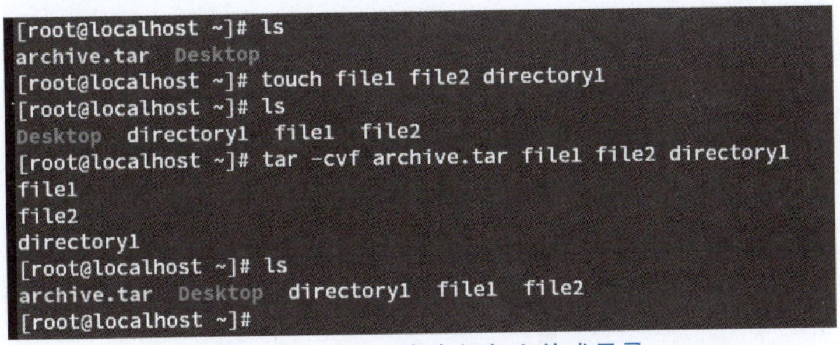

```
[root@localhost ~]# ls
archive.tar  Desktop
[root@localhost ~]# touch file1 file2 directory1
[root@localhost ~]# ls
Desktop  directory1  file1  file2
[root@localhost ~]# tar -cvf archive.tar file1 file2 directory1
file1
file2
directory1
[root@localhost ~]# ls
archive.tar  Desktop  directory1  file1  file2
[root@localhost ~]#
```

图 3.67　tar -cvf 命令打包文件或目录

2. tar -xvf 解包归档文件

在本示例中，使用 tar -xvf 解包归档文件。需解压的目标文档是刚才打包创建的 archive.tar。首先需要删除之前的三个文件 file1、file2、directory1，然后执行 tar -xvf 命令解压 archive.tar，解压后将会出现 file1、file2、directory1 三个文件。执行以下命令，如图 3.68 所示。

```
[root@localhost ~]#tar -xvf archive.tar
```

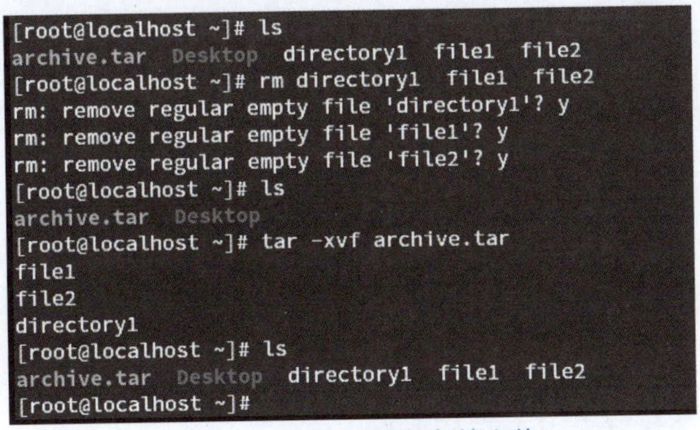

```
[root@localhost ~]# ls
archive.tar  Desktop  directory1  file1  file2
[root@localhost ~]# rm directory1  file1  file2
rm: remove regular empty file 'directory1'? y
rm: remove regular empty file 'file1'? y
rm: remove regular empty file 'file2'? y
[root@localhost ~]# ls
archive.tar  Desktop
[root@localhost ~]# tar -xvf archive.tar
file1
file2
directory1
[root@localhost ~]# ls
archive.tar  Desktop  directory1  file1  file2
[root@localhost ~]#
```

图 3.68　tar -xvf 解包归档文件

3.3.9 磁盘管理

Linux 磁盘管理涉及对磁盘、分区和文件系统的管理。在进行磁盘管理操作时，请务必小心谨慎，确保了解操作的影响，并备份重要数据。

关于 Linux 磁盘管理的命令及其选项，如表 3.40 所示。

表 3.40 Linux 磁盘管理的命令及其选项

命令	选项	描述
df	-h，-T	查看磁盘空间使用情况
du	-h，-s，-c，-k	查看文件和目录占用的磁盘空间
fdisk	-l，/dev/sdX	查看磁盘分区信息，创建和管理分区
parted	-l，/dev/sdX	强大的磁盘分区工具，支持更多文件系统
mkfs	-t 文件系统类型，/dev/sdX1	格式化新创建的分区，例如：mkfs -t ext4 /dev/sdX1
mount	/dev/sdX1 /mnt/cdrom	将分区挂载到指定的挂载点
umount	/mnt/cdrom	卸载已挂载的分区
lsblk		查看磁盘、分区和挂载点的层次结构
fsck	/dev/sdX1	对文件系统进行检查和修复

1. df 命令

df 命令用于检测文件系统的磁盘空间占用和空余情况，可以显示所有文件系统对节点和磁盘块的使用情况。命令的使用格式如下。

```
df [选项] [文件或目录]
```

df 命令的参数及含义如表 3.41 所示。

表 3.41 df 命令的参数及含义

参数	描述	示例
-a，--all	显示所有文件系统，包括虚拟文件系统	df -a
-B，--block-size=＜大小＞	以指定的块大小显示磁盘空间	df -B 1M
--total	在输出的最后一行显示总计信息	df --total
-h，--human-readable	以人类可读的格式显示磁盘空间，使用 KB、MB、GB 等为单位	df -h
-k	以 KB 为单位显示	df -k
-T	显示文件系统类型	df -T

下面来讲解比较常用的 df 命令的参数选项。

1) df -a 命令

df -a 命令用于显示所有文件系统的磁盘空间使用情况，此命令的输出将包含所有文件系统的详细信息，不仅包括磁盘空间的使用情况，还包括文件系统类型、块大小、虚拟文件系统等信息。还会列出所有挂载的文件系统，包括特殊的虚拟文件系统，如/proc、/sys 等。命令的执行结果，具体如图 3.69 所示。

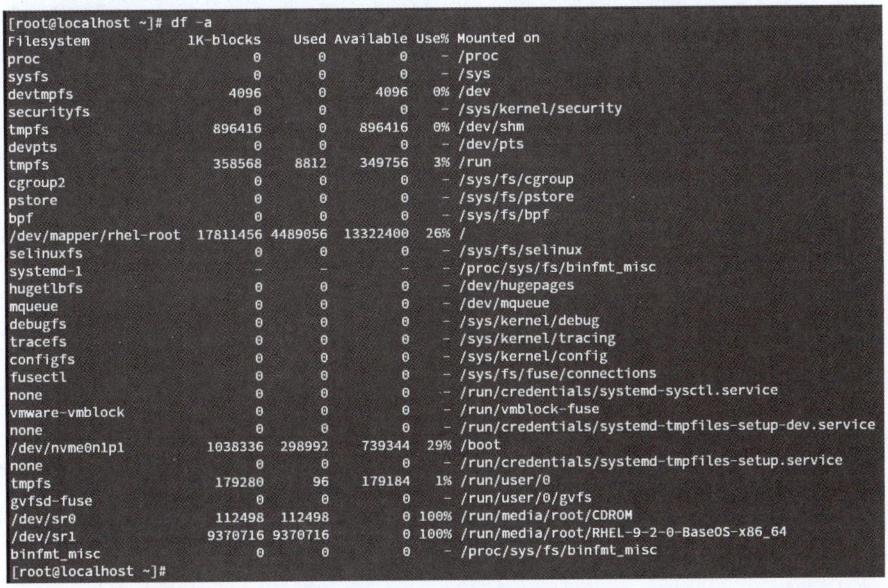

```
[root@localhost ~]#df -a
```

图 3.69　df -a 命令的执行结果

其中，执行结果字段的含义如下。

Filesystem：文件系统的名称或类型。

1K-blocks：文件系统的总容量，以 1KB 为单位。

Used：文件系统已使用的空间。

Available：文件系统可用的空间。

Use%：文件系统已使用空间占总容量的百分比。

Mounted on：文件系统的挂载点。

通过这个表格，可以清晰地看到各个文件系统的磁盘空间使用情况，以及它们的挂载点。这里列出的是一些虚拟文件系统，如 /proc、/sys、/dev/shm，以及根文件系统 /。

2) df -h 命令

df -h 命令用于以人类可读的格式显示文件系统的磁盘空间使用情况。该命令以 KB、MB、GB 等为单位，更容易理解。这个命令的输出将包含文件系统的详细信息，包括文件系统类型、总容量、已用空间、可用空间、使用率和挂载点等。

语法如下。

```
df -h
```

具体操作和执行结果,如图3.70所示。

```
[root@localhost ~]#df -h
```

```
[root@localhost ~]# df -h
Filesystem              Size  Used Avail Use% Mounted on
devtmpfs                4.0M     0  4.0M   0% /dev
tmpfs                   876M     0  876M   0% /dev/shm
tmpfs                   351M  8.6M  342M   3% /run
/dev/mapper/rhel-root    17G  4.3G   13G  26% /
/dev/nvme0n1p1         1014M  292M  723M  29% /boot
tmpfs                   176M   96K  175M   1% /run/user/0
/dev/sr0                110M  110M     0 100% /run/media/root/CDROM
/dev/sr1                9.0G  9.0G     0 100% /run/media/root/RHEL-9-2-0-BaseOS-x86_64
```

图 3.70 df -h 命令和执行结果

其中,执行结果字段的含义如下。

Filesystem:文件系统的名称或类型。

Size:文件系统的总容量。

Used:文件系统已使用的空间。

Avail:文件系统可用的空间。

Use%:文件系统已使用空间占总容量的百分比。

Mounted on:文件系统的挂载点。

3) df -T 命令

df -T 命令用于显示文件系统的类型,以及文件系统的磁盘空间使用情况。它会列出每个文件系统的详细信息,包括文件系统类型、总容量、已用空间、可用空间、使用率和挂载点等。

语法如下。

```
df -T
```

这个命令的输出将包含文件系统的详细信息,并在列表中显示文件系统类型,具体如图3.71所示。

```
[root@localhost ~]#df -T
```

```
[root@localhost ~]# df -T
Filesystem            Type     1K-blocks     Used Available Use% Mounted on
devtmpfs              devtmpfs      4096        0      4096   0% /dev
tmpfs                 tmpfs       896416        0    896416   0% /dev/shm
tmpfs                 tmpfs       358568     8804    349764   3% /run
/dev/mapper/rhel-root xfs       17811456  4488836  13322620  26% /
/dev/nvme0n1p1        xfs        1038336   298992    739344  29% /boot
tmpfs                 tmpfs       179280       96    179184   1% /run/user/0
/dev/sr0              iso9660     112498   112498         0 100% /run/media/root/CDROM
/dev/sr1              iso9660    9370716  9370716         0 100% /run/media/root/RHEL-9-2-0-BaseOS-x86_64
```

图 3.71 df -T 命令显示文件系统的类型

其中,执行结果字段的含义如下。

Filesystem:文件系统的名称或类型。

Type:文件系统的类型。

1K-blocks：文件系统的总容量，以 1KB 为单位。
Used：文件系统已使用的空间。
Available：文件系统可用的空间。
Use%：文件系统已使用空间占总容量的百分比。
Mounted on：文件系统的挂载点。

2. du 命令

du 命令用于估算文件系统使用的磁盘空间，它可以显示指定目录及其子目录中文件和目录的磁盘使用情况。该命令的执行结果与 df 类似，du 更侧重于磁盘的使用状况。该命令的使用格式如下。

du [选项] [文件或目录]

常用参数及含义如表 3.42 所示。

表 3.42 du 命令估算文件系统使用的磁盘空间

选项	描述	示例
-h	以人类可读的格式显示磁盘使用情况（KB、MB、GB）	du -h
-s	只显示总和，而不显示每个子目录的详细信息	du -s /etc
-c	显示总和，并在最后一行显示总的磁盘使用情况	du -c /etc
-a	递归显示指定目录中各文件和子目录中文件占用的数据块	du -a
-b	以字节为单位显示磁盘占用情况	du -b

当使用 du 命令而不带任何参数时，默认情况下，它将检查当前工作目录及其所有子目录的磁盘使用情况，每个子目录占用的空间都会被报告，并以 KB 为单位显示每个目录的大小，如图 3.72 所示。

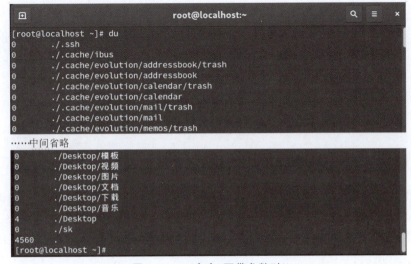

图 3.72 du 命令（不带参数时）

每一行都显示了一个子目录的磁盘使用情况,最后一行显示了当前目录(.)的总使用情况。

3. mount 和 umount 命令挂载硬盘

1) mount 命令

mount 命令用于将文件系统(通常是分区或设备)挂载到指定的目录,使得文件系统中的内容可以被访问。以下是 mount 命令的基本语法。

```
mount [options] device|directory
```

其中,device 表示要挂载的设备或分区的设备文件路径;directory 表示挂载点的目录路径,即文件系统将被挂载到该目录下。mount 命令的选项和示例如表 3.43 所示。

表 3.43 mount 命令的选项和示例

选 项	描 述	示 例
-t,--type type	指定文件系统类型	mount -t ext4 /dev/sdb1 /mnt
-o,--options opts	指定挂载选项,如读写权限、用户等	mount -o rw,user /dev/sdb1 /mnt
--bind	创建目录的绑定挂载,将一个目录挂载到另一个目录	mount --bind /source /destination

2) mount 命令挂载硬盘

使用 mount 命令挂载硬盘,为方便实验,本示例要求创建一个新的硬盘,然后再进行挂载操作。主要步骤如下。

(1) 创建新硬盘。

建议在 mkfs 操作前创建新硬盘(虚拟磁盘),如图 3.73 所示。

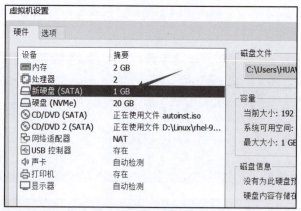

图 3.73 添加新硬盘(虚拟磁盘)

选择"虚拟机"→"设置",单击"添加",选择"硬盘",然后按提示进行添加新硬盘。在添加新硬盘过程中,建议先选择 SATA,如图 3.74 所示。

其他选项和步骤默认,但到了"指定磁盘容量"步骤时,选择 1GB 就足够完成实验操作,如图 3.75 所示。

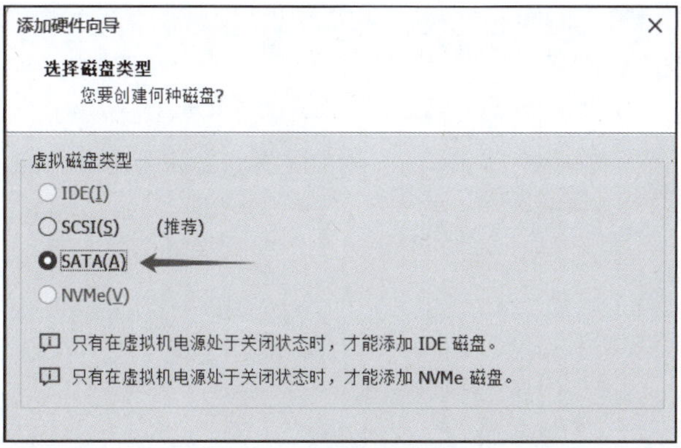

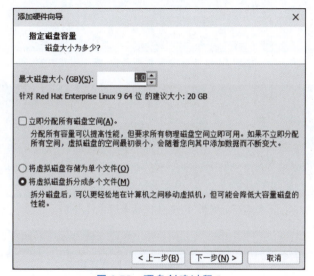

图 3.74　硬盘创建过程 1

图 3.75　硬盘创建过程 2

（2）查看新硬盘（虚拟磁盘）的信息。

完成新硬盘（虚拟磁盘）创建后，使用 fdisk -l 命令查看系统上的所有硬盘设备及其分区信息。找到刚才新建的硬盘（虚拟磁盘），如图 3.76 所示。

但是，由于该新硬盘（/dev/sda）还没有挂载，因此使用 df -h 命令查看挂载的该文件系统（新硬盘）及其使用情况时，结果不显示新硬盘（/dev/sda），如图 3.77 所示。要想解决此问题，必须对新硬盘（/dev/sda）进行挂载。

（3）挂载新硬盘。

使用 mount 命令挂载新硬盘（/dev/sda）。在挂载之前，需要建立挂载点，挂载点一般是在 /mnt 目录下，这时可以考虑创建新的挂载点目录 /mnt/new_drive。然后再使用 mount 命令进行挂载。具体操作如图 3.78 所示。

```
[root@localhost ~]#mkdir /mnt/new_drive
[root@localhost ~]#mount /dev/sda /mnt/new_drive
```

```
root@localhost:~
[root@localhost ~]# fdisk -l
Disk /dev/nvme0n1: 20 GiB, 21474836480 bytes, 41943040 sectors
Disk model: VMware Virtual NVMe Disk
Units: sectors of 1 * 512 = 512 bytes
Sector size (logical/physical): 512 bytes / 512 bytes
I/O size (minimum/optimal): 512 bytes / 512 bytes
Disklabel type: dos
Disk identifier: 0x4ed1bd4e

Device         Boot   Start      End  Sectors Size Id Type
/dev/nvme0n1p1 *       2048  2099199  2097152   1G 83 Linux
/dev/nvme0n1p2      2099200 41943039 39843840  19G 8e Linux LVM
                  新建硬盘路径为/dev/sda
Disk /dev/sda: 1 GiB, 1073741824 bytes, 2097152 sectors
Disk model: VMware Virtual S
Units: sectors of 1 * 512 = 512 bytes
Sector size (logical/physical): 512 bytes / 512 bytes
I/O size (minimum/optimal): 512 bytes / 512 bytes


Disk /dev/mapper/rhel-root: 17 GiB, 18249416704 bytes, 35643392 sectors
Units: sectors of 1 * 512 = 512 bytes
Sector size (logical/physical): 512 bytes / 512 bytes
I/O size (minimum/optimal): 512 bytes / 512 bytes


Disk /dev/mapper/rhel-swap: 2 GiB, 2147483648 bytes, 4194304 sectors
Units: sectors of 1 * 512 = 512 bytes
Sector size (logical/physical): 512 bytes / 512 bytes
I/O size (minimum/optimal): 512 bytes / 512 bytes
[root@localhost ~]#
```

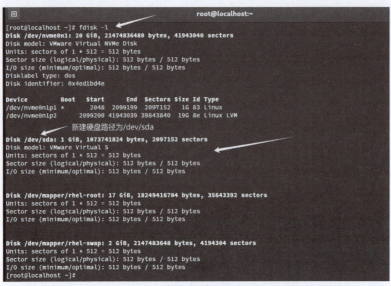

图 3.76 使用 fdisk -l 命令查看新硬盘(虚拟磁盘)的信息

```
[root@localhost ~]# df -h
Filesystem             Size  Used Avail Use% Mounted on
devtmpfs               4.0M     0  4.0M   0% /dev
tmpfs                  876M     0  876M   0% /dev/shm
tmpfs                  351M  8.6M  342M   3% /run
/dev/mapper/rhel-root   17G  4.3G   13G  26% /
/dev/nvme0n1p1        1014M  292M  723M  29% /boot
tmpfs                  176M   96K  175M   1% /run/user/0
/dev/sr0               110M  110M     0 100% /run/media/root/CDROM
/dev/sr1               9.0G  9.0G     0 100% /run/media/root/RHEL-9-2-0-BaseOS-x86_64
[root@localhost ~]#
```

图 3.77 使用 df -h 命令查看磁盘使用情况

```
[root@localhost ~]# mkdir /mnt/new_drive
[root@localhost ~]# mount /dev/sda /mnt/new_drive
```

图 3.78 使用 mount 命令挂载新硬盘

(4) 查看挂载的该文件系统(新硬盘)及其使用情况。

挂载新硬盘(/dev/sda)后,使用 df -h 命令查看挂载的该文件系统(新硬盘)及其使用情况,如图 3.79 所示。

```
[root@localhost ~]# df -h
Filesystem             Size  Used Avail Use% Mounted on
devtmpfs               4.0M     0  4.0M   0% /dev
tmpfs                  876M     0  876M   0% /dev/shm
tmpfs                  351M  8.6M  342M   3% /run
/dev/mapper/rhel-root   17G  4.3G   13G  26% /
/dev/nvme0n1p1        1014M  292M  723M  29% /boot
tmpfs                  176M   96K  175M   1% /run/user/0
/dev/sr0               110M  110M     0 100% /run/media/root/CDROM
/dev/sr1               9.0G  9.0G     0 100% /run/media/root/RHEL-9-2-0-BaseOS-x86_64
/dev/sda               974M   24K  907M   1% /mnt/new_drive
[root@localhost ~]#
```

图 3.79 使用 df -h 命令查看磁盘挂载后的使用情况

执行结果显示,可以查看新硬盘(/dev/sda)的使用信息,表示挂载成功。

3) umount 命令

umount 命令用于卸载已经挂载的文件系统。以下是 umount 命令的基本语法。

```
umount [options] device|directory
```

其中：

device：要卸载的设备或分区的设备文件路径。

directory：挂载点的目录路径。

示例：现将刚才挂载的新硬盘/dev/sda 卸载，并查看卸载前后的磁盘使用情况，具体操作如图 3.80 所示。

图 3.80 使用 umount 命令卸载 /dev/sda 设备

结果表明，卸载成功。

4. fdisk 命令

fdisk 命令是用于对磁盘分区进行管理的 Linux 命令，它允许用户创建、调整和删除磁盘分区，同时还提供有关磁盘和分区的信息。

基本语法：

```
fdisk <选项> <设备>
```

其中，<选项>是一些用于指定操作的可选参数；<设备>是要进行分区操作的磁盘设备路径，如/dev/sda。fdisk 命令的选项参数和示例如表 3.44 所示。

表 3.44 fdisk 命令的选项参数和示例

选项	描述	示例
-l	列出磁盘上的所有分区表信息	fdisk -l /dev/sda
-n	创建新分区	fdisk -n /dev/sda
-d	删除分区	fdisk -d /dev/sda
-p	打印分区表	fdisk -p /dev/sda
-u	显示单位。可以选择 cylinders、sectors 或 heads	fdisk -u /dev/sda

续表

选项	描述	示例
-t	更改分区的系统类型	fdisk -t 83/dev/sda
-w	将更改写入磁盘	fdisk -w/dev/sda

1) fdisk 命令

在使用 fdisk 命令时，如果不提供任何选项参数，它会进入交互式模式，其中可以对指定的磁盘进行交互式分区管理。进入交互式模式后，可以使用一系列命令来创建、删除、修改分区，查看分区信息等。

本示例计划建立 4 个分区。其中，一个主分区、一个扩展分区、两个逻辑分区。以下是 fdisk 命令交互模式的操作过程。

（1）使用 fdisk 命令进入交互模式，如图 3.81 所示。

```
[root@localhost ~]#fdisk /dev/sda
```

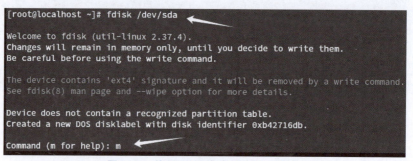

图 3.81　使用 fdisk 命令进入交互模式

（2）使用 m 选项调出帮助菜单。

执行 fdisk 命令进入交互模式后，如第一次操作，建议先在"Command（m for help）"选项中输入"m"调出帮助菜单，用于查看交互模式的相关参数功能选项，然后再做进一步的操作，如图 3.82 所示。

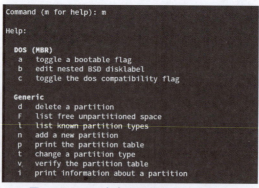

图 3.82　fdisk 命令交互模式的帮助菜单

fdisk 命令交互模式帮助菜单的内容,是 fdisk 的选项功能参数,其内容和注释如表 3.45 所示。

表 3.45 fdisk 命令交互模式帮助菜单的选项功能参数

操作	选项/参数	注释
DOS(MBR)操作	a	切换引导标志(标记分区为可引导)
	b	编辑嵌套的 BSD 磁盘标签
	c	切换 DOS 兼容性标志
通用操作 (Generic)	d	删除分区
	F	列出未分区的空闲空间
	l	列出已知的分区类型
	n	添加新分区
	p	打印分区表
	t	更改分区类型
	v	验证分区表
	i	打印有关分区的信息
杂项操作 (Misc)	m	打印此菜单
	u	更改显示/输入单位
	x	额外功能(仅限专业人士)
脚本操作 (Script)	I	从 sfdisk 脚本文件加载磁盘布局
	O	将磁盘布局转储到 sfdisk 脚本文件
保存和退出 (Save & Exit)	w	将表写入磁盘并退出
	q	不保存更改退出
创建新标签 (Create a new label)	g	创建一个新的空 GPT 分区表
	G	创建一个新的空 SGI(IRIX)分区表
	o	创建一个新的空 DOS 分区表
	s	创建一个新的空 Sun 分区表

(3) 使用 p 选项打印分区表。

此步骤是使用 p 选项打印和查看分区表,此时发现目标设备/dev/sda 暂无分区,如图 3.83 所示。

(4) 使用 n 选项添加新分区。

此步骤是使用 n 选项添加新分区,选择 n 选项后,将会进入分区操作。此时会出现两个选择,分别是 p 和 e 选项。分区过程按提示进行即可,如图 3.84 所示。

其中,p(primary)代表主分区,e(extended)代表扩展分区。需要说明的是,逻辑分区

```
Command (m for help):
All unwritten changes will be lost, do you really want to quit?
Command (m for help): p
Disk /dev/sda: 1 GiB, 1073741824 bytes, 2097152 sectors
Disk model: VMware Virtual S
Units: sectors of 1 * 512 = 512 bytes
Sector size (logical/physical): 512 bytes / 512 bytes
I/O size (minimum/optimal): 512 bytes / 512 bytes
Disklabel type: dos
Disk identifier: 0xb42716db
```

图 3.83 使用 p 选项打印分区表

```
Command (m for help): n
Partition type
   p   primary (0 primary, 0 extended, 4 free)
   e   extended (container for logical partitions)
Select (default p):
```

图 3.84 使用 n 选项添加新分区

需要建立在扩展分区上。

(5) 选择 p 建立主分区。

此步骤选择 p 建立主分区,如图 3.85 所示。

```
Command (m for help): n
Partition type
   p   primary (0 primary, 0 extended, 4 free)
   e   extended (container for logical partitions)
Select (default p): p
Partition number (1-4, default 1): 1
First sector (2048-2097151, default 2048): 2048
Last sector, +/-sectors or +/-size{K,M,G,T,P} (2048-2097151, default 2097151): 20480
Created a new partition 1 of type 'Linux' and of size 9 MiB.
```

图 3.85 建立主分区

结果显示,在指定的存储设备上创建了一个新的 Linux 分区,起始扇区为 2048,结束扇区为 20480,大小为 9MB。

(6) 创建扩展分区。

选择 e,创建扩展分区。当然,需要先输入 n,再选择 e,具体如图 3.86 所示。

```
Command (m for help): n
Partition type
   p   primary (1 primary, 0 extended, 3 free)
   e   extended (container for logical partitions)
Select (default p): e
Partition number (2-4, default 2): 2
First sector (20481-2097151, default 22528): 22528
Last sector, +/-sectors or +/-size{K,M,G,T,P} (22528-2097151, default 2097151): 225280
Created a new partition 2 of type 'Extended' and of size 99 MiB.
```

图 3.86 创建扩展分区

执行结果显示,创建了一个新的第 2 分区,类型为 Extended,大小为 99MB。

(7) 创建逻辑分区。

逻辑分区需要在扩展分区的基础上创建,需要重新输入 n,再选择 l。其中,l 代表逻辑分区(logical)。这里重复创建多个逻辑分区,具体操作如图 3.87 所示。

```
Command (m for help): n
Partition type
   p   primary (1 primary, 1 extended, 2 free)
   l   logical (numbered from 5)
Select (default p): l

Adding logical partition 5
First sector (24576-225280, default 24576): 24576
Last sector, +/-sectors or +/-size{K,M,G,T,P} (24576-225280, default 225280): 50000

Created a new partition 5 of type 'Linux' and of size 12.4 MiB.

Command (m for help): n
Partition type
   p   primary (1 primary, 1 extended, 2 free)
   l   logical (numbered from 5)
Select (default p): l

Adding logical partition 6
First sector (52049-225280, default 53248):
Last sector, +/-sectors or +/-size{K,M,G,T,P} (53248-225280, default 225280): 80000

Created a new partition 6 of type 'Linux' and of size 13.1 MiB.
```

图 3.87 创建逻辑分区

执行结果显示：①创建了一个新的第 5 分区，类型为 Linux，大小为 12.4MB；②创建了一个新的第 5 分区，类型为 Linux，大小为 13.1MB。

(8) 使用 p 选项重新打印分区表。

完成计划的分区后，执行 p 选项，重新打印分区表，具体如图 3.88 所示。

```
Command (m for help): p
Disk /dev/sda: 1 GiB, 1073741824 bytes, 2097152 sectors
Disk model: VMware Virtual S
Units: sectors of 1 * 512 = 512 bytes
Sector size (logical/physical): 512 bytes / 512 bytes
I/O size (minimum/optimal): 512 bytes / 512 bytes
Disklabel type: dos
Disk identifier: 0xc1f04d99

Device     Boot  Start    End  Sectors  Size Id Type
/dev/sda1         2048  20480    18433   9M 83 Linux
/dev/sda2        22528 225280   202753  99M  5 Extended
/dev/sda5        24576  50000    25425 12.4M 83 Linux
/dev/sda6        53248  80000    26753 13.1M 83 Linux
```

图 3.88 重新打印分区表

结果显示，经过新建分区操作，已建立 4 个分区。其中，一个主分区、一个扩展分区、两个逻辑分区。若认为创建的分区不符合要求，可使用 d 选项删除对应分区后重新分区。

(9) 保存分区表。

输入 w，将分区表写入磁盘并退出 fdisk 交互模式，如图 3.89 所示。

```
Command (m for help): w
The partition table has been altered.
Syncing disks.

[root@localhost ~]#
```

图 3.89 保存并退出 fdisk 交互模式

(10) 重新加载分区表。

在更改磁盘分区表后需要重新加载内核分区表，如图 3.90 所示。

```
partprobe 设备名
```

或

```
partx -u 设备名
```

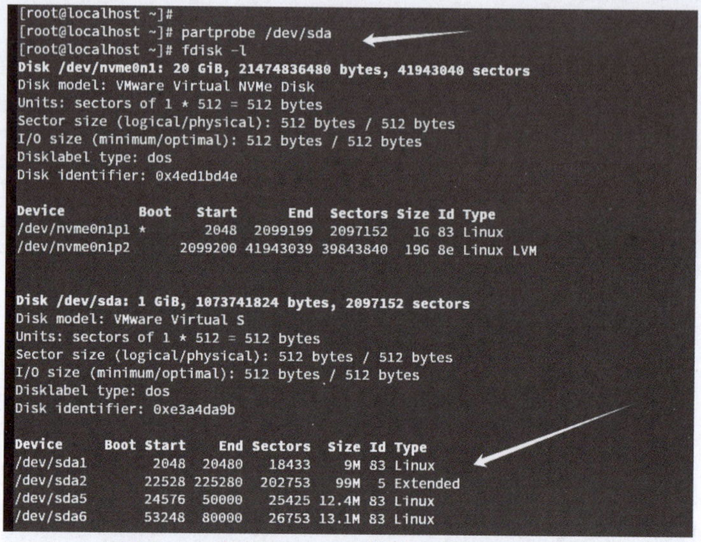

图 3.90　使用 partprobe 命令重新加载分区表

如果使用 partx -u 命令,可以在完成重新加载分区表后,直接打印出目标设备分区表信息,如图 3.91 所示。

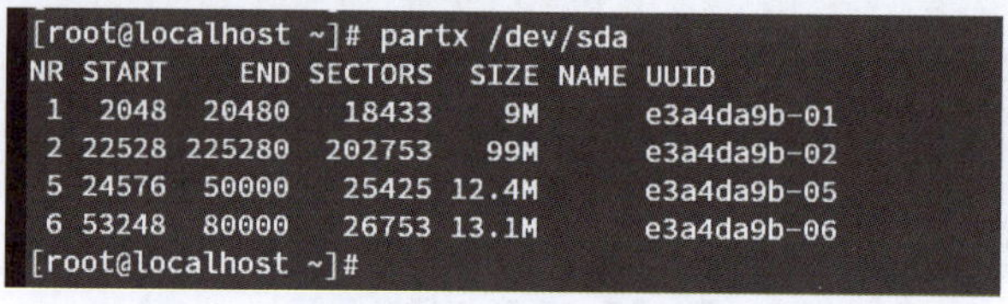

图 3.91　使用 partx -u 命令重新加载分区表

2) fdisk -l 命令

fdisk -l 命令用于列出系统上所有磁盘的分区表信息,如图 3.92 所示。

```
[root@localhost ~]# fdisk -l
```

3.3.10　文件系统检查和修复

fsck 是一个用于检查和修复文件系统错误的工具。它可以检测和纠正文件系统中的问题,例如,文件系统损坏、inode 错误、坏块等。

fsck 命令的基本语法:

```
fsck [选项] 文件系统设备或挂载点
```

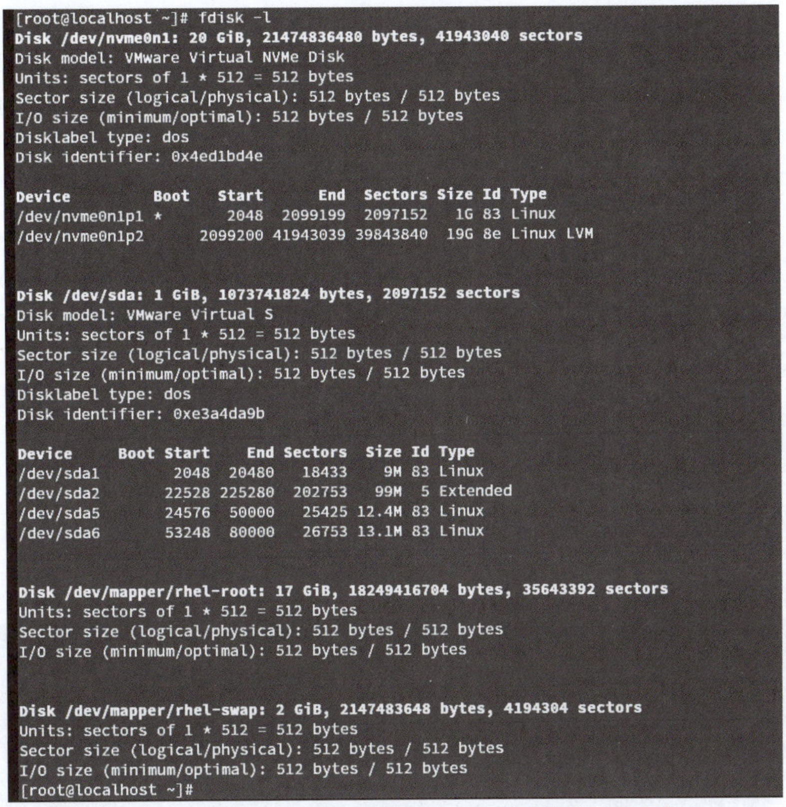

图 3.92　使用 fdisk -l 命令列出系统上所有磁盘的分区表信息

fsck 命令常见的选项和示例如表 3.46 所示。

表 3.46　fsck 命令常见的选项和示例

选项	描述	示例
-a	自动修复文件系统，不询问用户	sudo fsck -a /dev/sda1
-y	对所有问题回答"yes"，自动修复	sudo fsck -y /dev/sda1
-r	交互式修复，询问用户是否修复每个问题	sudo fsck -r /dev/sda1

使用 fsck 命令进行文件系统检查和修复的基本步骤，如表 3.47 所示。请注意，对于根文件系统，可能需要在单用户模式下或使用启动修复模式运行 fsck。此外，进行文件系统检查时最好避免系统正常运行，因此最好从 Live CD 或其他系统中引导以执行文件系统检查。

表 3.47　使用 fsck 命令进行文件系统检查和修复的基本步骤

步骤	命令/操作	示例
1. 卸载文件系统	sudo umount /dev/sdXY	sudo umount /dev/sdb1
2. 运行 fsck	sudo fsck /dev/sdXY	sudo fsck /dev/sdb1

续表

步　　骤	命令/操作	示　　例
3. 修复文件系统	根据 fsck 的提示选择修复选项	选择 y 或其他提示中的适当选项
4. 重新挂载文件系统	sudo mount /dev/sdXY /mount/point	sudo mount /dev/sdb1 /mnt

示例：根据硬盘管理操作，本系统已新建了一个磁盘/dev/sda 用于实验，并在完成相关操作后进行了卸载。现对/dev/sda 重新挂载，却发现出现问题，导致无法挂载。此时需要使用 fsck 命令进行文件系统检查和修复，修复过程按提示完成修复。修复完成后，即可完成重新挂载/dev/sda 的操作。具体操作过程如图 3.93 所示。

```
[root@localhost ~]#mount /dev/sda /mnt/new_drive
[root@localhost ~]#sudo fsck /dev/sda
    ---根据提示，输入 y 或 yes 完成修复操作---
[root@localhost ~]#mount /dev/sda /mnt/new_drive
[root@localhost ~]#df -h
```

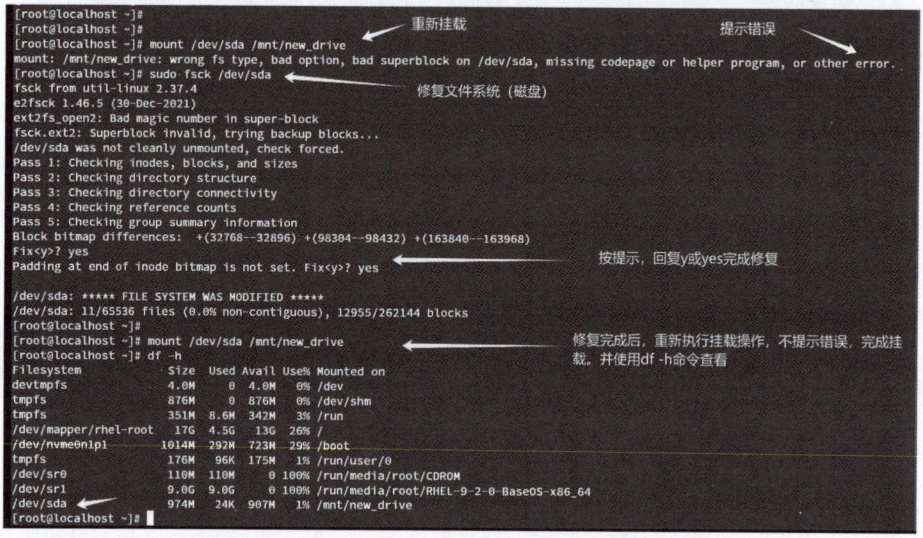

图 3.93　使用 fsck 命令进行文件系统检查和修复

3.3.11　其他一些常用命令

前面介绍了一些目录和文件的相关操作，下面介绍 Linux 下其他与文件操作相关的命令。

1. clear 命令

clear 命令用来清除屏幕内容，它不需要任何参数。该命令基本的使用格式如下。

```
[root@localhost ~]#clear
```

2. diff 命令

该命令采用逐行比较的方式比较两个文件之间的差异,其使用格式如下。

```
diff [选项] 文件1 文件2
```

diff 常用的参数及含义如表 3.48 所示。

表 3.48 diff 常用的参数及含义

选项	示例	描述
-a	diff -a file1 file2	将所有文件作为文本文件进行比较
-b	diff -b file1 file2	忽略空格的差异
-B	diff -B file1 file2	忽略空行
-c	diff -c file1 file2	显示全部内文,并标出不同之处
-q	diff -q file1 file2	只报告两个文件是否相同,不报告细节
-y	diff -y file1 file2	以并列的方式显示文件的不同地方
-i	diff -i file1 file2	忽略大小写
-w	diff -w file1 file2	忽略所有空格

示例:使用 diff 命令比较 file1 和 file2 文件。

在命令提示符下执行如下命令,其执行结果如图 3.94 所示。

```
[root@localhost ~]#diff -y file1 file2
```

```
[root@localhost ~]# cat file1
this is file1 for Linux
[root@localhost ~]# cat file2
this is file2 for Linux
[root@localhost ~]# diff -y file1 file2
this is file1 for Linux                                    | this is file2 for Linux
[root@localhost ~]#
```

图 3.94 diff 命令

3. cut 命令

cut 命令是一个用于从文本文件或标准输入中剪切出特定部分(字符)的命令。cut 命令非常有用,特别是在处理大量文本数据时,它可以用于提取或过滤感兴趣的部分。其基本格式如下。

```
cut [选项] 文件
```

示例:使用 cut 命令获取/etc/passwd 第 1~3 栏的信息。

在终端提示符下输入如下命令,其执行结果如图 3.95 所示。

```
[root@localhost ~]#cut -f 1,3 -d "," file
```

```
[root@localhost ~]# cat file
Name,Age,Occupation
zhouqi,30,Teacher
zhouguanhua,27,Teacher
[root@localhost ~]#
[root@localhost ~]# cut -f 1,3 -d "," file
Name,Occupation
zhouqi,Teacher
zhouguanhua,Teacher
[root@localhost ~]#
```

图 3.95　cut 命令

说明：在使用-f 参数时，默认的分隔符是制表位 Tab 符，此时可以使用-d "sep_char" 来指定栏的分隔符，但是其中的 sep_char 只能是单个字符，例如，上例指定分隔符为","。

习　　题

1. 简述 Linux 树形结构的文件系统的组成。
2. 用 ls -lh 查看某个目录文件的详细信息并分析"drwxr-xr-x"各项目参数意义。
3. 创建文件 file_1，使用 cp 命令将文件 file_1 复制到/tmp 目录，并改名为 file_2。写出操作文本。
4. 使用 mv 命令将 file_2 文件移动到/home 目录下，并用 ls 命令查看结果。
5. 添加系统中的所有用户对 file_1 文件的可执行权限，给 file_1 属组用户添加可写权限操作文件。
6. 写出挂载光盘和卸载光盘操作文本。
7. 在挂载 U 盘之前，可以在/mnt 目录下先建立一个专门用于挂载 USB 的目录 usb，然后写出挂载 U 盘操作文本。
8. 解释 Linux 文件系统的基本概念和功能。
9. 列举并简要介绍 vfat、NTFS、ext2、ext3、ext4、Btrfs、XFS、ZFS、F2FS、JFS、NILFS、ReiserFS、SquashFS 和 CephFS 等 Linux 文件系统的类型。
10. 探讨 Linux 文件系统之间的特点。
11. 比较 Linux 目录结构与 Windows 目录结构。
12. 说明 Linux 文件系统的目录结构查看命令。
13. 描述 Linux 文件系统的文件结构。
14. 解释 Linux 的文件类型，包括文件类型的概述、命名规则、创建和查看。
15. 使用示例说明如何使用 mkfs、mkdosfs 和 mkfs.vfat 命令建立文件系统。
16. 解释 Linux 存储设备的命名规则。
17. 探讨 Linux 文件系统的应用领域。
18. 介绍路径操作，包括使用 pwd 和 cd 命令查看和切换工作目录。
19. 使用示例说明如何使用 mkdir、touch、cp、mv、rmdir 和 rm 等命令进行文件和目录操作。

20. 解释如何使用 tree 命令查看目录结构。
21. 使用 cat、more、less、head、tail、nano 和 grep 等命令查看文件内容。
22. 解释 vi 和 vim 文本编辑器的工作模式。
23. 描述使用 vi 编辑文档的基本步骤。
24. 简要说明 vi 的环境设置，综合实训中应关注哪些方面的设置？
25. 解释文件搜索和查找的目的，介绍 find 命令和 locate 命令的使用。
26. 简述 Linux 文件安全模型，以及如何使用 chmod 命令修改文件/目录的访问权限。
27. 说明如何通过命令改变文件/目录的所有权。
28. 解释 ln 命令在 Linux 中的主要功能。
29. 简要说明 tar 命令的作用。
30. 介绍 gzip、gunzip、bzip2、bunzip2、zip 和 unzip 等文件压缩管理命令。
31. 使用 df 和 du 命令进行磁盘管理。

第 4 章 Linux 用户管理

用户管理是 Linux 系统工作中重要的一环,用户管理包括用户与组账号的管理。所谓账号管理,是指账号的新增、删除和修改、账号规划以及权限的授予等问题。本章主要阐述了 Linux 的账户管理机制,包括用户管理和组管理。

4.1 用户和组概述

4.1.1 用户和组的基本概念

在 Linux 系统中,不论是由本机或是远程登录系统,每个系统都必须拥有一个账号,并且对于不同的系统资源拥有不同的使用权限。在 Red Hat Linux 中系统账号可分为以下两种类型。

(1) 用户账号:通常一个操作者拥有一个用户账号,这个操作者可能是一个具体的用户,也可能是应用程序的执行者,如 Apache、FTP 账号。每个用户都包含一个唯一的识别码,即用户 ID(User Identity,UID),以及组识别码,即组 ID(Group Identity,GID)。

(2) 组账号:一组用户账号的集合。通过使用组账号,可以设置一组用户对文件具有相同的权限。管理员以组为单位分配对资源的访问权限,如读取、写入或执行的权限,从而可以节省日常的维护时间。

4.1.2 用户和组的类型

用户的类型包括超级用户(root)、系统用户(包括伪用户等)、普通用户、服务用户、临时用户、FTP 用户、批处理用户、客户端用户等。

1. 超级用户(root)

Linux 系统中的 root 用户通常用于系统的维护和管理,它对 Linux 操作系统的所有部分具有不受限制的访问权限。当系统管理员需要从普通用户切换到超级用户时,可使用 su 或 su -命令,然后输入 root 用户的密码即可,而不用重新登录。

示例:使用 su 命令切换用户,su 后面需跟用户名,若省略,则为 root 用户。若使用

"-"符号,则为切换至当前登录账号的用户。

```
[root@localhost ~]#su zgh              root 用户使用 su 切换到 zgh 普通用户时不需要密码
[zgh@localhost root]$ su               zgh 普通用户切换至 root 用户,需密码
Password:                              输入 root 账号密码
[root@localhost ~]#                    进入 root 账号
[root@localhost ~]#su zgh
[zgh@localhost root]$ su -
Password:
[root@localhost ~]#su zgh
[zgh@localhost root]$ su root
Password:
[root@localhost ~]#
```

需要返回原来的普通用户账号时,直接输入"exit"命令即可。如果要进入别的普通用户账号,可在 su 命令后直接加上其他账号,然后输入密码。具体操作如图 4.1 所示。

图 4.1　使用 su 命令切换 root 用户

2. 系统用户

系统用户是 Linux 系统中专门用于运行系统服务、守护进程或执行特定任务的用户账户。系统用户其实也包括 root 超级用户,但为了方便区分使用。以下是 UID 比较靠前的或比较常见的系统用户,如表 4.1 所示。

表 4.1　常见的系统用户

用　　户	描　　述	UID
root	超级用户,拥有系统上的最高权限	0
daemon	用于运行守护进程,提供系统服务	1
bin	用于执行基本系统操作	2
sys	用于执行系统级任务,如日志记录和性能监控	3
sync	用于同步文件系统的用户,确保文件系统的稳定性	4
games	用于运行游戏和游戏相关的应用程序	5

3. 普通用户

除了系统用户，所有其他用户都属于普通用户。在访问 Linux 系统之前，每个用户都必须拥有一个用户账户。因此，系统管理员需要为每个普通用户分配一个注册账户，并将用户名及其他相关信息添加到系统中。只有在成功注册时，用户才能访问系统提供的资源和服务，执行系统命令，开发和运行应用程序，以及访问数据库等。

4.1.3 用户和组的配置文件

1. 用户配置文件

在 Linux 系统中，每个用户都有一个与其关联的配置文件，用于定义其个性化的环境和行为。包括用户的基本信息文件、用户口令文件、bash 配置文件、bash 登录配置文件、zsh 配置文件、vim 配置文件、SSH 配置文件、用户配置目录、用户桌面环境配置文件、当用户注销时执行的 bash 脚本文件等，具体如表 4.2 所示。

表 4.2 用户配置文件

文 件 类 型	配 置 文 件	功 能 特 点	存 放 目 录
用户的基本信息文件	/etc/passwd	包含系统用户的基本信息	系统的/etc 目录下
用户口令文件	/etc/shadow	包含用户的加密密码和其他安全相关信息	系统的/etc 目录下

2. Linux 的影子口令机制

在 Linux 中，为了确保用户的口令安全，在/etc/passwd 文件中不再保存用户的口令数据，用户的口令被加密后存放在/etc/shadow 文件中，passwd 文件仍然保持了所有用户的可读性，而 shadow 文件只有 root 账号才可读。这种机制称为影子密码体系。在默认安装 Linux 的时候，shadow 文件中的口令使用 MD5 加密。

1) 用户的基本信息——/etc/passwd

通常在 Linux 中的所有账户信息都记录在/etc/passwd 中，该文件的存取属性为 644，也就是对所有用户可读，但只有 root 组中的用户才能修改。

在/etc/passwd 文件中，每一行都代表一个用户的账号信息，而每个用户的信息都是以":"来分隔不同的字段记录，其中包含 7 个字段，如图 4.2 和表 4.3 所示。

```
[root@localhost ~]#
[root@localhost ~]# cat /etc/passwd
root:x:0:0:root:/root:/bin/bash
bin:x:1:1:bin:/bin:/sbin/nologin
daemon:x:2:2:daemon:/sbin:/sbin/nologin
adm:x:3:4:adm:/var/adm:/sbin/nologin
lp:x:4:7:lp:/var/spool/lpd:/sbin/nologin
sync:x:5:0:sync:/sbin:/bin/sync
shutdown:x:6:0:shutdown:/sbin:/sbin/shutdown
halt:x:7:0:halt:/sbin:/sbin/halt
```

图 4.2 用户账号信息——/etc/passwd

图 4.2 中,以 root 用户信息为例,root 用户信息为 root：x：0：0：root：/root：/bin/bash,其各字段和解释如表 4.3 所示。

表 4.3 /etc/passwd 中包含的字段

字 段	示 例	解 释
用户名	root	用户的登录名
口令	x	用户密码的占位符(密码通常存储在 /etc/shadow 文件中)
UID	0	用户标识符
GID	0	初始组标识符(用户的初始组)
账号信息	root	通用账户信息,通常包括用户的全名和其他备注信息
主目录	/root	用户的主目录
登录 Shell	/bin/bash	用户登录后启动的 Shell

2) 用户口令文件——/etc/shadow

在 Linux 系统中通常使用影子口令机制(Shadow Password),用户的身份信息被存放在/etc/passwd 文件中,用户的口令信息加密后保存在另一个文件/etc/shadow 中,并只设置 root 账号的可读属性,因而大大提高了系统的安全性能。

在/etc/shadow 文件中有 9 个字段,每个字段使用":"分隔。其中保存了用户名、加密后的口令等信息。各字段的含义如图 4.3 和表 4.4 所示。

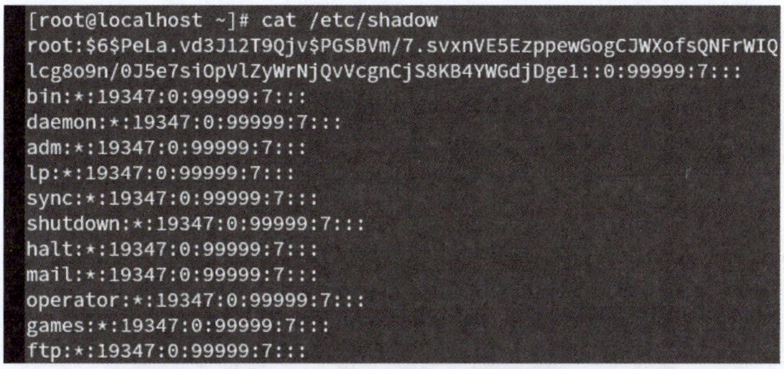

图 4.3 用户口令文件——/etc/shadow

表 4.4 /etc/shadow 中包含的字段

字 段	说 明
username	用户账号名称,如 root
password	用户加密后的口令
lastchg	从 1970 年 1 月 1 日算起,到最后一次修改密码的时间间隔
min	密码自上次修改后,可以被修改的间隔天数,如果为 0 则无限制
max	密码自上次修改后,最多间隔多少天数后密码必须被修改

续表

字　　段	说　　明
warn	如果密码有时间限制，那么在过期前多少天向用户发出警告，默认为 7 天
inactive	如果密码设置为必须修改，到期后仍未修改，系统自动关闭账号的天数
expire	从 1970 年 1 月 1 日算起，到账号过期的天数
reserved	系统保留，尚未使用

3. 用户组的配置文件

用户组的配置文件主要是 /etc/group 和 /etc/gshadow，同时也使用了影子密码机制。

1) /etc/group 组信息文件

组的相关配置信息主要存储在 /etc/group 文件中。这个文件包含有关系统中所有用户组的基本信息。每一行表示一个用户组，格式如图 4.4 所示。

```
group_name:x:GID:user1,user2,user3,…
```

各字段的解释如下。

group_name：用户组的名称。

x：占位符，表示用户组的密码信息，通常为空或包含一个占位符，因为密码信息通常存储在 /etc/gshadow 文件中。

GID：用户组的唯一标识符(Group ID)。

user1，user2，user3，…：属于该用户组的用户列表。

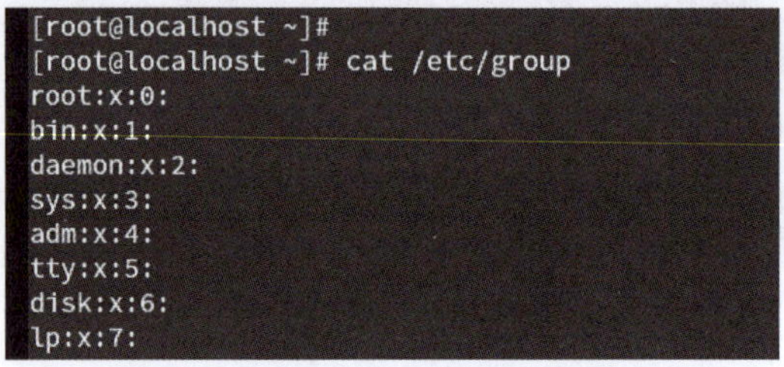

```
[root@localhost ~]#
[root@localhost ~]# cat /etc/group
root:x:0:
bin:x:1:
daemon:x:2:
sys:x:3:
adm:x:4:
tty:x:5:
disk:x:6:
lp:x:7:
```

图 4.4　用户组的配置文件/etc/group

2) /etc/gshadow 组的密码信息文件

用户组的密码信息通常是单独存储在 /etc/gshadow 文件中，但在一些系统中，这个文件可能不存在，而 /etc/group 中的密码信息则直接为空。

/etc/gshadow 文件的格式与 /etc/group 类似，如下。

```
group_name:encrypted_password:admin_user:user1,user2,…
```

其中：

group_name：用户组的名称。

encrypted_password：经过加密的用户组密码。类似于用户账户，密码信息可能为空或包含一个占位符。

admin_user：组管理员，有权添加或删除用户。

user1，user2，…：属于该用户组的用户列表。

这种分离的设计有助于提高密码的安全性，如图 4.5 所示。

```
[root@localhost ~]# head -n 3 /etc/gshadow
root:::
bin:::
daemon:::
[root@localhost ~]# tail -n 3 /etc/gshadow
zgh:!::
zhouguanhua:!::
zhouqi:!::
[root@localhost ~]#
```

图 4.5　用户组的密码信息/etc/gshadow

4.2　用户的管理

在 Linux 系统中，用户管理是一个重要的任务，它涉及创建、修改和删除用户账户，管理用户组，以及分配适当的权限。具体功能分类和常用命令，如表 4.5 所示。

表 4.5　用户管理的功能分类和常用命令

功能分类	相关命令	示　　例
用户添加	useradd	useradd username
	adduser	adduser username
用户删除	userdel	userdel username
	deluser	deluser username
用户修改	usermod	usermod -aG groupname username
	chfn	chfn username
	chsh	chsh -s /bin/bash username
用户组管理	groupadd	groupadd groupname
	groupdel	groupdel groupname
	gpasswd	gpasswd groupname
密码管理	passwd	passwd username
用户信息查看	id	id username
	finger	finger username
	who	who

续表

功能分类	相关命令	示 例
用户信息查看	whoami	whoami
	w	w
	getent	getent passwd
切换用户	su	su - username
用户登录信息	/etc/passwd	查看用户账户信息 cat /etc/passwd
	/etc/shadow	查看用户密码信息(仅 root 可读取) cat /etc/shadow
用户权限	/etc/sudoers	配置 sudo 权限
用户家目录	-	用户主目录通常位于/home/username
批量添加用户	newusers	newusers ＜ users.txt
批量添加密码	chpasswd	echo user1：password1 ｜ chpasswd

4.2.1 添加用户账号

在 Red Hat Enterprise Linux(RHEL)中，adduser 命令并不提供交互式界面，通常使用 useradd 命令来添加用户，并且该命令通常是非交互式的。useradd 命令的使用格式如下。

```
useradd [选项] 新用户名
```

常用参数和示例，如表 4.6 所示。

表 4.6 useradd 命令常用参数和示例

选 项	解 释	示 例
-c, --comment COMMENT	为用户添加注释(用户描述)	sudo useradd -c "John Doe" 新用户名
-d, --home HOME_DIR	指定用户的家目录	sudo useradd -d /home/新用户名
-g, --gid GROUP	指定用户的初始登录组	sudo useradd -g users 新用户名
-G, --groups GROUPS	指定用户的附加组(逗号分隔的组列表)	sudo useradd -G group1，group2 新用户名
-m, --create-home	创建用户的家目录	sudo useradd -m 新用户名
-s, --shell SHELL	指定用户的默认 Shell	sudo useradd -s /bin/bash 新用户名
-u, --uid UID	指定用户的用户 ID	sudo useradd -u 1001 新用户名
-M, --no-create-home	不创建用户的家目录	sudo useradd -M 新用户名
-r, --system	创建系统用户	sudo useradd -r 新用户名
-e, --expiredate EXPIRE_DATE	设置用户账户的过期日期	sudo useradd -e 2023-12-31 新用户名

示例：建立 zgh1 账号，其主目录为/home/ zgh1、归属于 zgh 组、账号信息为 general user、用户 Shell 为/bin/bash、账号有效期到 2023 年 12 月 20 日，添加后查看用户信息。命令的执行过程如图 4.6 所示。

注意：需要先确认 zgh 组的存在，如果不存在，不能直接指定组，而是需要先新建组。

```
[root@localhost ~]#useradd -m -d /home/zgh1 -g zgh -c "general user" -s /bin/bash -e 2023-12-20 zgh1
[root@localhost ~]#id zgh1
```

```
[root@localhost ~]#
[root@localhost ~]# useradd -m -d /home/zgh1 -g zgh -c "general user" -s /bin/bash -e 2023-12-20 zgh1
[root@localhost ~]#
[root@localhost ~]# id zgh1
uid=1001(zgh1) gid=1000(zgh) groups=1000(zgh)
[root@localhost ~]#
```

图 4.6 添加 zgh1 用户

其中：

useradd：创建新用户的命令。

-m：创建用户的主目录（如果不存在的话）。

-d /home/zhouqi：指定用户的主目录为/home/zgh1。

-g zhouqi：指定用户所属的主要组为 zgh。

-c "general user"：为用户设置注释信息，这里设置为"general user"。

-s /bin/bash：指定用户的默认 Shell 为/bin/bash。

-e 2023-12-20：设置用户账号的有效期至 2023 年 12 月 20 日。

zgh1：新用户的用户名。

id zgh1：显示用户的基本信息，包括用户 ID(UID)和组 ID(GID)等。

4.2.2 修改用户口令

系统管理员 root 应该在创建用户账号的时候为每个用户指定一个初始密码，用户利用此密码登录系统后，再自行修改。用户应该选择一个自己容易记忆的口令，同时还应该保证该密码的健壮性。

在 Linux 中，超级用户可以使用 passwd 命令为普通用户设置或修改用户口令。用户也可以直接使用该命令来修改自己的口令，而无须在命令后面使用用户名。该命令的常用格式为

```
passwd  [选项]  用户名
```

常用选项和示例，如表 4.7 所示。

表 4.7 passwd 命令的常用选项和示例

选项	解释	示例
-d，--delete	删除密码，使用户账号变为没有密码	sudo passwd -d username

续表

选项	解释	示例
-l, --lock	锁定用户账号,禁止用户登录	sudo passwd -l username
-u, --unlock	解锁用户账号,允许用户登录	sudo passwd -u username
-e, --expire	强制用户在下次登录时更改密码	sudo passwd -e username
-S, --status	显示用户密码状态	sudo passwd -S username
--stdin	从标准输入读取密码	echo 'new _ password' | sudo passwd --stdin username

示例：使用 passwd 的 --stdin 参数是此前建立的 zgh1 账户设置初始口令。在终端中输入如下命令,结果如图 4.7 所示。

```
[root@localhost ~]#passwd zgh1 -stdin
```

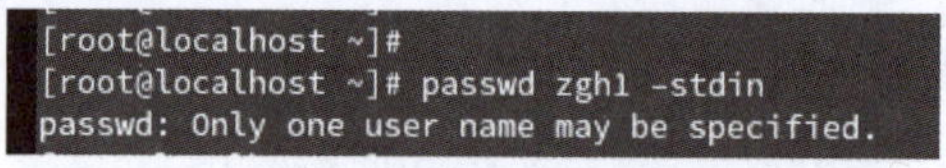

```
[root@localhost ~]#
[root@localhost ~]# passwd zgh1 -stdin
passwd: Only one user name may be specified.
```

图 4.7　root 账号设置 zgh1 用户初始口令

示例：变更 zgh1 的口令。命令执行的过程如图 4.8 所示。

```
[root@localhost ~]#passwd zgh1
```

```
[root@localhost ~]#
[root@localhost ~]# passwd zgh1
Changing password for user zgh1.
New password:
BAD PASSWORD: The password is shorter than 8 characters
Retype new password:
passwd: all authentication tokens updated successfully.
[root@localhost ~]#
```

图 4.8　zgh1 用户变更自己的口令

4.2.3　查看用户信息

1. whoami 命令

whoami 命令用于查看当前系统当前账号的用户名。
该命令的使用格式如下。

```
whoami
```

whoami 命令的具体操作如图 4.9 所示。

```
[root@localhost ~]#
[root@localhost ~]# whoami
root
[root@localhost ~]#
```

图 4.9　使用 whoami 命令查看当前用户

2. who 命令

who 命令用于显示当前登录到系统的用户信息。它可以列出登录用户的用户名、终端(TTY)、登录时间等信息。使用格式如下。

```
who  [选项]
```

常用的参数及含义如表 4.8 所示。

表 4.8 who 中包含的字段

选　项	解　释
-m 或 am I	只显示运行 who 命令的用户名、登录终端和登录时间
-q 或--count	只显示用户的登录账号和登录用户的数量
-u	在登录时间后显示该用户最后一次操作到当前的时间间隔
-H	以标题行的形式显示输出
-uH	显示列标题

示例：使用 who 命令查看当前登录系统的用户详细信息。在终端中输入如下命令，结果如图 4.10 所示。

```
[root@localhost ~]#who
[root@localhost ~]#who -q
[root@localhost ~]#who -u
[root@localhost ~]#who -uH
```

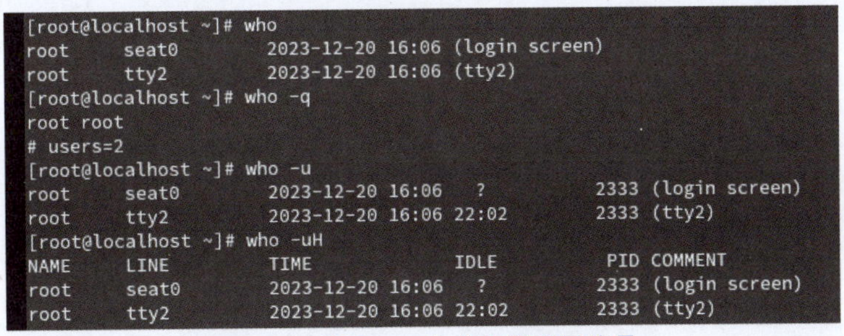

```
[root@localhost ~]# who
root     seat0        2023-12-20 16:06 (login screen)
root     tty2         2023-12-20 16:06 (tty2)
[root@localhost ~]# who -q
root root
# users=2
[root@localhost ~]# who -u
root     seat0        2023-12-20 16:06   ?          2333 (login screen)
root     tty2         2023-12-20 16:06 22:02        2333 (tty2)
[root@localhost ~]# who -uH
NAME     LINE         TIME             IDLE          PID COMMENT
root     seat0        2023-12-20 16:06   ?          2333 (login screen)
root     tty2         2023-12-20 16:06 22:02        2333 (tty2)
```

图 4.10 使用 who 命令查看登录账号

3. w 命令

w 命令也可以查看登录当前系统的用户信息，格式如下。

```
w  [选项]  [用户名]
```

其常用参数和含义如表 4.9 所示。

表 4.9　w 命令常用参数和含义

参　　数	含　　义
-h	不显示各列的标题
-l	显示详细信息列表,此为预设值
-s	使用短列表,不显示用户登录时间、JCPU 和 PCPU 时间
-u	忽略执行程序的名称,以及该程序的 PCPU 时间

示例：使用 w 命令查看当前登录系统的用户的详细信息,显示结果如图 4.11 所示。

```
[root@localhost ~]#w
```

```
[root@localhost ~]#
[root@localhost ~]# w
 20:27:28 up  5:00,  2 users,  load average: 0.11, 0.03, 0.01
USER     TTY        LOGIN@   IDLE   JCPU   PCPU WHAT
root     seat0      Wed16    0.00s  0.00s  0.04s /usr/libexec/gdm-wayland-session --reg
root     tty2       Wed16   28:21m  0.09s  0.05s /usr/libexec/gnome-session-binary
[root@localhost ~]#
```

图 4.11　使用 w 命令查看登录账号信息

各列的含义,如表 4.10 所示。

表 4.10　表头各列的含义

USER	TTY	LOGIN@	IDLE	JCPU	PCPU	WHAT
用户名	用户登录时的终端	登录时间	用户空闲时间	用户终端所有进程占用的时间	当前进程占用的时间	用户当前执行的命令

4. id 命令

id 命令用于显示用户和组的标识信息,基本用法如下。

```
id [选项] [用户名]
```

id 命令的选项和示例,如表 4.11 所示。

表 4.11　id 命令的选项和示例

选　项	解　　释	示　　例
无选项	显示当前用户的 UID、GID 以及所属组的信息	id
-u	仅显示用户的 UID	id -u
-g	仅显示用户的 GID	id -g
-G	显示用户所属的所有组的信息	id -G
-n	显示用户和组的名称而非数字标识	id -n
-r	显示实际 UID/GID,而不是有效 UID/GID	id -r

示例：使用 id 命令显示用户和组的标识信息，如图 4.12 所示。

图 4.12　id 命令

5. getent 命令

getent 命令用于从各种数据库中检索条目，包括 /etc/passwd、/etc/group 等。它允许以一种一致的方式访问这些数据库，而不仅是通过读取文件。

基本用法如下。

```
getent database_name [key …]
```

示例：使用 getent 命令查看 root 用户的信息，如图 4.13 所示。

```
[root@localhost ~]#getent passwd root
```

图 4.13　getent 命令

6. 通过用户文件查看信息

通过用户文件查看信息通常指的是查看系统上的 /etc/passwd 文件，该文件包含有关系统用户的基本信息。每一行记录都描述了一个用户的信息，字段由冒号":"分隔。

示例：使用 cat 命令查看用户文件信息（/etc/passwd），如图 4.14 所示。

图 4.14　通过用户文件查看信息

4.2.4　修改用户信息

1. chfn 命令

chfn 命令用于修改系统中存放的用户信息。这些用户信息包括用户全名、工作单位、工作电话和家庭电话等。其使用格式如下。

```
chfn [选项] [用户名]
```

chfn 命令的选项和含义如表 4.12 所示。

表 4.12 chfn 命令的选项和含义

选项	解释
-f	设置用户的全名（Full Name）
-r	设置用户的办公室电话（Office Phone）
-w	设置用户的办公室位置（Office Location）
-h	显示帮助信息

示例：修改 root 账号的信息，在不使用选项参数时，可以进行交互式修改设置，修改后使用 getent 命令查看，如图 4.15 所示。

```
[root@localhost ~]# chfn
[root@localhost ~]# getent passwd root
```

```
[root@localhost ~]#
[root@localhost ~]# chfn
Changing finger information for root.
Name [root]: root
Office [guangdong]: guangzhou
Office Phone [020-83505306]: (020)83505306
Home Phone [020-83505306]: (020)83505306

Finger information changed.
[root@localhost ~]# getent passwd root
root:x:0:0:root,guangzhou,(020)83505306,(020)83505306:/root:/bin/bash
[root@localhost ~]#
```

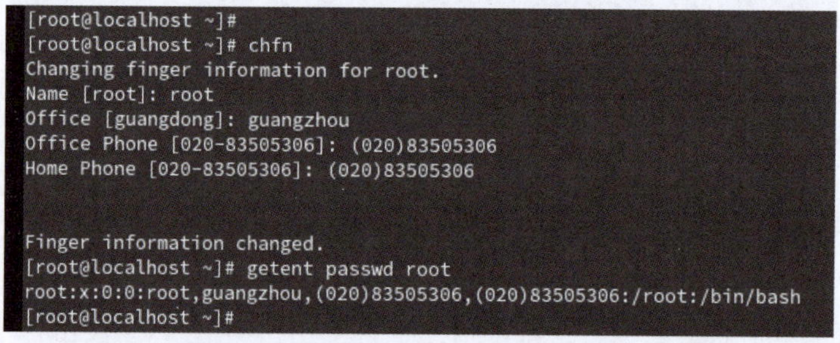

图 4.15 使用 chfn 命令修改 root 信息

2. usermod 命令

usermod 命令用于修改用户信息。usermod 命令的使用格式如下。

```
usermod    [选项]    [用户名]
```

常用参数和含义如表 4.13 所示。

表 4.13 usermod 中包含的字段

选项	解释
-d <dirname>	重新指定用户登录系统时的主目录
-s <shellname>	设置用户登录系统时使用的 Shell
-g <GID>	指定用户的主组
-G <GID>	重新指定用户所属的组

续表

选项	解释
-u ＜UID＞	重新指定用户的 UID
-e ＜expired＞	指定账号的有效期限,格式为 YYYY-MM-DD
-c ＜comment＞	用于指定账号信息字段的内容
-l, --login NEW_LOGIN	修改用户的登录名
-a, --append	将用户添加到附加组

示例：使用 usermod 命令将 zgh1 用户归于 root 组(GID 为 0),主目录指定到/home/ zgh1。完成后查看修改信息,执行命令,如图 4.16 所示。

```
[root@localhost ~]#ls /home
[root@localhost ~]#usermod -g 0 -d /home/zgh1 zgh1
[root@localhost ~]#id zgh1
[root@localhost ~]#grep zgh1 /etc/passwd
```

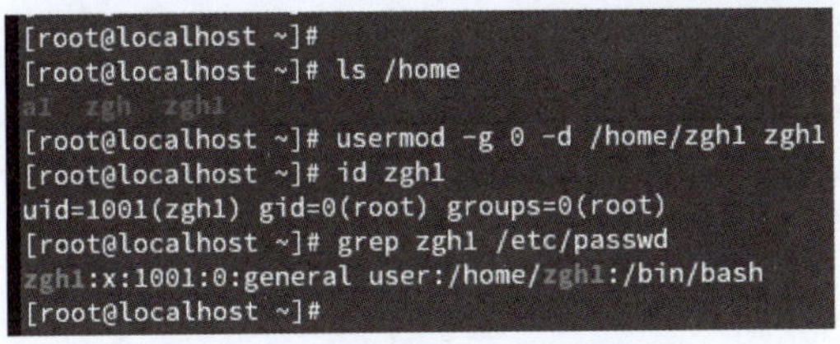

图 4.16　使用 usermod 命令执行

4.2.5　删除用户

可以通过直接删除/etc/passwd 和/etc/shadow 文件中对应行来删除系统账号,还可以通过使用 userdel 命令删除已有账户,使用格式如下。

```
userdel [选项] [用户名]
```

如果使用参数-r,则表示在删除用户的同时,将该用户的主目录一并删除。userdel 命令的选项和示例如表 4.14 所示。

表 4.14　userdel 命令的选项和示例

选项	解释
-r, --remove	删除用户时同时删除用户的主目录及邮件目录
-f, --force	强制删除用户,即使用户当前处于登录状态
-Z, --selinux-user	删除用户时,同时删除 SELinux 用户

示例：使用 userdel -r 命令删除 a1 用户以及 a1 用户的主目录/home/a1,操作前后

进行用户信息和目录的查看。具体操作如图 4.17 所示。

```
[root@localhost ~]#
[root@localhost ~]# ls /home
a1  zgh  zgh1
[root@localhost ~]# id a1
uid=1002(a1) gid=1002(a1) groups=1002(a1)
[root@localhost ~]# userdel -r a1
[root@localhost ~]# id a1
id: 'a1': no such user
[root@localhost ~]# ls /home
zgh  zgh1
[root@localhost ~]#
```

图 4.17 userdel -r 命令

4.3 用户高级管理

4.3.1 setuid 和 setgid

setuid 和 setgid 是与文件权限相关的特殊权限位,它们允许在执行文件时暂时切换用户或用户组,以便以其他身份运行程序。这些权限位在文件属性中的权限字段中表示为"s"或"S"。

用户存储用户信息的/etc/passwd 文件只有超级用户才能进行修改,而用于存储用户口令的文件/etc/shadow 甚至只有超级用户才可以访问。只有在普通用户执行 passwd 命令的时候,能够读取和修改/etc/passwd 和/etc/shadow 文件,才能使普通用户修改自己的口令。为了解决在用户修改口令时,文件系统存取权限矛盾,Linux 给/usr/sbin/passwd 命令设置了 setuid 属性。

说明:s 表示 setuid 或 setgid 权限已设置;S 表示相应的权限未设置。

4 和 2 是数字权限表示法中用于表示 setuid 和 setgid 的权限位。

请注意,对于目录而言,setuid 通常不起作用,因此在实际应用中,常见的是设置 setgid 权限以确保新创建的文件继承所属组的权限。

1. setuid

setuid 是一种文件的拥有者具备的特殊属性,它使得被设置了 setuid 位的程序无论被哪个用户启动,都会自动具有文件拥有者的权限,在 Linux 中典型拥有 setuid 属性的文件就是/usr/bin/passwd 程序,如图 4.18 所示。通常 setuid 属性只会设置在可执行的文件上,因为尽管理论上可以给不可执行的文件加上 setuid 属性,但是这样做通常是没有意义的。

```
[root@localhost ~]#
[root@localhost ~]# ls -l /usr/bin/passwd
-rwsr-xr-x. 1 root root 32648 Aug 10  2021 /usr/bin/passwd
[root@localhost ~]#
```

图 4.18 passwd 文件的 setuid 属性

文件属性(rwsr-xr-x)中的 s 占据的位即为 setuid 位，"s"代表对应的文件被设置了 setuid 属性，因为 passwd 程序的拥有者是超级用户 root，因此 passwd 程序执行的时候就自动获取了超级用户的权限，所以无论是哪个用户执行了 passwd 程序都可以修改系统的口令文件。要给一个文件加上 setuid 属性，可以使用如下命令。

```
chmod  u+s  <文件名>    或 chmod  4xxx  <文件名>
```

其中，u＋s 表示给文件的拥有者添加 setuid 属性，其属性字为 4000，xxx 代表文件原来的存取属性。

示例：给文件 file 设置权限位 setuid，注意有执行权 x 和无执行权 x 的 setuid 权限位的变化(S 和 s 的变化)。具体操作如图 4.19 所示。

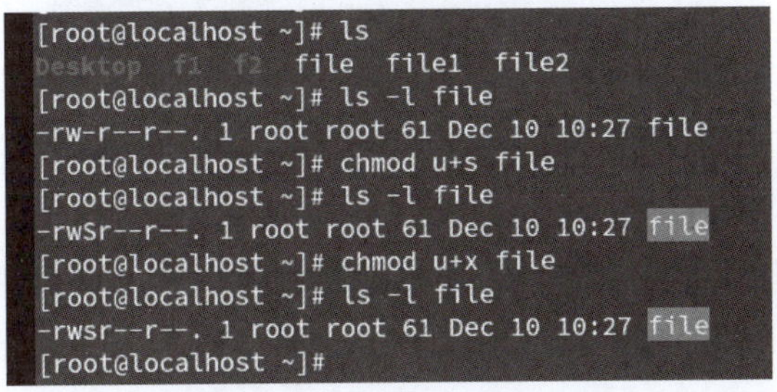

图 4.19 setuid 的权限位设置

2. setgid

setgid 与 setuid 类似，只是 setgid 是文件归属的组具备的特殊属性，具有 setgid 的可执行文件运行时，自动获取文件对应的组权限。添加 setgid 属性，其命令格式如下。

```
chmod  g+s  <文件名>    或 chmod  2xxx  <文件名>
```

其中，g＋s 表示给文件的归属组添加 setgid 属性，其属性字为 2000，xxx 代表文件原来的存取属性。

示例：给文件 file1 设置权限位 setgid，注意有执行权 x 和无执行权 x 的 setgid 权限位的变化(S 和 s 的变化)。具体操作如图 4.20 所示。

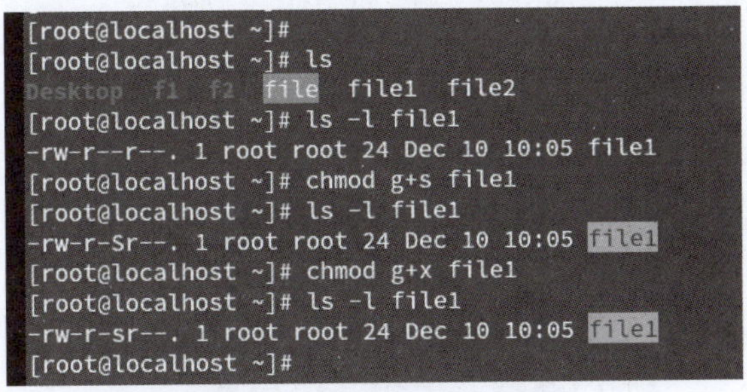

图 4.20 setgid 的权限位设置

4.3.2 用户组的管理

1. /etc/group 用户组的信息文件

Linux 系统中所有的组账号信息被放置在/etc/group 文件中,每一行都代表一个组,并且每个字段使用":"进行分隔,各字段的含义如图 4.21 和表 4.15 所示。

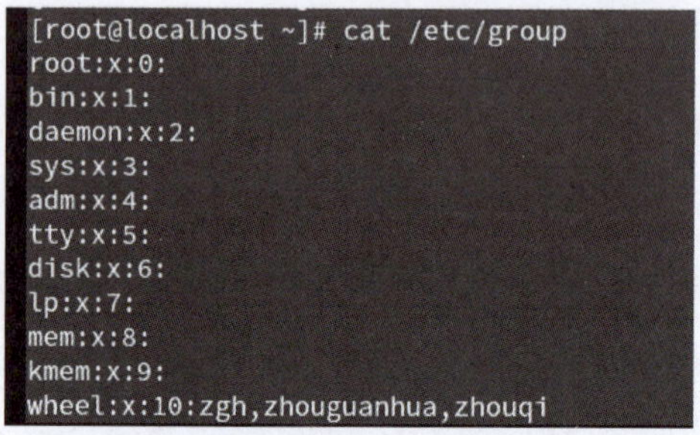

```
[root@localhost ~]# cat /etc/group
root:x:0:
bin:x:1:
daemon:x:2:
sys:x:3:
adm:x:4:
tty:x:5:
disk:x:6:
lp:x:7:
mem:x:8:
kmem:x:9:
wheel:x:10:zgh,zhouguanhua,zhouqi
```

图 4.21 /etc/group 文件

图 4.21 中,以 wheel:x:10:zgh,zhouguanhua,zhouqi 为例,其字段及解释如表 4.15 所示。

表 4.15 group 中包含的字段

字段	示例	说明
1	wheel	组账号名称
2	x	组账号口令,通常不使用,并以"x"填充
3	10	组 ID(GID),系统内置的组,其 GID 为 0~999,管理员建立的组从 1000 开始,依次是 1000、1001、…
4	zgh,zhouguanhua,zhouqi	属于该组的用户列表,每个用户使用","分隔

2. /etc/gshadow 用户组密码文件

/etc/gshadow 文件是用于存储用户组的密码和相关信息的文件。

使用 cat 命令查看/etc/gshadow 文件,如图 4.22 所示。

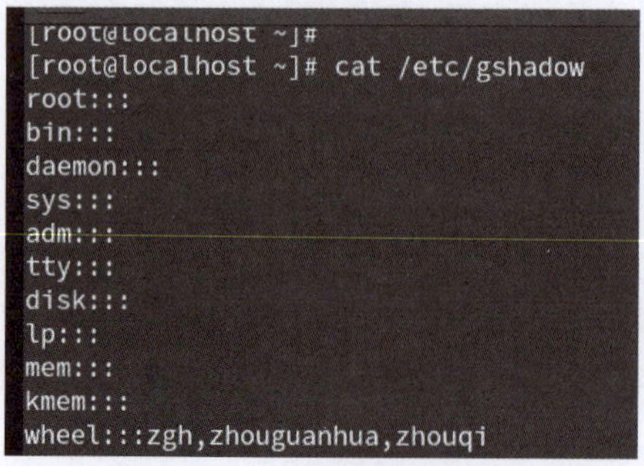

```
[root@localhost ~]#
[root@localhost ~]# cat /etc/gshadow
root:::
bin:::
daemon:::
sys:::
adm:::
tty:::
disk:::
lp:::
mem:::
kmem:::
wheel:::zgh,zhouguanhua,zhouqi
```

图 4.22 /etc/gshadow 文件

如图 4.22 所示，以 wheel：：：zgh，zhouguanhua，zhouqi 为例，解释/etc/gshadow 文件的字段，如表 4.16 所示。

表 4.16 /etc/gshadow 文件及其字段解释

字 段	示 例	解 释
Group Name	wheel	用户组的名称
Password	：：表示密码为空	用户组密码的加密形式。通常为空，因为不常用
Admin List	：	属于这个用户组的管理员用户列表，具有修改组成员权限的用户
Members	zgh，zhouguanhua，zhouqi	属于这个用户组的成员列表
Non-Members	空	不属于这个用户组的用户列表

3. 用户组的管理命令

用户组的管理涉及创建、修改和删除用户组，以及向用户组添加或移除成员。其需要用到的命令是 groupadd、groupdel 和 groupmod。

1) groupadd 命令

groupadd 命令用于向系统新增一个组，新增的组账号在默认的情况下最小从 500 开始。通常情况下，其命令格式如下。

```
groupadd  [选项]  [组名]
```

groupadd 工具无须使用参数，但在某些特殊情况下，需要使用如表 4.17 所示的参数。

表 4.17 groupadd 中包含的字段

选 项	解 释
-g GID	指定用户组 ID(GID)。如果未指定，系统将自动分配
-o	允许创建具有非唯一 GID 的用户组
-p PASSWORD	设置用户组密码（通常不建议使用此选项）
-r	创建一个系统用户组。系统用户组的 GID 通常较低

示例：向系统新增一个系统组 zgh1 组，其 GID 为 1007。具体操作如下，完成后应使用 tail 命令查看详细情况，过程如图 4.23 所示。

```
[root@localhost ~]#tail -1 /etc/group
[root@localhost ~]#groupadd -g 1007 zgh1
[root@localhost ~]#tail -2 /etc/group
```

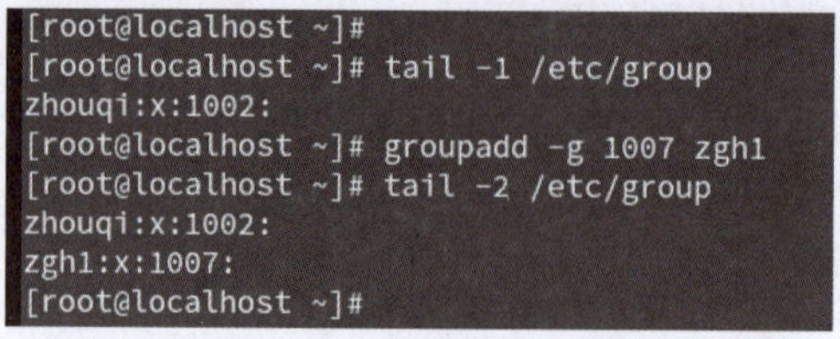

```
[root@localhost ~]#
[root@localhost ~]# tail -1 /etc/group
zhouqi:x:1002:
[root@localhost ~]# groupadd -g 1007 zgh1
[root@localhost ~]# tail -2 /etc/group
zhouqi:x:1002:
zgh1:x:1007:
[root@localhost ~]#
```

图 4.23　新增 zgh1 组

2) groupmod 命令

管理员有时候可能需要更改组账号的内容，此时可以使用 groupmod 命令。其命令格式如下。

```
groupmod  [选项]  [组名]
```

常用参数和含义如表 4.18 所示。

表 4.18　groupmod 中包含的字段

参　　数	含　　义
-g <GID>	重新指定组 GID
-o	重复使用组 GID
-n <gname>	重设组账号名称

示例：将 zgh1 组更名为 zgh2，其 GID 变更为 1002，具体操作如下，操作完成后查看结果，如图 4.24 所示。

```
[root@localhost ~]#tail -3 /etc/group
[root@localhost ~]#groupmod -g 1002 -o -n zgh2 zgh1
[root@localhost ~]#tail -3 /etc/group
```

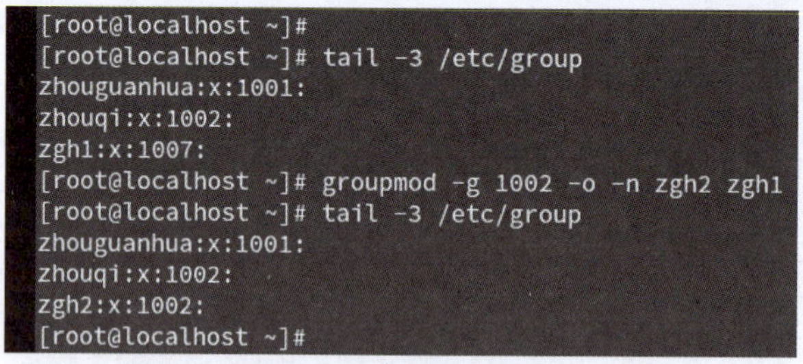

```
[root@localhost ~]#
[root@localhost ~]# tail -3 /etc/group
zhouguanhua:x:1001:
zhouqi:x:1002:
zgh1:x:1007:
[root@localhost ~]# groupmod -g 1002 -o -n zgh2 zgh1
[root@localhost ~]# tail -3 /etc/group
zhouguanhua:x:1001:
zhouqi:x:1002:
zgh2:x:1002:
[root@localhost ~]#
```

图 4.24　groupmod 命令

3) groupdel 命令

groupdel 命令提供了删除特定组账号的工具，该命令不需要任何参数。其使用格式如下。

```
groupdel  <组账号>
```

示例：删除刚才新建的 zgh2 用户组，在删除用户组之前，请确保没有任何用户属于该组，否则系统可能会报错。若报错，可以修改涉及用户的组，再进行用户组的删除操作。具体操作，如图 4.25 所示。

```
[root@localhost ~]#grep zgh2 /etc/group
[root@localhost ~]#groupdel zgh2
[root@localhost ~]#usermod -g zhouqi zhouqi
[root@localhost ~]#groupdel zgh2
[root@localhost ~]#grep zgh2 /etc/group
[root@localhost ~]#tail -3 /etc/group
```

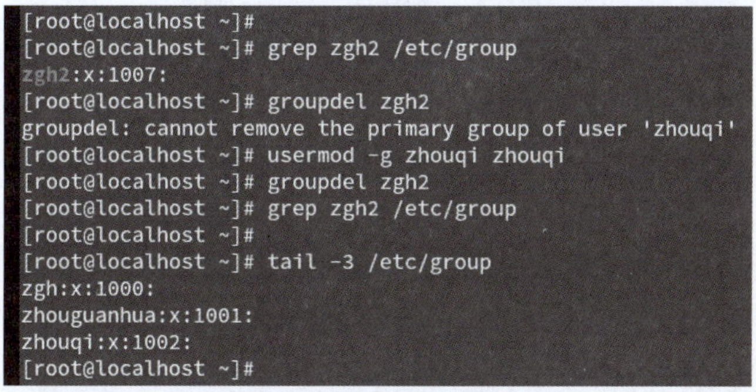

```
[root@localhost ~]#
[root@localhost ~]# grep zgh2 /etc/group
zgh2:x:1007:
[root@localhost ~]# groupdel zgh2
groupdel: cannot remove the primary group of user 'zhouqi'
[root@localhost ~]# usermod -g zhouqi zhouqi
[root@localhost ~]# groupdel zgh2
[root@localhost ~]# grep zgh2 /etc/group
[root@localhost ~]#
[root@localhost ~]# tail -3 /etc/group
zgh:x:1000:
zhouguanhua:x:1001:
zhouqi:x:1002:
[root@localhost ~]#
```

图 4.25　groupdel 命令

4.3.3 批量建立用户账号

在 Linux 中，提供了 newusers 和 chpasswd 工具创建批量用户，以减轻管理员的工作量，并减少错误的发生率。步骤如下。

(1) 创建用户信息文件。其中，按照/etc/passwd 文件的字段格式和次序，一行一个用户信息。

(2) 执行 newusers 工具，读取用户信息。

(3) 将读取的信息依次在/etc/passwd 和/etc/shadow 文件中创建记录，以新建批量用户。

示例：使用 Linux 提供的 newusers 和 chpasswd 等工具新建批量用户账号。

1. 创建用户信息文件

批量创建用户的第一步就是为用户准备信息文件，该用户信息文件必须按照/etc/passwd 定义的字段含义和次序来创建。同时，每个用户账号的名称及用户 ID 都不能相同，而口令字段可以先使用空白，或使用 x 代替以增加安全性。假设新增用户的信息存放在/root/passwd_inf 文件中，其内容如图 4.26 所示。

```
[root@localhost ~]#pwd
[root@localhost ~]#touch passwd_inf
```

```
[root@localhost ~]#vi passwd_inf
[root@localhost ~]#cat passwd_inf
```

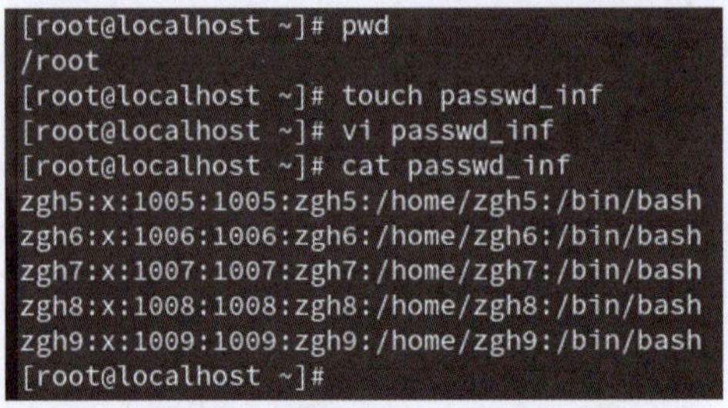

图 4.26　创建用户信息文件

2. 使用 newusers 工具批量创建用户

在 /usr/sbin/ 目录下的 newusers 工具主要的功能就是利用用户信息文件来更新或创建用户账号。在 Linux 系统中,提供了输入重定向符＜和＜＜来将 passwd_inf 文件作为 newusers 工具的输入。newusers 工具的使用很简单,系统会根据用户信息文件中的数据来新建用户账号,如图 4.27 所示。

```
[root@localhost ~]#newusers < passwd_inf
[root@localhost ~]#tail -5 /etc/passwd
```

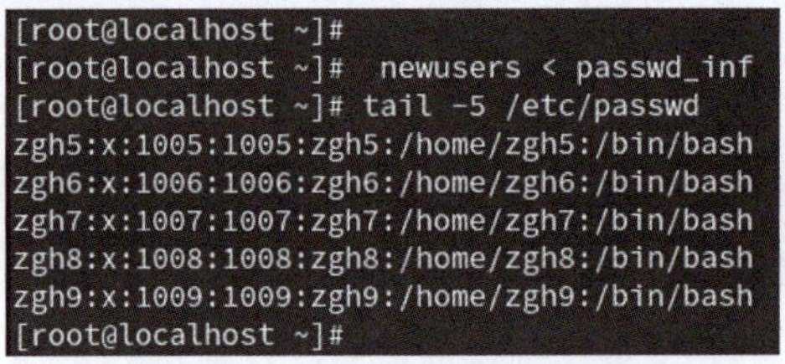

图 4.27　newusers 工具创建用户

3. 测试登录账户

使用 zgh5 和 zgh6 用户名,密码为 x,测试登录,登录结果如图 4.28 所示。

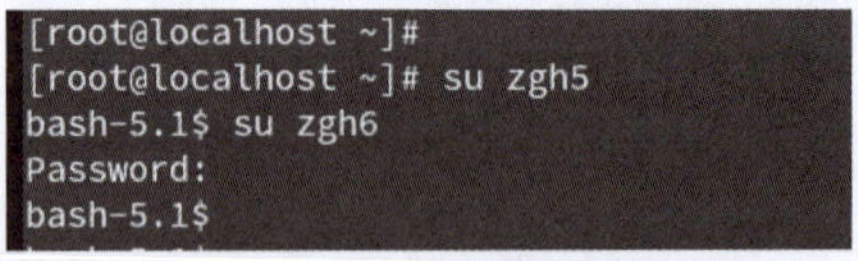

图 4.28　测试登录成功

4. 创建密码文件

按照 passwd_inf 文件的账号创建对应的口令表文件,该文件仅需两个字段,第一个字段是 passwd_inf 文件中的用户名,第二个字段是明文口令,以":"分隔。这里以新增

的 /root/shadow_info 文件为例,其内容如图 4.29 所示。

```
[root@localhost ~]#pwd
[root@localhost ~]#touch shadow_info
[root@localhost ~]#vi shadow_info
[root@localhost ~]#cat shadow_info
```

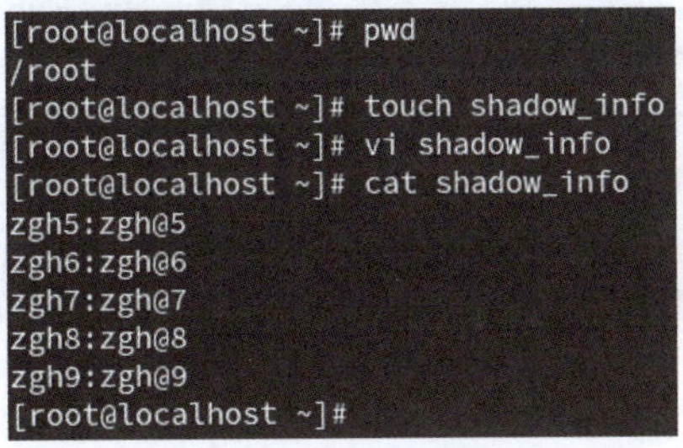

图 4.29　密码文件

5. 使用 chpasswd 工具设置用户口令

在创建对应的密码表文件后,需要使用 chpasswd 工具将密码文件中的口令导入 /etc/passwd 文件。该工具通过利用管道符,使得密码表文件 /root/shadow_info 作为输入,其用法如图 4.30 所示。注意,为保障密码安全,其实此方法不建议使用,而建议使用 passwd 命令来修改密码。

```
[root@localhost ~]#chpasswd < /root/shadow_info
[root@localhost ~]#tail -5 /etc/passwd
```

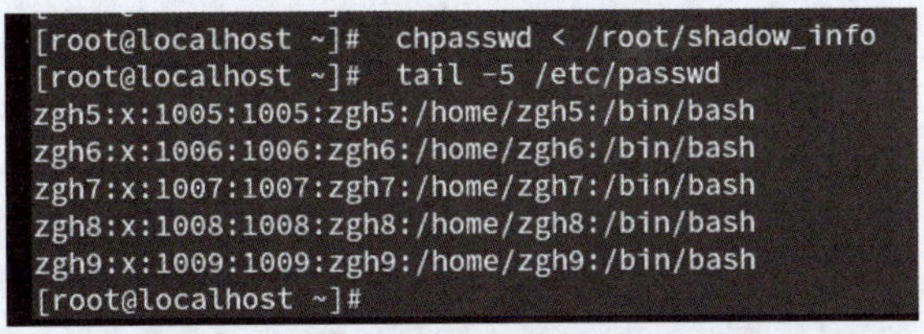

图 4.30　向 /etc/passwd 文件导入口令

4.3.4　影子口令机制

1. 取消影子口令机制

在 Linux 系统的 /usr/sbin 目录下,提供的 pwunconv 程序能够将 /etc/shadow 产生的影子口令译码,然后回写到 /etc/passwd 文件中,同时也将 /etc/shadow 文件中的口令字段删除,以取消影子口令机制。该命令的执行及执行后 /etc/passwd 文件和 /etc/shadow 文件的变化如图 4.31 所示。

```
[root@localhost ~]#pwunconv
[root@localhost ~]#tail -2 /etc/passwd
[root@localhost ~]#tail -2 /etc/shadow
```

```
[root@localhost ~]# pwunconv
[root@localhost ~]# tail -2 /etc/passwd
zgh8:$6$u6naR5IRR1cHhbvV$PFFzwW77gHblp3J81BYvnxSFUPz5N5EDmvA
yZT7TkYX9mZ1gIEFrrzmUdKNOI9Ik8hazMzNYf5T3.2zRSASZd1:1008:100
8:zgh8:/home/zgh8:/bin/bash
zgh9:$6$iUhFlTllTkzrsGH0$CmPdK0lUC/yimbtkOdEFO6oPQR2aCNpu41x
i/1rnMjd.vUQNGBAXKHxGDQ0RpKbw9rZoA9Kg8ZuVrADb5wakt1:1009:100
9:zgh9:/home/zgh9:/bin/bash
[root@localhost ~]# tail -2 /etc/shadow
tail: cannot open '/etc/shadow' for reading: No such file or
 directory
[root@localhost ~]#
```

图 4.31 取消影子口令

2. 重设影子口令机制

在成功地将用户口令写入/etc/passwd 文件之后,就应该启用系统的影子口令机制,以增强系统的安全性能。在这一步骤可以使用/usr/sbin/pwconv 工具,将密码进行 MD5 加密后写入/etc/shadow 文件中。在执行/usr/sbin/pwconv 程序后,原来出现在/etc/passwd 文件中的密码会使用"x"记号取代。该命令的执行如图 4.32 所示。

```
[root@localhost ~]#pwconv
[root@localhost ~]#tail -2 /etc/passwd
[root@localhost ~]#tail -2 /etc/shadow
```

```
[root@localhost ~]# pwconv
[root@localhost ~]# tail -2 /etc/passwd
zgh8:x:1008:1008:zgh8:/home/zgh8:/bin/bash
zgh9:x:1009:1009:zgh9:/home/zgh9:/bin/bash
[root@localhost ~]# tail -2 /etc/shadow
zgh8:$6$u6naR5IRR1cHhbvV$PFFzwW77gHblp3J81BYvnxSFUPz5N5EDmvA
yZT7TkYX9mZ1gIEFrrzmUdKNOI9Ik8hazMzNYf5T3.2zRSASZd1:19714:0:
99999:7:::
zgh9:$6$iUhFlTllTkzrsGH0$CmPdK0lUC/yimbtkOdEFO6oPQR2aCNpu41x
i/1rnMjd.vUQNGBAXKHxGDQ0RpKbw9rZoA9Kg8ZuVrADb5wakt1:19714:0:
99999:7:::
[root@localhost ~]#
```

图 4.32 重设影子口令

习　题

1. 建立 zhanghao 账号,其主目录为/home/zhanghao,归属于 zhanghao 组,账号信息为 general user,用户 Shell 为/bin/bash,账号有效期到 2018 年 9 月 11 日。

2. 使用 passwd 的--stdin 参数为第 1 题中建立的 zhanghao 账户设置初始口令,然后用 zhanghao 登录系统后,变更自己的口令。

3. 将 zhanghao 用户归于 root 组（GID 为 0），主目录指定到/home/zhanghao,通过 write 命令向 zhouqi 用户发送消息。

4. 向系统新增一个系统组 gzz 组，其 GID 为 480。

5. 根据以下步骤，自定义创建批量用户。

（1）创建用户信息文件。其中，按照/etc/passwd 文件的字段格式和次序，一行一个用户信息。

（2）执行 newusers 工具，读取用户信息。

（3）将读取的信息依次在/etc/passwd 和/etc/shadow 文件中创建记录，以新建批量用户。

6. 简述用户和组的基本概念。

7. 简述用户和组的功能和作用。

8. 简述用户和组的类型。

9. 简述用户的类型。

10. 如何添加用户、组以及它们的密码？

第 5 章

Linux 的 Shell 和自动化程序

Shell 的原意是外壳,用来形容物体外部架构。各种操作系统都有自己的 Shell,在 DOS 系统中,它的 Shell 是 command.com 程序,而 Windows 操作系统的程序 Shell 是 explorer.exe 程序。与 Windows 等操作系统不同,Linux 系统中将 Shell 独立于操作系统核心程序之外,使得用户可以在不影响操作系统本身的情况下进行修改,更新版本或添加新的功能。Shell 在不同操作系统中可能有不同的实现和特性,但它们的基本目的都是为用户提供一种与计算机系统交互的方式。

5.1　Shell 入门和基础知识

5.1.1　Shell 的概念

Shell 是操作系统的外壳,为用户提供使用操作系统的接口,它是命令语言、命令解释程序和程序设计语言的统称。

5.1.2　Shell 的类型

1. Shell 的类型及功能特点

在 Linux 系统中,有多种不同的 Shell 可供选择,每种都有其独特的特性和用途。常用的几种 Shell 是 Bourne Shell(sh)、C Shell(csh)、Ash Shell(ash)、Korn Shell(ksh)和 Bourne Again Shell(bash)等。

2. Shell 的查看方法

可以使用 echo 和 chsh 或者 cat /etc/shells 命令查看 Shell,具体方法如表 5.1 所示。

表 5.1　查看目前系统可以使用的 Shell

方　　法	命　　令	描　　述
echo $0	echo $0	查看当前使用的 Shell

续表

方　　法	命　　令	描　　述
ps -p $ $	ps -p $ $	查看当前使用的 Shell
查看 /etc/shells 文件	cat /etc/shells	显示 /etc/shells 文件的内容，其中包含系统中可用 Shell 的路径
使用 chsh 命令	chsh -l	列出系统中所有可用的 Shell，并提示选择要更改为的 Shell
查看可执行文件	ls /bin 或 ls /usr/bin	列出 /bin 和 /usr/bin 目录中的可执行文件，其中包括各种 Shell 的执行文件
查看 /etc/passwd 文件	cat /etc/passwd	显示 /etc/passwd 文件的内容，包含系统中所有用户的信息，其中包括默认 Shell 的信息

示例：分别使用 cat /etc/shells 命令和 chsh -l 命令，查看目前系统可以使用的 Shell，如图 5.1 所示。

3．Shell 的切换方法

Shell 的切换方法有多种，用户可以通过 exec 或 chsh 命令来切换 Shell，使用 echo 命令查看 Shell。

示例：查看当前使用的 Shell 进程（默认是 Bash）和目前系统中能使用的 Shell，使用 exec 命令替换当前 Shell 进程（替换成另一个）。然后再替换回原来的 Shell 进程，具体操作如图 5.2 所示。

图 5.1　查看目前系统可以使用的 Shell

图 5.2　Shell 的切换方法

5.1.3　创建和执行简单的 Shell 程序

创建和执行一个 Shell 程序非常简单，一般需要以下三个步骤。
（1）利用文本编辑器创建脚本内容。
（2）使用"chmod"命令设置脚本的可执行属性。
（3）执行脚本。

一个合法的 Shell 脚本程序,都是以 Shell 解释器声明开始的,即在 Shell 程序的第一行。其中,"♯!"后面的"/bin/bash"表示实际使用的解释器。

1. 创建 Shell 脚本

1) 选择 Shell

决定要使用的 Shell,如 Bash、Zsh 等。在脚本的第一行添加 Shebang 行,指定使用的 Shell,例如:

```
#!/bin/bash
```

2) 编写脚本

使用文本编辑器 gedit 命令或 vi 命令创建 Shell 脚本文件,添加要执行的命令。例如,创建一个简单的脚本 myscript.sh,如下。

```
#!/bin/bash
echo "Hello, World! Hello, Linux! Hello, China!"
ls -l
```

在终端执行 gedit myscript.sh 命令,编写上述脚本,并保存脚本,具体操作如图 5.3 所示。

```
[root@localhost ~]#gedit myscript.sh
```

图 5.3 编写脚本

2. 添加脚本执行权限

保存文件后,需确保文件有执行权限,可以使用 chmod 命令添加执行权限,具体操作如图 5.4 所示。

```
[root@localhost ~]#chmod a+x myscript.sh
```

图 5.4 添加脚本执行权限

3. 执行 Shell 脚本

1) 在终端中执行

使用终端进入脚本所在的目录，并执行脚本 myscript.sh。如果脚本不在当前目录，可以使用绝对路径或相对路径执行。具体操作如图 5.5 所示。

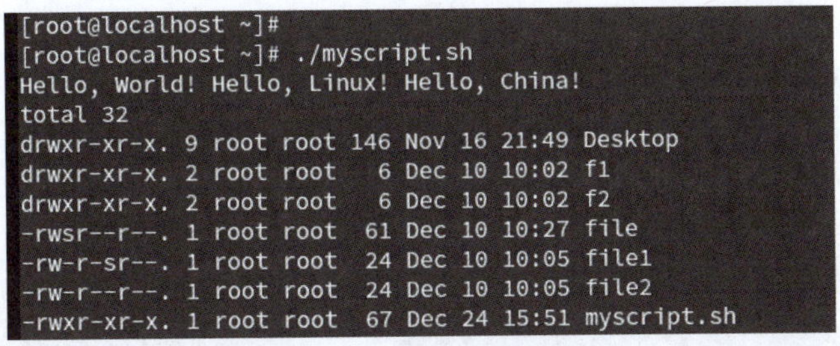

图 5.5　执行 Shell 脚本

2) 添加脚本路径到环境变量

将脚本所在的目录添加到系统的 PATH 环境变量中，可以在任何地方执行该脚本，具体操作如图 5.6 所示。

```
[root@localhost ~]#export PATH=$PATH:/root
[root@localhost ~]#cd /
[root@localhost /]#myscript.sh
```

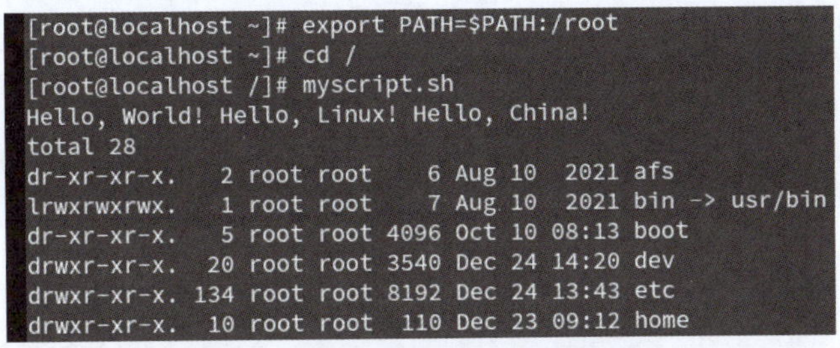

图 5.6　添加脚本路径到环境变量

其中，在命令 export PATH＝＄PATH:/root 中，/root 目录是 myscript.sh 脚本存放的路径。

5.2　Bash Shell

Bash 是一种功能强大的命令行解释器，是操作系统的外壳。Bash 不仅有非常灵活和强大的编程接口，同时又有非常友好的用户界面。它内建 40 个 Shell 命令和 12 个命令行参数。Red Hat Linux 9 中默认使用的 Shell 是 Bash，它为用户提供使用操作系统的接口，承担着用户与操作系统内核之间进行沟通的任务。

在 Linux 中可以直接浏览.bash_history 文件，或使用 history 命令来查看目前的命令记录，如图 5.7 所示。

```
[root@localhost /]#history | tail -5
```

系统提供的 history 命令可以列出完整的系统在该用户登录时执行过的所有命令，并以命令执行的先后顺序列出记录的号码。如果要查看最近执行的命令，可以使用"history n"命令，其中，n 表示需要查看的最近执行的命令的条数。例如，列出系统最近执行的 5 条命令，如图 5.8 所示。

```
[root@localhost /]#history 5
```

```
[root@localhost /]#
[root@localhost /]# history | tail -5
  823  export PATH=$PATH:/root
  824  cd /
  825  myscript.sh
  826  history
  827  history | tail -5
[root@localhost /]#
```

图 5.7　history

```
[root@localhost /]# history 5
  824  cd /
  825  myscript.sh
  826  history
  827  history | tail -5
  828  history 5
[root@localhost /]#
```

图 5.8　history 前 n 条记录

在命令记录中，每条用户执行过的命令都会被赋予一个记录号码，用户可以利用这些记录号码来执行指定的要执行的旧命令。其语法如下。

```
!<记录号>
```

示例：要执行 824 条记录标记的命令，可以在命令行提示符下执行如下命令，结果如图 5.9 所示。

```
[root@localhost /]#!824
```

5.2.1　交互式处理

从用户登录系统开始，Shell 程序就是在系统终端中显示不同的命令行提示符（root 用户登录系统则提示符显示"♯"，普通用户登录则显示"＄"），然后等待用户输入命令，如图 5.10 所示。在接收来自用户输入的命令后，Bash 会根据命令的不同类型（包括程序或 Shell 内置命令）来执行，在执行完毕后，Bash 将结果回传给用户，并且再次回到命令提示符，以等待用户的下一次输入。这种模式会一直继续下去，直到用户执行 exit 命令或是按 Ctrl＋D 组合键来注销，Bash 才会结束，Bash 的这种与用户沟通的方式称为"交互式处理"。

```
[root@localhost /]#
[root@localhost /]# !824
cd /
[root@localhost /]#
```

图 5.9　使用！执行命令

```
[root@localhost /]# su zgh
[zgh@localhost /]$ su root
Password:
[root@localhost /]#
```

图 5.10　Bash 交互式处理

5.2.2 命令补全功能

在 Shell 终端使用 Tab 键(按一次或两次),可查询或补全命令,如图 5.11 所示。

```
[root@localhost /]#
[root@localhost /]# ls
ls         lshw       lslocks    lsmod      lsusb
lsattr     lsiio      lslogins   lsns       lsusb.py
lsblk      lsinitrd   lsmcli     lsof
lscpu      lsipc      lsmd       lspci
lsgpio     lsirq      lsmem      lsscsi
[root@localhost /]#
```

图 5.11 Shell 的补全功能

5.2.3 别名功能

alias 命令用于创建、显示或删除命令别名。通过使用别名,用户可以为常用命令创建简短且易记的替代名称。

alias 命令的基本用法和一些示例如表 5.2 所示。

表 5.2 alias 命令的基本用法和示例

命 令	解 释	示 例
alias shortname='full command'	创建别名,将 shortname 映射到 full command	alias ll='ls -l'
alias	显示当前会话中定义的所有别名	alias
unalias shortname	删除指定别名	unalias ll
source ~/.bashrc	永久保存别名	# ~/.bashrc 文件内容 alias ll='ls -l'
source ~/.bash_profile	永久保存别名	alias cls='clear'

示例:对于熟悉 DOS 和 Windows 的用户来说,dir 命令可以方便地显示当前目录的内容,但是在 Linux 中完成该功能的命令是"ls -l"。如果希望使用 dir 来代替"ls -l",则可以使用 alias 功能来创建一个到"ls -l"的别名,如图 5.12 所示。

```
[root@localhost ~]#alias dir='ls -l'
[root@localhost ~]#dir
```

```
[root@localhost ~]# alias dir='ls -l'
[root@localhost ~]# dir
total 32
drwxr-xr-x. 9 root root 146 Nov 16 21:49 Desktop
drwxr-xr-x. 2 root root   6 Dec 10 10:02 f1
drwxr-xr-x. 2 root root   6 Dec 10 10:02 f2
-rwsr--r--. 1 root root  61 Dec 10 10:27 file
-rw-r-sr--. 1 root root  24 Dec 10 10:05 file1
-rw-r--r--. 1 root root  24 Dec 10 10:05 file2
-rwxr-xr-x. 1 root root  67 Dec 24 15:51 myscript.sh
```

图 5.12 alias 的使用

如果希望查看当前 Linux 系统中使用的别名命令,可以直接输入"alias"命令。如果需要取消特定的别名命令,可以使用 unalias 命令。例如,取消 dir 别名可使用如下命令。

```
[root@localhost ~]#unalias dir
```

要使别名在每次登录时都可用,可以将别名定义添加到 Shell 配置文件中,如～/.bashrc 或～/.bash_profile。例如,在～/.bashrc 文件中添加以下行:

```
alias dir ='ls -l'
```

然后运行以下命令应用更改:

```
source ~/.bashrc
```

5.2.4 作业控制

作业控制是指在 UNIX/Linux 操作系统中对在终端中运行的进程(作业)进行管理和控制的一套机制。这包括在前台和后台执行命令,以及对作业的挂起、恢复等操作。

作业控制的常用命令和示例如表 5.3 所示。

表 5.3 作业控制的常用命令和示例

命　　令	示　　例	解　　释
&	command &	将命令放置在后台运行
bg	bg %1	将编号为 1 的作业切换到后台运行
fg	fg %1	将编号为 1 的作业切换到前台运行
jobs	jobs	显示当前终端上运行的作业列表
Ctrl+Z	Ctrl+Z	暂停当前前台作业,并将其放入后台

示例:将 sleep 命令放置在后台运行,等待 10s,如图 5.13 所示。

```
[root@localhost ~]#sleep 10 &
```

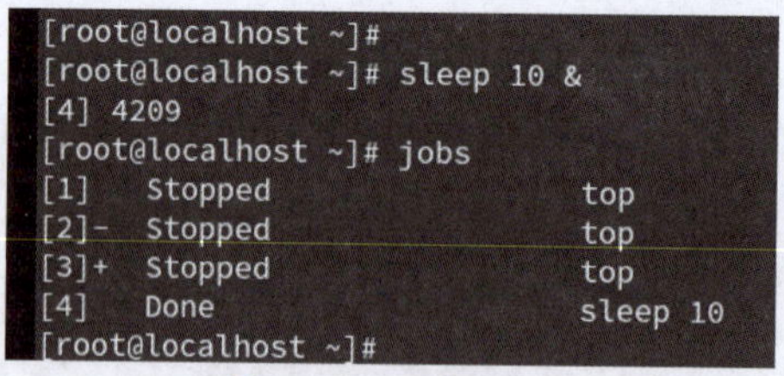

图 5.13 后台运行

当前某个任务在前台运行之后,就无法使用"&"将它投入后台运行,但是可以先使用 Ctrl+Z 组合键暂停该程序,然后在命令提示符下输入"bg"命令,即可将该任务投入后台执行。如果要查看目前系统中正在运行的后台程序,可以使用 jobs 命令。

5.2.5 输入/输出重定向

输入/输出重定向是一种控制命令输入和输出的机制。

在 Linux 系统中,标准输入和输出有以下三种形态。

标准输入(stdin):通常是指键盘。

标准输出(stdout):通常是指将命令执行的结果输出到终端机或屏幕上。

标准错误输出(stderr):是指在命令发生错误时,将其错误信息输出到屏幕上。

重定向(＞和＜)是改写重定向,就是会删除原来的文件,而重定向(＞＞和＜＜)是追加重定向,就是新的内容将被添加到文件原来内容的后面。输入/输出重定向的常用命令以及相关示例和解释如表 5.4 所示。

表 5.4 输入/输出重定向的常用命令

命令	示例	解释
＞	ls ＞ file_list.txt	输出重定向:将 ls 命令的标准输出重定向到名为 file_list.txt 的文件中,如果文件不存在则创建,存在则覆盖
＞＞	echo " Additional content" ＞＞ file_list.txt	输出追加:将文本追加到名为 file_list.txt 的文件的末尾,如果文件不存在则创建
＜	wc -l ＜ file_list.txt	输入重定向:将 file_list.txt 文件的内容作为 wc -l 命令的标准输入,统计行数

示例:将 ls 命令的标准输出重定向到当前目录下的名为 file_list.txt 的文件中,如果文件不存在则创建,存在则覆盖,如图 5.14 所示。

```
[root@localhost ~]#ls > file_list.txt
[root@localhost ~]#more file_list.txt
```

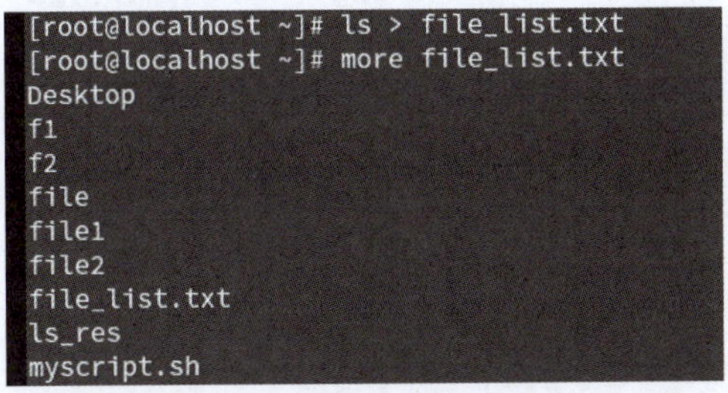

图 5.14 重定向到 ls_res

5.2.6 管道

管道(|)是用于将一个命令的输出传递给另一个命令作为输入。通过使用管道,可以将多个命令串联起来,实现复杂的数据处理任务。

基本语法:

```
command1 | command2
```

示例：使用 cat 命令查看 file_list.txt 的内容输出，然后通过管道 | 将这些内容传递给 head -2 命令。具体操作如图 5.15 所示。

```
[root@localhost ~]#cat file_list.txt | head -2
```

```
[root@localhost ~]#
[root@localhost ~]# cat file_list.txt | head -2
Desktop
f1
[root@localhost ~]#
```

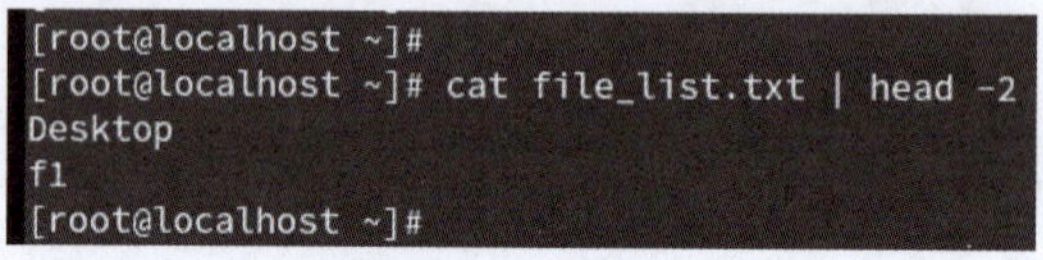

图 5.15　管道

5.2.7　Bash 中的特殊字符

在 Linux 下有一些符号会被 Shell 特殊对待，这些符号可以用来指定特殊的范围或功能，除了前面介绍的以外，如 >、>>、<、<<、| 和 !，还有以下可以在 Shell 中使用的特殊字符。

1. 通配符

通配符是一种用于匹配文件名或路径的字符模式，通常用于命令行中执行操作或查询文件系统。在 UNIX/Linux 系统中，通配符可以帮助用户快速匹配一组文件或目录，具体如表 5.5 所示。

表 5.5　通配符

通配符	含义	示例	匹配的文件名示例
*	匹配任意长度的任意字符（包括零个字符）	*.txt	file.txt，document.txt，backup.txt
?	匹配任意单个字符	file?.txt	file1.txt，fileA.txt
[ ]	匹配方括号内列举的任意一个字符	[aeiou]	apple，orange，umbrella
[-]	匹配指定范围内的字符	[0-9]	file0.txt，file9.txt
{ }	创建一个模式集，匹配其中任意一个模式	{*.txt,*.md}	document.txt，report.md，note.txt

"*"和"?"是 Linux 系统中最常用的两个通配符，在查找字符串的时候，通配符可以代替任意的字符。其中，"?"可以代替任意一个字符，"*"可以代替任意多个字符。

示例：执行"find /etc/ini*"命令就会列出 /etc 目录下所有以 ini 开头的文件名，如图 5.16 所示。

```
[root@localhost ~]#find /etc/ini*
```

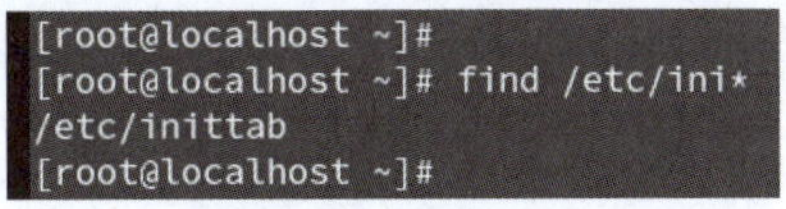

第 5 章　Linux 的 Shell 和自动化程序

图 5.16　通配符"*"

示例：使用通配符"?"查找当前目录的文件，如图 5.17 所示。

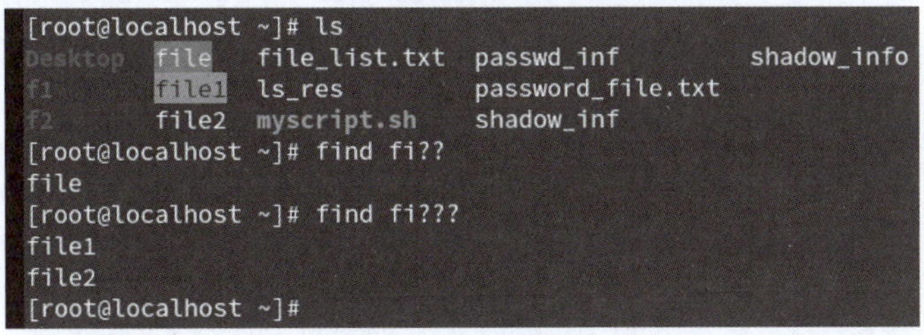

图 5.17　通配符"?"

2. 命令取代符

命令取代符是一种用于嵌套执行命令并将其输出插入其他命令或上下文中的机制，这个机制也被称为命令替换。命令取代符的基本语法、用途及示例如表 5.6 所示。

表 5.6　命令取代符

基本语法	示　　例	用　　途
result=$(command)	current_date=$(date)	获取命令的输出并将其赋值给变量
result=command``	current_date=date``	与 $(command) 相同的语法形式
"$(command)"	"Today is $(date)"	在字符串中嵌套执行命令并插入其输出
$(command1 $(command2))	result=$(ls; wc -l)	执行多个命令并将最后一个命令的结果赋值给变量
$(command)	file_count=$(ls; wc -l)	执行命令并获取结果
result=$(echo "Hello $(whoami)")	Hello $(whoami)	在命令中包含复杂的嵌套结构

命令取代符"`"在 Esc 键下方，与"~"符号在同一个键上。两个"`"符号包围的命令，是该命令行中首先被执行的命令。

示例："echo `date`"命令，首先执行 date 命令，然后使用 echo 来显示 date 命令的结果，而不是显示字符串 date，如图 5.18 所示。

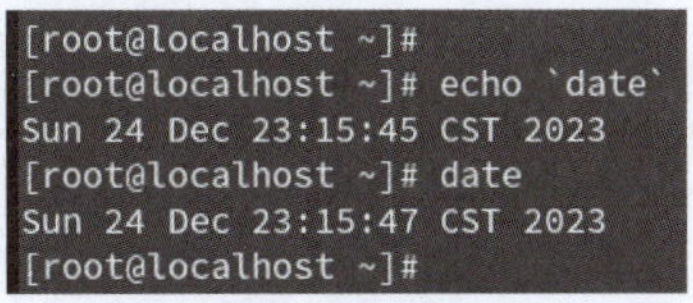

图 5.18　命令取代符"`"

[root@localhost ~]#echo `date`

3. 命令分隔符

命令分隔符用于将多个命令组合在一行上。常见的命令分隔符有两种：分号(；)和双引号中的换行符(\n)，如表 5.7 所示。

表 5.7 命令分隔符

分隔符	基本语法	示 例	用 途
；	command1；command2；command3	ls；pwd；date	在同一行上依次执行多个命令
\n	"command1\ncommand2\ncommand3"	echo " Hello, world!\n Today is $(date).\ nHave a good day!"	在双引号内的换行符组合多个命令，作为整体传递给命令

如果需要执行一连串的命令，可以一次输入这些命令，而在命令之间使用"；"分隔，Linux 的 Shell 会一次解释并执行这些命令。

示例：在 Linux 的终端中，在一行上执行三个不同的命令 ls、pwd 和 date，其过程和结果如图 5.19 所示。

```
[root@localhost ~]#ls；pwd；date
```

```
[root@localhost ~]#
[root@localhost ~]# ls ; pwd ; date
Desktop    file      file_list.txt    passwd_inf            shadow_info
f1         file1     ls_res           password_file.txt
f2         file2     myscript.sh      shadow_inf
/root
Sun 24 Dec 23:38:09 CST 2023
[root@localhost ~]#
```

图 5.19 命令分隔符"；"

4. 注释符

注释符"♯"通常使用在 Linux 的 Shell 脚本程序或应用程序的配置文件中，使用"♯"开头的行为注释行，Shell 在解释该脚本程序的时候不会执行该行，如表 5.8 所示。

表 5.8 注释符

分隔符	基本语法	示 例	用 途
♯	♯ This is a comment	bash echo " Hello, world!" ♯ This is another comment	在行的开头表示整行注释，或在命令之后表示部分注释
；♯	command；♯ This is a comment	echo "This is a command"； ♯ This is another comment	通常用于在命令之后表示部分注释

"♯"用于在行的开头表示整行注释或在命令之后表示部分注释，而"；♯"通常用于在命令之后表示部分注释。注释符如图 5.20 所示。

```
[root@localhost ~]#
[root@localhost ~]# cat myscript.sh
#!/bin/bash
echo "Hello, World! Hello, Linux! Hello, China!"
ls -l
[root@localhost ~]#
```

图 5.20　注释符

5.2.8　正则表达式

正则表达式是一种更强大和灵活的模式匹配工具，用于在文本中进行高级的字符串匹配，如表 5.9 所示。

表 5.9　正则表达式

元素	示例	匹配	用途
.	a.c	abc、adc、aec 等	匹配任意一个字符
*	ab*c	ac、abc、abbc 等	匹配前一个元素零次或多次
+	ab+c	abc、abbc、abbbc 等	匹配前一个元素一次或多次
?	ab?c	ac、abc 等	匹配前一个元素零次或一次
^	^abc	abc(在字符串开头)	匹配字符串的开头
$	abc$	abc(在字符串结尾)	匹配字符串的结尾
[ ]	[aeiou]	a、e、i、o、u	匹配方括号内列举的任意一个字符
( )	(abc|def)	abc 或 def	定义捕获组，匹配其中的一个子表达式
\	\d、\w、\s	数字、单词字符、空白字符	转义字符，用于匹配特殊字符

正则表达式和通配符的区别如下。

（1）通配符主要用于文件名的简单匹配，而正则表达式更适用于文本字符串的高级模式匹配。

（2）通配符语法相对简单，正则表达式语法更为复杂。

（3）正则表达式提供更多的匹配规则和操作符，使其更强大灵活。

5.3　Shell 脚本编程

Shell 脚本程序，简称 Shell 脚本或 Shell 程序，是使用系统提供的命令编写的文本文件，该文件具有可执行的属性，能够帮助系统管理员自动管理系统。

5.3.1　Shell 变量

Shell 程序的语法和其他高级语言程序类似，包括变量、控制结构和函数等。

1. 变量类型与使用

Bash 脚本是一种弱类型（或者说动态类型）的脚本语言。弱类型语言变量使用灵活，但是编程者需要注意对变量当前存储的数据类型的检查。

示例：

```bash
#!/bin/bash
#弱类型示例
#字符串
my_variable="Hello, World!"
#整数
my_variable=42
#数组
my_variable=("apple" "orange" "banana")
#关联数组
declare -A my_associative_array
my_associative_array["name"]="John"
my_associative_array["age"]=30
#打印变量的内容
echo "Variable Content: ${my_variable[@]}"
echo "Associative Array Content: ${my_associative_array[@]}"
```

在这个示例中，my_variable 在不同的时候包含字符串、整数、数组等不同类型的值，而 Bash 会根据赋给它的值来动态确定其类型。

1）变量的声明

在 Bash 中，变量的使用不需要显式声明，或者说赋值就可以认为是变量的声明。通常，给一个变量赋值应采用如下的格式。

```
变量名=值
```

说明：等号两边不能存在分隔符（包括空格、制表位和回车符）。

例如：

```
X1="hello"
X2=80
```

在 Bash 脚本中，变量的声明主要通过给变量分配值来完成，而不需要显式地指定变量的数据类型。以下是一些变量声明的方法，如表 5.10 所示。

表 5.10 Bash 脚本中变量声明

方　　法	语 法 示 例
直接赋值	variable_name＝"Some Value"
使用 read 命令	read -p "Enter a value: " variable_name

第 5 章　Linux 的 Shell 和自动化程序

续表

方　　法	语 法 示 例
命令输出赋值	result＝＄(command)
使用 declare 命令	declare variable_name＝"Some Value"
使用 local 关键字	bash function my_function() { local local_variable＝"Local Value" ♯ … }
使用 export 关键字	export MY_ENV_VARIABLE＝"Some Value"

2）变量的引用

在 Bash 脚本中，变量的引用是指在代码中使用变量的值。在 Bash 中，可以使用"＄"符号来引用变量的值，即"＄变量名"。也可以使用"＄{}"进行更复杂的引用。变量的引用如表 5.11 所示。

表 5.11　变量的引用

引 用 方 式	语 法 示 例
直接引用	greeting＝"Hello，World!" echo ＄greeting
使用 ＄{}	name＝"John" echo "Hello，＄{name}!"
引用数组元素	fruits＝("apple" "orange" "banana") echo "First fruit：＄{fruits[0]}"
引用关联数组元素	declare -A person person["name"]＝"John" person["age"]＝30 echo "Name：＄{person["name"]}，Age：＄{person["age"]}"
引用位置参数	echo "Script name：＄0" echo "First argument：＄1" echo "Number of arguments：＄♯"

示例：Bash 中变量的使用，如图 5.21 所示。各行的说明如下。

图 5.21　Bash 变量的使用

```
[root@localhost ~]#var="hello"
[root@localhost ~]#echo $var ${title:-"zhouqi"}!
hello zhouqi!
```

变量 title 在前面都没有被赋值，所以 ${title:-"zhouqi"} 返回"zhouqi"。

```
[root@localhost ~]#echo $var ${title:+"zhoudake"}!
hello !
```

变量 title 仍然没有被赋值，即不存在，所以 ${title:+"zhoudake"} 返回空值。

```
[root@localhost ~]#echo $var ${title:?"title is null or empty"}!
bash: title: title is null or empty .
```

变量 title 仍然没有被赋值，即不存在，所以 ${title:?"title is null or empty"} 返回了错误信息，即"bash：title：title is null or empty"。

```
[root@localhost ~]#echo $var ${title:="zhouqi and zhoudake"}!
hello zhouqi and zhoudake!
```

到此为止，变量 title 仍然没有被定义，所以 title 被赋值为"zhouqi and zhoudake"，并返回该值。

```
[root@localhost ~]#echo $var ${title:+"somebody"}!
hello somebody!
```

此时变量 title 已经存在，故返回"somebody"。

```
[root@localhost ~]#echo $var ${title:11:8}!
hello zhoudake!
```

此处变量 title 已经存在，且值为 zhouqi and zhoudake，取其第 12 个字符，即"z"开始后面 8 个字符，也就是"zhoudake"。

3）特殊变量

在 Shell 程序中存在一些特殊变量，当 Shell 程序运行时，这些变量能够记录 Shell 程序的命令行参数。这些变量分别是 $0、$1、…、$n，以及 $#、$* 和 $@。其中 $0 存放的是命令行的命令名，$1 存放的是命令行中传递给命令的第一个参数，以此类推，$n 存放的是传递给命令的第 n 个参数。$# 存放传递给命令的参数的个数（不包括命令），$* 和 $@ 均用于存放传递给命令的所有参数，两者的区别在于 $* 把所有的参数作为一个整体，而 $@ 则把所有的参数看作类似于字符串数组一样，可以单独访问这些参数。

常用的特殊变量如表 5.12 所示。

表 5.12 常用的特殊变量

特殊变量	含义和用途	示例
$0	当前脚本的名称	echo "Script name：$0"
$1，$2，…	位置参数，表示脚本或函数的参数	echo "First argument：$1"

续表

特殊变量	含义和用途	示例
$#	传递给脚本或函数的参数的数量	echo "Number of arguments：$#"
$?	上一个命令的退出状态（返回值）。如果命令成功执行，则为 0	echo "Exit status：$?"
$$	当前 Shell 进程的进程 ID(PID)	echo "Process ID：$$"
$!	后台运行的最后一个进程的进程 ID	command & echo "Last background process ID：$!"
$@	所有位置参数的列表（作为一个数组）	echo "All arguments：${@}"
$*	所有位置参数的列表，作为一个单词序列	echo "All arguments：$*"

以下是一个示例，演示了这些特殊变量的使用。执行输出结果如图 5.22 所示。

```
#!/bin/bash
echo "Script name: $0"
echo "First argument: $1"
echo "Number of arguments: $#"
echo "Exit status of the last command: $?"
echo "Process ID of the current shell: $$"
echo "Process ID of the last background command: $!"
echo "All arguments as an array: ${@}"
echo "All arguments as a single word: $*"
```

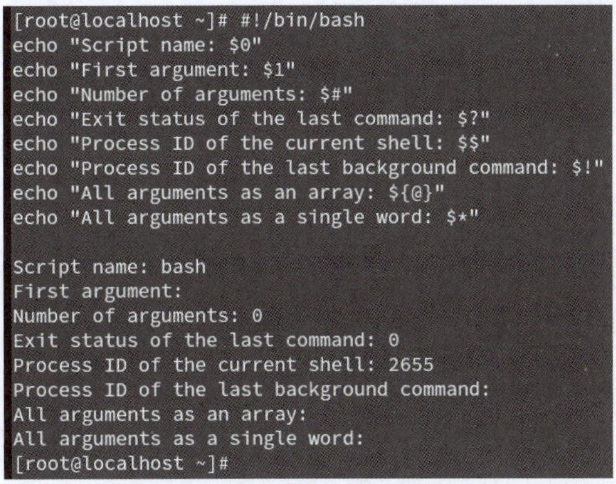

图 5.22 特殊变量的使用

2. Shell 的运算符

Shell 的运算符的使用规则与 C 语言非常类似。Shell 脚本中常用的运算符包括算术运算符、关系运算符、逻辑运算符和位运算符。运算符的简要说明如表 5.13 所示。

表 5.13 Shell 的运算符

运算符	运算符符号	描述	示例
算术运算符	+	加法	result=$((5 + 3))
	-	减法	result=$((5 - 3))
	*	乘法	result=$((5 * 3))
	/	除法	result=$((5 / 3))
	%	取余	result=$((5 % 3))
	**	指数	result=$((5 ** 3))
关系运算符	==	等于	["$a" == "$b"]
	!=或-ne	不等于	["$a" != "$b"]或["$a" -ne "$b"]
	<或-lt	小于	["$a" -lt "$b"]或[["$num1" < "$num2"]]
	>或-gt	大于	["$a" -gt "$b"]或[["$num1" > "$num2"]]
	<=或-le	小于或等于	["$a" -le "$b"]或[["$num1" <= "$num2"]]
	>=或-ge	大于或等于	["$a" -ge "$b"]或[["$num1" >= "$num2"]]
逻辑运算符	&&	逻辑与	["$a" -gt 0] && ["$a" -lt 10]
	||	逻辑或	["$a" -eq 0] \|\| ["$a" -eq 10]
	!	逻辑非	!["$a" -eq "$b"]
位运算符	&	按位与	result=$((5 & 3))
	|	按位或	result=$((7 | 2))
	^	按位异或	result=$((5 ^ 3))
	~	按位取反	result=$((~5))
	<<	左移位	result=$((5 << 1))
	>>	右移位	result=$((5 >> 1))

1) 算术运算符

在 Shell 脚本中,算术运算符用于执行基本的算术运算。以下是一些常用的算术运算符及其综合用法。

```
#!/bin/bash
#定义变量
a=7
b=3
#进行算术运算
sum=$((a + b))
difference=$((a - b))
product=$((a * b))
quotient=$((a / b))
```

```
remainder=$((a % b))
exponentiation=$((a ** b))
#输出结果
echo "a: $a"
echo "b: $b"
echo "Sum: $sum"
echo "Difference: $difference"
echo "Product: $product"
echo "Quotient: $quotient"
echo "Remainder: $remainder"
echo "Exponentiation: $exponentiation"
```

在终端直接执行以上脚本,执行结果如下。

```
a: 7
b: 3
Sum: 10
Difference: 4
Product: 21
Quotient: 2
Remainder: 1
Exponentiation: 343
```

具体操作,如图 5.23 所示。

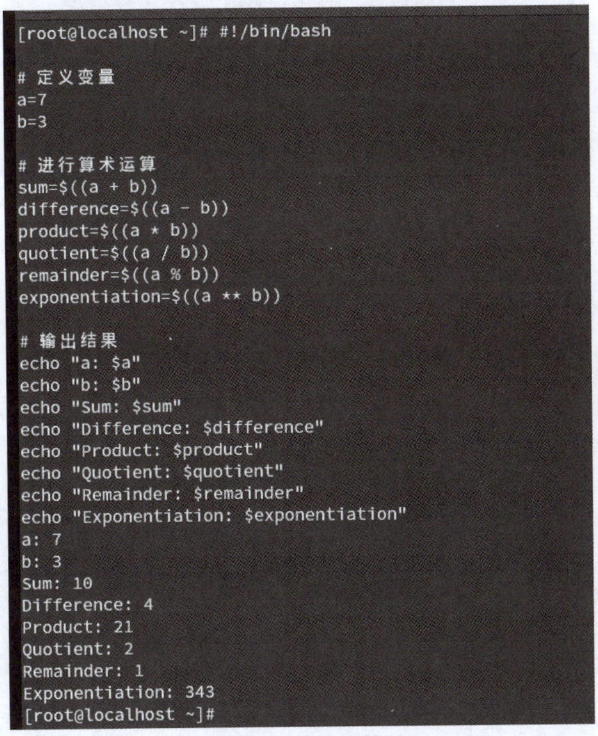

图 5.23　算术运算符

2) 关系运算符

关系运算符用于在 Shell 脚本中进行数值或字符串的比较。以下是一些常见的关系运算符及其用法的综合示例，脚本如下。

```bash
#!/bin/bash
#定义变量
num1=15
num2=20
#使用关系运算符比较
if [ "$num1" -eq "$num2" ]; then
    echo "$num1 is equal to $num2"
elif [ "$num1" -lt "$num2" ]; then
    echo "$num1 is less than $num2"
else
    echo "$num1 is greater than $num2"
fi
```

脚本执行和输出结果如图 5.24 所示。

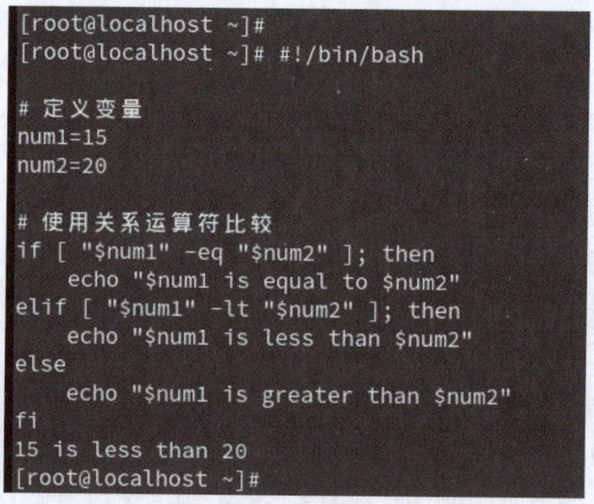

图 5.24　关系运算符

3) 逻辑运算符

逻辑运算符用于在 Shell 脚本中执行逻辑运算，主要包括逻辑与(&&)、逻辑或(||)和逻辑非(!)。以下是这些逻辑运算符的用法示例。

```bash
#!/bin/bash
#定义变量
age=25
is_student=true
#使用逻辑运算符组合条件
if [ "$age" -ge 18 ] && [ "$age" -le 30 ]; then
    echo "Age is between 18 and 30"
else
    echo "Age is not between 18 and 30"
fi
```

```
if [ "$is_student" == true ] || [ "$age" -lt 18 ]; then
    echo "Either a student or under 18 years old"
else
    echo "Not a student and not under 18 years old"
fi
if ! [ "$is_student" == true ]; then
    echo "Not a student"
fi
```

脚本执行和输出结果如图 5.25 所示。

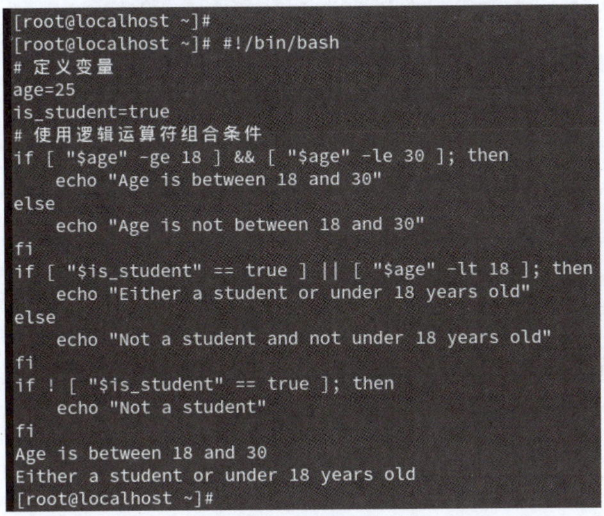

图 5.25　逻辑运算符

4）位运算符

在 Shell 脚本中,位运算符用于在二进制位级别上执行操作。以下是一些常见的位运算符及其用法的综合示例,其脚本如下。

```
#!/bin/bash
#定义变量
num1=5
num2=3
#使用位运算符
bitwise_and=$((num1 & num2))
bitwise_or=$((num1 | num2))
bitwise_xor=$((num1 ^ num2))
bitwise_not=$((~num1))
left_shift=$((num1 << 1))
right_shift=$((num1 >> 1))
#输出结果
echo "Bitwise AND: $bitwise_and"
echo "Bitwise OR: $bitwise_or"
echo "Bitwise XOR: $bitwise_xor"
```

```
echo "Bitwise NOT: $bitwise_not"
echo "Left Shift: $left_shift"
echo "Right Shift: $right_shift"
```

其执行结果和具体操作如图 5.26 所示。

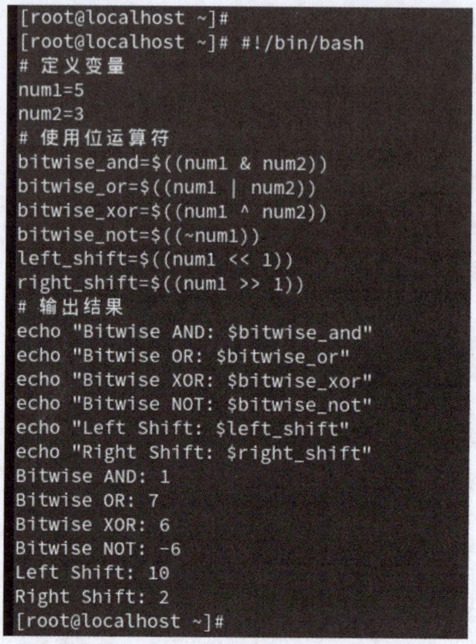

```
[root@localhost ~]#
[root@localhost ~]# #!/bin/bash
# 定义变量
num1=5
num2=3
# 使用位运算符
bitwise_and=$((num1 & num2))
bitwise_or=$((num1 | num2))
bitwise_xor=$((num1 ^ num2))
bitwise_not=$((~num1))
left_shift=$((num1 << 1))
right_shift=$((num1 >> 1))
# 输出结果
echo "Bitwise AND: $bitwise_and"
echo "Bitwise OR: $bitwise_or"
echo "Bitwise XOR: $bitwise_xor"
echo "Bitwise NOT: $bitwise_not"
echo "Left Shift: $left_shift"
echo "Right Shift: $right_shift"
Bitwise AND: 1
Bitwise OR: 7
Bitwise XOR: 6
Bitwise NOT: -6
Left Shift: 10
Right Shift: 2
[root@localhost ~]#
```

图 5.26　位运算符

3. Shell 表达式

Shell 表达式和高级程序语言一样，由运算符和参加运算的操作数构成。操作数通常可以是变量、常量。

利用运算符将变量或常量连接起来就构成了表达式。但是由于在 Bash 中变量和常量没有特定的数据类型，因此在 Bash 中单纯使用一个表达式作为命令或语句是错误的，而必须使用 expr 或 let 命令来指明表达式是一个运算式。expr 命令会先求出表达式的值，然后送到标准输出显示。let 命令会先求出表达式的值，然后赋值给一个变量，而不显示在标准输出上。expr 和 let 命令的使用方法如下。

```
expr    <表达式>
let     <表达式 1>    [表达式 2 …]
```

expr 命令一次携带一个表达式，let 命令一次可以携带多个表达式。在 expr 命令的表达式中使用了数值运算，此时需要用空格将数字运算符与操作数分隔开。另外，如果表达式中的运算符是"<"">""&"" * "及"|"等特殊符号，需要使用双引号、单引号括起来，或将反斜杠(\)放在这些符号的前面。而 let 命令中的多个表达式之间需要用空格隔开，而表达式内部无须使用空格。例如，如下几个表达式：

第 5 章　Linux 的 Shell 和自动化程序

```
expr 3+2
```

操作数 3、2 和运算符＋之间没有空格，此时 Bash 不会报错，而是把 3＋2 作为字符串来处理。

```
expr 3 + 2
```

操作数 3、2 和运算符＋之间有空格，此时 Bash 认为是数字运算，返回 5 送到标准输出设备。

```
expr 3"*"2
```

使用双引号将操作符"＊"括起来，此时 Bash 返回乘积 6。

```
let s=(2+3) * 4
```

s 结果为 5＊4＝20。

在 Shell 脚本中，表达式通常用于进行条件判断和数值计算。常见的 Shell 表达式的类型有数值比较表达式、字符串比较表达式、逻辑表达式、算术表达式、文件测试表达式等，如表 5.14 所示。

表 5.14　Shell 表达式

表达式类型	描述	示例
数值比较表达式	使用关系运算符进行数值比较	bash if ["＄a" -eq "＄b"]; then echo "a is equal to b"; fi
字符串比较表达式	使用关系运算符进行字符串比较	bash if ["＄string1" = "＄string2"]; then echo "Strings are equal"; fi
逻辑表达式	使用逻辑运算符组合条件	bash if ["＄value1" -gt 5] && ["＄value2" -lt 30]; then echo "Both conditions are true"; fi
算术表达式	使用算术运算符进行数值计算	bash result = ＄((5 + 3)); echo "Sum: ＄result"
文件测试表达式	使用文件测试运算符进行文件存在性检查	bash if [-e "＄file_path"]; then echo "File exists"; fi

1）数值比较表达式

数值比较表达式在 Shell 脚本中使用关系运算符来比较数字。

综合示例，脚本如下。

```
#!/bin/bash
#定义变量
num1=15
num2=20
#使用数值比较表达式
if [ "$num1" -eq "$num2" ]; then
```

```
    echo "$num1 is equal to $num2"
elif [ "$num1" -lt "$num2" ]; then
    echo "$num1 is less than $num2"
else
    echo "$num1 is greater than $num2"
fi
#使用不等于条件
if [ "$num1" -ne "$num2" ]; then
    echo "$num1 is not equal to $num2"
fi
#使用大于或等于条件
if [ "$num1" -ge "$num2" ]; then
    echo "$num1 is greater than or equal to $num2"
fi
```

执行结果和具体操作如图 5.27 所示。

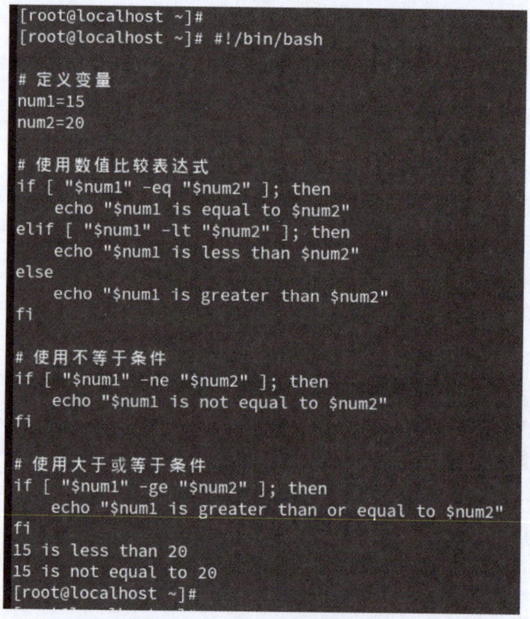

图 5.27 数值比较表达式

2) 字符串比较表达式

字符串比较表达式在 Shell 脚本中使用关系运算符来比较字符串。

综合示例，脚本如下。

```
#!/bin/bash
#定义字符串变量
string1="Hello"
string2="World"
#使用字符串比较表达式
if [ "$string1" = "$string2" ]; then
```

```
    echo "Strings are equal"
else
    echo "Strings are not equal"
fi
#使用不等于条件
if [ "$string1" != "$string2" ]; then
    echo "Strings are not equal"
fi
#使用按字典顺序比较
if [ "$string1" \< "$string2" ]; then
    echo "$string1 comes before $string2"
else
    echo "$string1 comes after or is equal to $string2"
fi
#使用字符串为空条件
empty_string=""
if [ -z "$empty_string" ]; then
    echo "String is empty"
fi
#使用字符串不为空条件
non_empty_string="Hello"
if [ -n "$non_empty_string" ]; then
    echo "String is not empty"
fi
```

执行结果和具体操作如图 5.28 所示。

```
[root@localhost ~]# #!/bin/bash
# 定义字符串变量
string1="Hello"
string2="World"  表达式
# 使用字符串比较表达式ring2" ]; then
if [ "$string1" = "$string2" ]; then
    echo "Strings are equal"
elseecho "Strings are not equal"
    echo "Strings are not equal"
fi使用不等于条件
# 使用不等于条件!= "$string2" ]; then
if [ "$string1" != "$string2" ]; then
    echo "Strings are not equal"
fi使用按字典顺序比较
# 使用按字典顺序比较$string2" ]; then
if [ "$string1" \< "$string2" ]; thenng2"
    echo "$string1 comes before $string2"
elseecho "$string1 comes after or is equal to $string2"
    echo "$string1 comes after or is equal to $string2"
fi使用字符串为空条件
# 使用字符串为空条件
empty_string=""_string" ]; then
if [ -z "$empty_string" ]; then
    echo "String is empty"
fi使用字符串不为空条件
# 使用字符串不为空条件o"
non_empty_string="Hello"ng" ]; then
if [ -n "$non_empty_string" ]; then
    echo "String is not empty"
fi
Strings are not equal
Strings are not equal
Hello comes before World
String is empty
String is not empty
[root@localhost ~]#
```

图 5.28　字符串比较表达式

3）逻辑表达式

逻辑表达式在 Shell 脚本中使用逻辑运算符来组合条件。

综合示例：该脚本演示了如何使用逻辑与（&&）、逻辑或（||）和逻辑非（!）来构建复杂的条件判断，脚本如下。

```bash
#!/bin/bash
#定义变量
age=25
is_student=true
#使用逻辑运算符组合条件
if [ "$age" -ge 18 ] && [ "$age" -le 30 ]; then
    echo "Age is between 18 and 30"
else
    echo "Age is not between 18 and 30"
fi
if [ "$is_student" == true ] || [ "$age" -lt 18 ]; then
    echo "Either a student or under 18 years old"
else
    echo "Not a student and not under 18 years old"
fi
if ! [ "$is_student" == true ]; then
    echo "Not a student"
fi
```

执行结果和操作过程如图 5.29 所示。

```
[root@localhost ~]#
[root@localhost ~]# #!/bin/bash
# 定义变量
age=25
is_student=true
# 使用逻辑运算符组合条件
if [ "$age" -ge 18 ] && [ "$age" -le 30 ]; then
    echo "Age is between 18 and 30"
else
    echo "Age is not between 18 and 30"
fi
if [ "$is_student" == true ] || [ "$age" -lt 18 ]; then
    echo "Either a student or under 18 years old"
else
    echo "Not a student and not under 18 years old"
fi
if ! [ "$is_student" == true ]; then
    echo "Not a student"
fi
Age is between 18 and 30
Either a student or under 18 years old
[root@localhost ~]#
```

图 5.29 逻辑表达式

4）算术表达式

算术表达式在 Shell 脚本中使用算术运算符进行数值计算。

综合示例：该脚本演示了如何进行多个算术运算并输出结果，脚本如下。

```
#!/bin/bash
#定义变量
num1=15
num2=7
#使用算术表达式
sum=$((num1 + num2))
difference=$((num1 - num2))
product=$((num1 * num2))
quotient=$((num1 / num2))
remainder=$((num1 % num2))
#输出结果
echo "Sum: $sum"
echo "Difference: $difference"
echo "Product: $product"
echo "Quotient: $quotient"
echo "Remainder: $remainder"
```

执行结果和执行过程如图 5.30 所示。

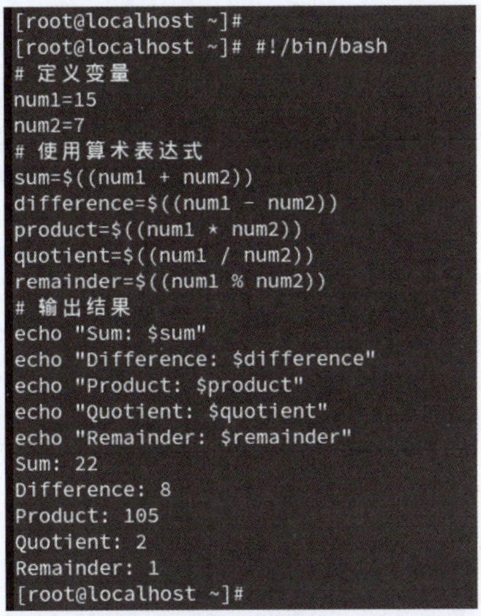

图 5.30 算术表达式

5）文件测试表达式

文件测试表达式用于在 Shell 脚本中检查文件的属性和状态。

综合示例：该脚本演示了如何使用不同的文件测试表达式来检查文件的属性和状态，脚本如下。

```
#!/bin/bash
#定义文件和目录路径
file_path="/path/to/file.txt"
dir_path="/path/to/directory"
script_path="/path/to/script.sh"
#文件存在性检查
```

```bash
if [ -e "$file_path" ]; then
    echo "File exists: $file_path"
else
    echo "File does not exist: $file_path"
fi
# 文件类型检查
if [ -f "$file_path" ]; then
    echo "File is a regular file: $file_path"
else
    echo "File is not a regular file: $file_path"
fi
# 目录存在性检查
if [ -d "$dir_path" ]; then
    echo "Directory exists: $dir_path"
else
    echo "Directory does not exist: $dir_path"
fi
# 文件可读性检查
if [ -r "$file_path" ]; then
    echo "File is readable: $file_path"
else
    echo "File is not readable: $file_path"
fi
# 文件可写性检查
if [ -w "$file_path" ]; then
    echo "File is writable: $file_path"
else
    echo "File is not writable: $file_path"
fi
# 文件可执行性检查
if [ -x "$script_path" ]; then
    echo "File is executable: $script_path"
else
    echo "File is not executable: $script_path"
fi
```

操作过程及结果如图 5.31 所示。

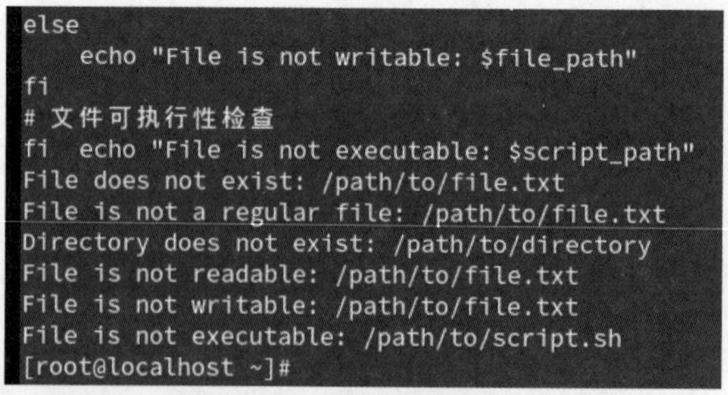

图 5.31 文件测试表达式

4. 条件判断

在 Bash 脚本中,条件判断是实现基本控制流程的关键部分。Bash 支持多种条件判断结构,有 if 语句、if-else 语句、if-elif-else 语句、case 语句、使用双方括号 [[…]] 和使用双圆括号 ((…)) 等,如表 5.15 所示。

表 5.15 条件判断

结 构	描 述	示 例
if	单一条件判断	bash if ["$var" -eq 42]; then echo "Variable is 42."; fi
if-else	二选一条件判断	bash if ["$status" == "success"]; then echo "Operation succeeded."; else echo "Failed."; fi
if-elif-else	多选一条件判断	bash if ["$grade" -ge 90]; then echo "Excellent"; elif ["$grade" -ge 80]; then echo "Good"; else echo "Needs improvement"; fi
case	多分支条件判断,类似于 switch 语句	bash case "$option" in 1) echo "Option 1 selected";; 2) echo "Option 2 selected";; *) echo "Invalid option";; esac
[[…]]	使用双方括号进行条件判断,支持高级条件测试和模式匹配	bash if [["$string" == "Hello" && "$number" -gt 10]]; then echo "Condition is true"; fi
((…))	使用双圆括号进行算术运算和条件判断,支持数值比较和逻辑运算	bash if ((count > 5)); then echo "Count is greater than 5."; fi

示例:脚本接收用户输入,判断用户输入的目录是否存在并且可写,然后根据条件执行不同的操作。

```bash
#!/bin/bash
#提示用户输入目录名
read -p "请输入一个目录名:" directory
#检查目录是否存在并且可写
if [ -d "$directory" ]; then
    if [ -w "$directory" ]; then
        echo "目录 '$directory' 存在且可写。"
        
        #如果需要,可以在这里执行额外的操作
        #例如,在目录中创建一个文件
        touch "$directory/test_file.txt"
        echo "在目录中创建了一个测试文件。"
    
    else
        echo "目录 '$directory' 存在但不可写。"
    fi
else
    echo "目录 '$directory' 不存在。"
```

```
fi
#脚本结束
```

在这个脚本中:
- 用户被提示输入目录名。
- 脚本检查输入的目录是否存在(-d 条件)。
- 如果目录存在,进一步检查它是否可写(-w 条件)。
- 根据条件,脚本输出相应的消息并执行额外的操作,例如,在目录中创建一个测试文件。

执行以上脚本,提示"请输入一个目录名:",这时输入需要检测的目录,如/root 目录,其执行检测结果如图 5.32 所示。

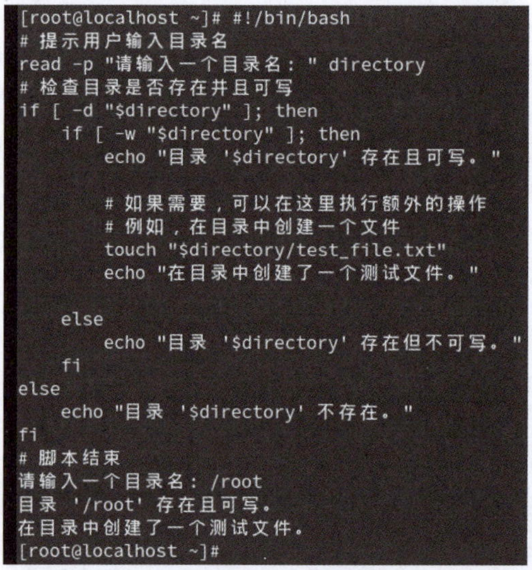

```
[root@localhost ~]# #!/bin/bash
# 提示用户输入目录名
read -p "请输入一个目录名: " directory
# 检查目录是否存在并且可写
if [ -d "$directory" ]; then
    if [ -w "$directory" ]; then
        echo "目录 '$directory' 存在且可写。"

        # 如果需要,可以在这里执行额外的操作
        # 例如,在目录中创建一个文件
        touch "$directory/test_file.txt"
        echo "在目录中创建了一个测试文件。"

    else
        echo "目录 '$directory' 存在但不可写。"
    fi
else
    echo "目录 '$directory' 不存在。"
fi
# 脚本结束
请输入一个目录名: /root
目录 '/root' 存在且可写。
在目录中创建了一个测试文件。
[root@localhost ~]#
```

图 5.32 条件判断

条件测试的结果只有真或假两种。需要注意的是,这里"真"的数值表示为 0,"假"的数值表示为非 0,与表达式的真值以及 C 语言的真值刚好相反。

在 Bash 中条件测试的使用方法是,利用 test 命令或一对方括号[]包含条件测试表达式,这两种方法是等价的。它们的格式如下。

```
test cond_expr
```

或

```
[ cond_expr ]
```

注意:利用一对方括号时,左右的方括号与表达式之间都必须存在空格。

cond_expr 是需要测试的条件表达式,可以是以下几种情况。

(1) 文件存取属性测试:包括文件类型、文件的访问权限等。

（2）字符串属性测试：包括字符串长度、内容等。

（3）整数关系测试：包括大小比较、相等判断等。

（4）上述三种关系通过逻辑运算（与、或、非）的组合。

示例：使用文件测试命令。利用Shell提供的文件测试命令测试文件的属性，如图5.33所示。

```
[root@localhost ~]#ls -l
[root@localhost ~]#test -w myscript.sh
[root@localhost ~]#echo $?
[root@localhost ~]#[ -d d1 -a -w d1 ]
[root@localhost ~]#echo $?
```

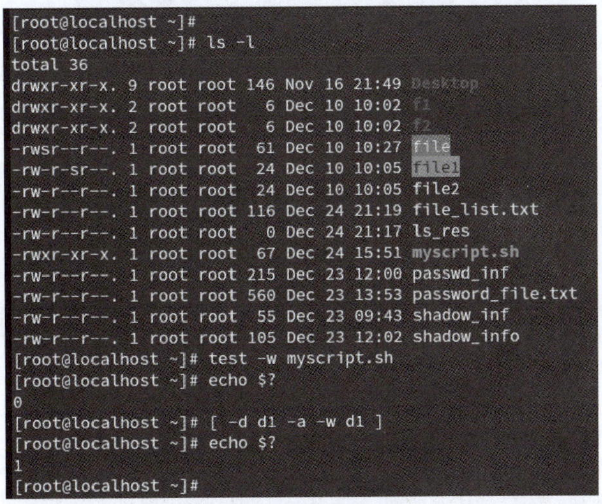

```
[root@localhost ~]#
[root@localhost ~]# ls -l
total 36
drwxr-xr-x. 9 root root 146 Nov 16 21:49 Desktop
drwxr-xr-x. 2 root root   6 Dec 10 10:02 f1
drwxr-xr-x. 2 root root   6 Dec 10 10:02 f2
-rwsr--r--. 1 root root  61 Dec 10 10:27 file
-rw-r-sr--. 1 root root  24 Dec 10 10:05 file1
-rw-r--r--. 1 root root  24 Dec 10 10:05 file2
-rw-r--r--. 1 root root 116 Dec 24 21:19 file_list.txt
-rw-r--r--. 1 root root   0 Dec 24 21:17 ls_res
-rwxr-xr-x. 1 root root  67 Dec 24 15:51 myscript.sh
-rw-r--r--. 1 root root 215 Dec 23 12:00 passwd_inf
-rw-r--r--. 1 root root 560 Dec 23 13:53 password_file.txt
-rw-r--r--. 1 root root  55 Dec 23 09:43 shadow_inf
-rw-r--r--. 1 root root 105 Dec 23 12:02 shadow_info
[root@localhost ~]# test -w myscript.sh
[root@localhost ~]# echo $?
0
[root@localhost ~]# [ -d d1 -a -w d1 ]
[root@localhost ~]# echo $?
1
[root@localhost ~]#
```

图5.33 文件属性测试

首先使用test命令测试myscript.sh是否存在且可写，从ls -l命令返回的结果看，确实是myscript.sh文件存在且可写的，所以“echo $?”命令返回0表示真。然后又使用方括号测试d1是不是目录以及是否可写，从ls -l命令的返回来看，d1同样是目录且可写的，所以返回真。其中，“$?”表示引用变量“?”，而变量“?”是一个特殊变量，可以返回紧邻的前驱命令的返回值。

示例：利用Shell提供的字符串测试命令进行字符串测试，如图5.34所示。

```
[root@localhost ~]#root_home="/root"
[root@localhost ~]#zhouqi_home="/home/zhouqi"
[root@localhost ~]#[ $root_home = $zhouqi_home ]
[root@localhost ~]#echo $ ?
```

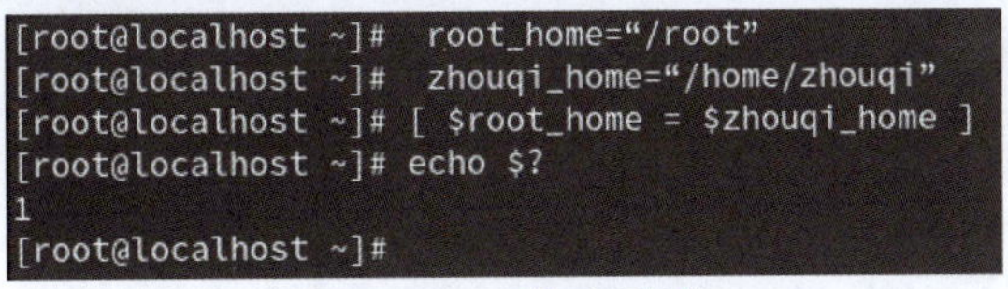

```
[root@localhost ~]#  root_home="/root"
[root@localhost ~]#  zhouqi_home="/home/zhouqi"
[root@localhost ~]# [ $root_home = $zhouqi_home ]
[root@localhost ~]# echo $?
1
[root@localhost ~]#
```

图5.34 字符串测试

例中首先定义了 root_home 变量,值为/root,定义变量 zhouqi_home,值为/home/zhouqi,然后测试这两个字符串变量的值是否相等,结果为 1 表示不相等。

示例:数值关系测试如图 5.35 所示。

```
[root@localhost ~]#va1=300
[root@localhost ~]#va2=400
[root@localhost ~]# [ $va1 -eq $va2 ]
[root@localhost ~]#echo $?
[root@localhost ~]#test $va1 -lt $va2
[root@localhost ~]#echo $?
```

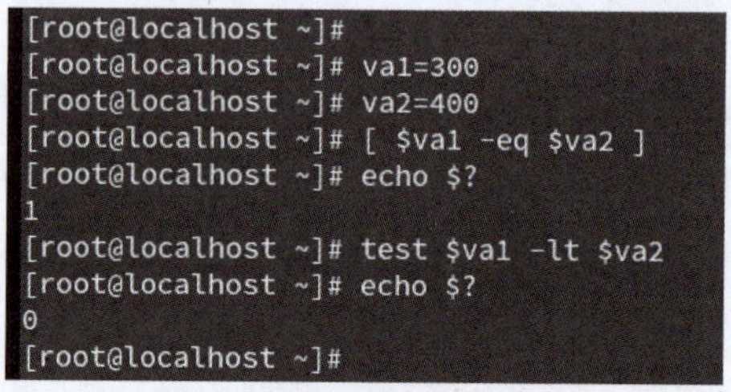

图 5.35 数值关系测试

首先定义变量 va1,值为 300,定义变量 va2,值为 400,接着测试 va1 的值是否等于 va2 的值。返回值为 1,表示这两个变量不等。然后又测试 va1 是否小于 va2,返回值为 0,表示 va1 的值小于 va2。

5.3.2 Shell 控制结构

Shell 程序的控制结构是用于改变 Shell 程序执行流程的结构。在 Shell 程序的执行过程中,可以根据某个条件的测试值来选择程序执行的路径。在 Shell 程序中,控制结构可以简单地分为分支结构和循环结构两类。Bash 支持的分支结构有 if 结构和 case 结构,支持的循环结构有 for 结构、while 结构和 until 结构。它们的使用方法与 C 语言等高级程序设计语言中相应的结构类似。

1. if 分支结构

if 结构是最常用的分支结构,其格式如下。

```
if 条件测试 1 ;
then
    command_list_1
[elif 条件测试 2 ;
then
    command_list_2 ]
[else
    command_list_3 ]
fi
```

其中，方括号部分为可选部分。当"条件测试 1"为真时，执行 command_list_1，否则如果存在 elif 语句，则测试"条件测试 2"，如果为真，执行 command_list_2。如果 elif 语句不存在或"条件测试 2"为假，则执行 command_list_3。条件测试部分一般可以是 test 或[]修饰的条件表达式。

示例：根据前面例子用户输入的目录名称判断该目录是否存在，如果存在则进入该目录，否则测试同名文件是否存在，如果存在，则退出 Shell 程序，否则新建同名目录，并进入该目录。

```
#!/bin/bash
#an example script of if
clear
echo "input a directory name, please!"
read dir_name
#测试$dir_name目录是否存在
if [ -d $dir_name ] ;
then
    cd $dir_name > /dev/null 2>$1
    echo "$dir_name has already existed,enter directory succeed"
#测试是否存在与$dir_name同名的文件
elif [ -f $dir_name ] ;
then
    echo "file: $dir_name has already existed,create directory failed"
    exit
else
    mkdir $dir_name > /dev/null 2>$1
    cd $dir_name
    echo "$dir_name has not existed,create and enter directory succeed"
fi
```

执行过程如图 5.36 所示。

图 5.36　if 分支结构

在该例中，"cd ＄dir_name ＞ /dev/null 2＞＄1"表示 cd 命令可能产生的标准输出信息和标准错误输出信息重定向到一个空设备/dev/null，从而实现隐藏 cd 命令错误输出的功能。"mkdir ＄dir_name ＞ /dev/null 2＞＄1"命令行的作用类似。由于 Linux 不允许在同一目录下存在同名的文件和目录，所以如果＄dir_name 不存在时，还要测试是否有同名的文件存在，然后才能新建该目录。

说明：then 命令可以和 if 结构写在同一行，但是如果 then 命令和 if 结构在同一行时，then 命令的前面一定要有一个分号，且分号与条件测试表达式之间用空格隔开。

2. case 分支结构

if 结构用于存在两种分支选择的情况下，当程序存在多个分支的选择时，如果使用 if 结构，就必须使用多个 elif 结构，从而使得程序的结构冗余，此时可以选择使用 case 结构。case 结构可以帮助程序灵活地完成多路分支的选择，而且程序结构直观、简洁。case 分支结构的格式如下。

```
case expr
模式 1）
command_list_1
    ;;
[模式 2）
    command_list_2
    ;;
...
* ）
    command_list_n
    ;; ]
esac
```

其中，expr 可以是变量、表达式或 Shell 命令等，模式为 expr 的取值。通常一个模式可以是 expr 的多种取值，使用或（|）连接。模式中还可以使用通配符，星号（*）表示匹配任意字符值，问号（?）表示匹配任意一个字符，[..]可以匹配某个范围内的字符。

在 case 分支结构中，首先计算 expr 的值，然后根据求得的值查找匹配的模式，接着执行对应模式后面的命令序列，执行完成后，退出 case 结构。需要注意的是，在 case 结构的命令序列后面需要使用双分号（;;）分隔下一个模式。

示例：使用 case 语句编写程序，根据上网地址的不同为计算机设置不同的 IP 地址参数。

```
#!/bin/bash
#an example script of case
clear
echo "please enter current location(home,h,H,office,o,O):"
read nettype
case $nettype in
    home|h|H )
        /sbin/ifconfig eth0 192.168.0.118 netmask 255.255.255.0
        /sbin/route add default gw 192.168.0.1
        ;;
    office|o|O)
        /sbin/ifconfig eth0 192.168.1.58 netmask 255.255.255.0
        /sbin/route add default gw 192.168.1.1
        ;;
    *)
```

```
                echo "input error!"
                exit
                ;;
esac
echo "Success!!!"
```

执行结果如图 5.37 所示。

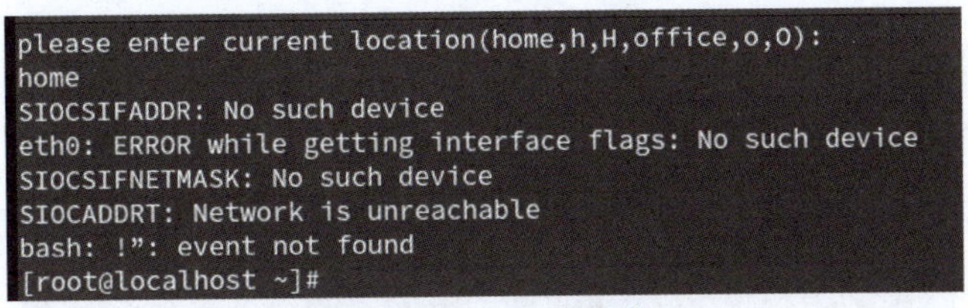

```
please enter current location(home,h,H,office,o,O):
home
SIOCSIFADDR: No such device
eth0: ERROR while getting interface flags: No such device
SIOCSIFNETMASK: No such device
SIOCADDRT: Network is unreachable
bash: !": event not found
[root@localhost ~]#
```

图 5.37　case 分支结构

本例中，如果用户输入 home、h 或 H，则表示上网地点是在家中，此时 IP 地址为 192.168.0.118，网络掩码为 24，默认网关为 192.168.0.1。如果用户输入 office、o 或 O，则表示上网地点是在办公室内，此时 IP 地址为 192.168.1.58，网络掩码为 24，默认网关为 192.168.1.1。其他的输入无效，并给出提示"input error!"。其中，ifconfig 和 route 命令在后面的章节中将详细介绍。

3. for 循环结构

for 循环用于预先知道循环执行次数的程序段中，它是最常用的循环结构之一。for 的格式如下。

```
for var [ in value_list ]
do
    command_list
done
```

其中，value_list 是变量 var 需要取到的值，随着循环的执行，变量 var 需要依次从 value_list 中的第一个值，取到最后一个值。do 和 done 结构之间的 command_list 是循环需要执行的命令序列，变量 var 每取一个值都会循环执行一次 command_list 中的命令。同样，方括号部分为可选部分，如果省略了该部分，Bash 会从命令行参数中为 var 取值，即等同于"in $@"。

示例：使用 for 语句编写程序，向系统添加 20 个用户，其名称分别是 student1、student2、…、student20。

```
#!/bin/bash
#an example script of for
for i in [ 1 - 20 ]
do
    if [ -d /home/student$i ]   ; then
```

```
                echo "the directory /home/student$i exist."
                echo "the content of directory /home/student$i is moved to /home/stu$i"
                mv student$i stu$i
        fi
        adduser student$i > /dev/null 2>$1
        echo "student$i" |passwd usr$i$j --stdin
        echo "user add succeed,the home directory is: /home/student$i"
done
```

执行结果如图 5.38 所示。

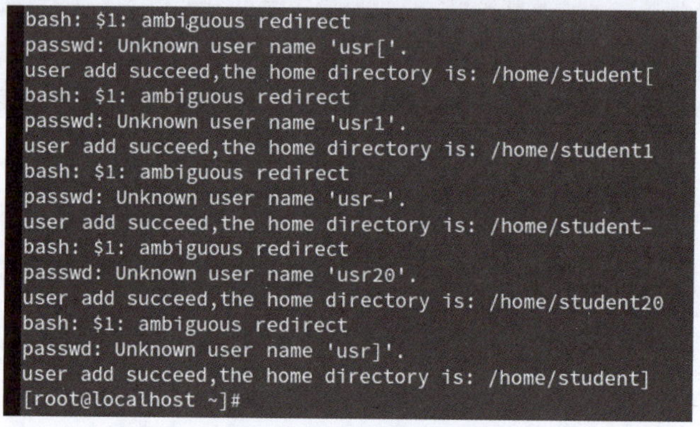

```
bash: $1: ambiguous redirect
passwd: Unknown user name 'usr['.
user add succeed,the home directory is: /home/student[
bash: $1: ambiguous redirect
passwd: Unknown user name 'usr1'.
user add succeed,the home directory is: /home/student1
bash: $1: ambiguous redirect
passwd: Unknown user name 'usr-'.
user add succeed,the home directory is: /home/student-
bash: $1: ambiguous redirect
passwd: Unknown user name 'usr20'.
user add succeed,the home directory is: /home/student20
bash: $1: ambiguous redirect
passwd: Unknown user name 'usr]'.
user add succeed,the home directory is: /home/student]
[root@localhost ~]#
```

图 5.38　for 循环结构

由于在 Linux 中 adduser 命令会在/home 目录下创建与用户同名的子目录作为用户的主目录，所以，该例程首先检查/home 目录下是否存在与 student1、student2、…、student20 同名的子目录，如果存在则将其重命名为 stu1、stu2、…、stu20，然后再执行创建用户的任务，并且用户的初始口令与用户名相同。

4. while 和 until 循环结构

while 和 until 循环结构的功能基本相同，主要用于循环次数不确定的场合。while 的格式如下。

```
while expr
do
    command_list
done
```

until 的格式如下。

```
until expr
do
    command_list
done
```

执行以上脚本时，将会循环执行，可以使用 Ctrl＋C 组合键结束执行。

从格式上看,二者的使用方法完全相同,但是二者对循环体执行的条件恰恰相反。在 while 循环中,只有 expr 的值为真时,才执行 do 和 done 之间的循环体,直到 expr 取值为假时退出循环。而在 until 循环中,只有 expr 的值为假时,才执行 do 和 done 之间的循环体,直到 expr 取值为真时退出循环。

从上面的 while 和 until 循环的执行流程可以看出,expr 的取值直接决定 command_list 的执行与否以及能否正常退出循环,因此通常在命令序列 command_list 中都存在修改 expr 取值的命令。否则 while 和 until 就无法退出 command_list 的执行循环,从而陷入死循环。通常,同一个问题如果可以使用 while 循环,就可以使用 until 循环。

示例:while 和 until 循环结构示例,如表 5.16 所示。

表 5.16　while 和 until 循环结构示例

while 循环示例	until 循环示例
#!/bin/bash #an example script of while clear loop=0	#!/bin/bash #an example script of until clear loop=0
while［ $loop -le 10 ］	until［ $loop -gt 10 ］
do 　let loop=$loop+1 　echo "the loop current value is:$loop" done	do 　let loop=$loop+1 　echo "the loop current value is:$loop" done
整个过程会输出从 1 到 11 的循环次数。这是一个简单的计数循环示例,演示了 while 循环的基本用法	整个过程会输出从 1 到 11 的循环次数。这是一个简单的计数循环示例,演示了 until 循环的基本用法。请注意,until 循环是在条件为假时执行,与 while 循环相反

上面两段程序都是完成对循环变量 loop 加 1 的任务,两段程序的输出结果完全相同。对比两个程序可以发现,只有循环条件的设置不同。

5.3.3　Shell 函数

和其他的高级程序设计语言一样,在 Bash 中也可以定义使用函数。函数是一个语句块,它能够完成独立的功能,而且在需要的时候可以被多次使用。利用函数,Shell 程序将具有相同功能的代码块提取出来,实现程序代码的模块化。在程序需要修改的时候,只需要修改被调用的函数,减少了程序调试和维护的强度。

在 Bash 中,函数需要先定义后使用。函数定义的语法如下。

```
function function_name {
    #函数体
    #可以包含多个命令
    #...
}
```

```
#或者使用简化的语法
function_name() {
    #函数体
    #可以包含多个命令
    #...
}
#调用函数
function_name    #可以传递参数给函数
```

其中，function 表示下面定义的是一个 Shell 函数，可以省略。function_name 就是定义的函数名。{}内部的命令集合就是实现函数功能的命令序列，称为函数体。函数一旦定义就可以被多次调用，而且函数调用的方法与 Shell 命令的方法完全一致。函数调用的格式如下。

```
function_name [arguments]
```

其中，function_name 是被调用的函数名，arguments 是调用时传递给函数的参数，是传递给函数的参数列表，可以有零个或多个参数，参数之间用空格分隔。函数调用时是否需要传递参数，由函数的定义和功能决定。如果函数确实需要传递参数，此时可以使用 $0、$1、…、$n，以及 $#、$* 和 $@ 这些特殊变量。其中，$0 存放的是命令行的命令名（也就是执行的 Shell 脚本名），$1 存放的是命令行中传递给命令的第一个参数，以此类推，$n 存放的是传递给命令的第 n 个参数。$# 为传递给命令的参数的个数（不包括命令），$* 和 $@ 均用于存放传递给命令的所有参数，两者的区别在于 $* 把所用的参数作为一个整体，而 $@ 则把所有的参数看作类似于字符串数组一样，可以单独访问这些参数。

示例：向 Bash 函数传递参数。在 Bash 脚本中定义函数，然后在该脚本中通过命令行传递参数。

```
#!/bin/bash
#an example script of function
#fun1 函数定义
function fun1() {
    echo "Your command is: $0 $* "
    echo "Number of parameters ( \$#) is: $#"
    echo "Script file name ( \$0 ) is: $0"
    echo "Parameters ( \$* ) is: $* "
    echo "Parameters ( \$* ) is: $* "
    count=1
    for param in "$@"; do
        echo "Parameter ( \$$count ) is: $param"
        let count=$count+1
    done
}
```

```
clear
fun1 "$@"
```

本例通过命令行参数 $0 向函数 fun1 传递执行的命令名，通过 $*给函数 fun1 传递所有的命令行参数；通过 $♯给函数 fun1 传递命令行参数的个数；通过 $@访问命令行中的每个参数。

直接在终端执行上述脚本，执行结果如图 5.39 所示。

图 5.39　Bash 函数传递参数 1

如果该例程保存为 demo.sh，可以采用如下的命令行方式运行，执行前需确保 demo.sh 有执行权。

```
[root@localhost ~]#chmod +x demo.sh
[root@localhost ~]#./demo.sh hello red hat linux
```

此时，$0 存放"./demo"，$*和 $@都存放"hello red hat linux"，$♯参数为 4。执行结果如图 5.40 所示。

图 5.40　Bash 函数传递参数 2

函数的返回值用来给函数的调用者带回特定的变量值，Shell 程序中的函数也可以有返回值，使用 return 命令可以从函数返回值。一般函数正常结束时返回真，即 0，否则返回假，即非 0 值。return 使用的格式如下。

```
return [expr]
```

若 expr 存在，0 表示程序正常结束，非 0 值表示程序出错。如果 expr 省略，则以函数的最后一条命令的执行状态作为返回值。另外，测试函数的返回值的方法可以使用和 Shell 命令的返回值相同的方法，既可以使用测试 $？值，也可以采用直接测试命令函数的返回值。

在命令提示符下输入如下命令开启 sh 程序的跟踪模式，这样 sh 程序在解释执行 addusers.sh 脚本的时候，将启用单步执行的方式，如图 5.41 所示。

图中给出了 adduser.sh 脚本每步运行的结果,可以很好地判断程序执行的情况。

```
[root@localhost ~]#
[root@localhost ~]# sh -x myscript.sh
+ echo 'Hello, World! Hello, Linux! Hello, China!'
Hello, World! Hello, Linux! Hello, China!
+ ls -l
total 40
-rwxr-xr-x. 1 root root 420 Dec 26 00:44 demo.sh
drwxr-xr-x. 9 root root 146 Nov 16 21:49 Desktop
drwxr-xr-x. 2 root root   6 Dec 10 10:02 f1
drwxr-xr-x. 2 root root   6 Dec 10 10:02 f2
-rwsr--r--. 1 root root  61 Dec 10 10:27 file
-rw-r-sr--. 1 root root  24 Dec 10 10:05 file1
-rw-r--r--. 1 root root  24 Dec 10 10:05 file2
-rw-r--r--. 1 root root 116 Dec 24 21:19 file_list.txt
-rw-r--r--. 1 root root   0 Dec 24 21:17 ls_res
-rwxr-xr-x. 1 root root  67 Dec 24 15:51 myscript.sh
-rw-r--r--. 1 root root 215 Dec 23 12:00 passwd_inf
-rw-r--r--. 1 root root 560 Dec 23 13:53 password_file.txt
-rw-r--r--. 1 root root  55 Dec 23 09:43 shadow_inf
-rw-r--r--. 1 root root 105 Dec 23 12:02 shadow_info
-rw-r--r--. 1 root root   0 Dec 25 19:24 test_file.txt
[root@localhost ~]#
```

图 5.41 sh 跟踪模式

5.4 Shell 自动化脚本实例

5.4.1 系统备份脚本

此 Shell 脚本示例用于创建系统备份。该脚本将指定的目录备份到一个指定的目标目录,并在备份文件中添加时间戳。将/root/f1 目录的内容备份到/root/f2 下,脚本如下。

```
#!/bin/bash
#源目录,需要备份的目录
source_directory="/root/f1"
#目标目录,备份文件将存储在这里
backup_directory="/root/f2"
#在备份文件中添加时间戳
timestamp=$(date +"%Y%m%d_%H%M%S")
#创建备份文件名
backup_file="backup_${timestamp}.tar.gz"
#创建目标目录(如果不存在)
mkdir -p "$backup_directory"
#执行备份
tar -czvf "${backup_directory}/${backup_file}" -C "${source_directory}" .
#检查备份是否成功
if [ $? -eq 0 ]; then
  echo "备份成功: ${backup_directory}/${backup_file}"
else
  echo "备份失败"
fi
```

注意,需要替换 source_directory 和 backup_directory 的值为实际的源目录和目标目录,如/root/f1 和/root/f2,并确保源目录是存在的。脚本使用 tar 命令将源目录打包为一个 gzip 压缩的 tar 文件,并将其保存到目标目录中。备份文件的名称包含时间戳,以确保每次运行脚本都创建一个唯一的备份文件。另外,在脚本执行备份期间,如果出现错误信息"tar:.: file changed as we read it",表示目录的内容发生了变化,或有其他进程在修改或添加文件,导致 tar 在读取目录时无法保持一致性。因此在备份之前应暂停对源目录的写入操作,同时避免源备份文件在源文件的子目录下,但可以在同一目录。

可以将该脚本保存为文件(例如,backup_script.sh),并通过给予执行权限后运行它,具体命令操作如下。

```
[root@localhost ~]#ls
[root@localhost ~]#ls f2
[root@localhost ~]#vi backup_script.sh
[root@localhost ~]#chmod +x backup_script.sh
[root@localhost ~]#./backup_script.sh
[root@localhost ~]#ls f2
```

执行效果如图 5.42 所示。

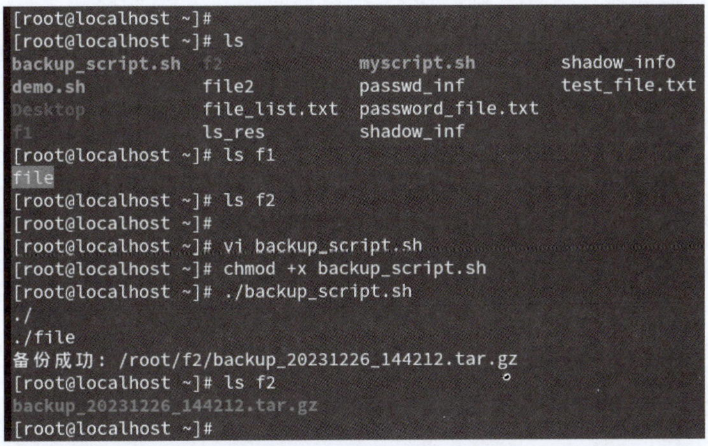

图 5.42 系统备份脚本实例

请谨慎使用备份脚本,并确保了解脚本的功能,以适应系统和需求。此示例脚本是一个简单的起点,可能需要根据实际需求进行修改和扩展。

5.4.2 日志分析脚本

以下是 Shell 日志分析脚本示例,用于分析日志文件,可以包括统计特定关键词的出现次数或显示最近的日志条目。

首先要确认需要分析的日志文件,可以使用 ls 命令查看日志目录,确认日志文件是否存在,如图 5.43 所示。

根据图 5.43,本案例选取 secure 日志文件进行分析,/var/log/secure 是一个常见的

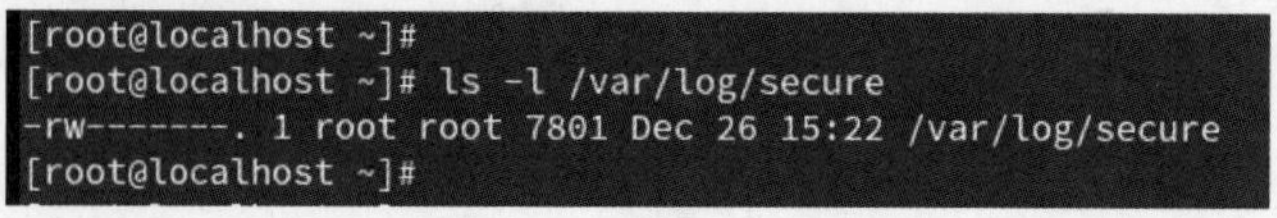

```
[root@localhost ~]#
[root@localhost ~]# ls -l /var/log/secure
-rw-------. 1 root root 7801 Dec 26 15:22 /var/log/secure
[root@localhost ~]#
```

图 5.43　查看日志文件

系统日志文件,记录了与系统安全相关的信息。该文件通常包含用户的登录和注销事件、sudo 记录、SSH 登录信息等。然后可以进行脚本编写,具体的脚本如下。

```bash
#!/bin/bash
#日志文件路径
log_file="/var/log/secure"
#统计特定关键词的出现次数
function count_keyword() {
  keyword=$1
  count=$(grep -c "$keyword" "$log_file")
  echo "关键词 '$keyword' 出现次数: $count"
}
#显示最近的日志条目
function show_recent_logs() {
  lines=$1
  tail -n "$lines" "$log_file"
}
#主菜单
function main_menu() {
  echo "=== 日志分析脚本 ==="
  echo "1. 统计关键词出现次数"
  echo "2. 显示最近的日志条目"
  echo "3. 退出"
}
#处理用户输入
while true; do
  main_menu
  read -p "选择一个操作 (1/2/3): " choice
  case $choice in
    1)
      read -p "输入要统计的关键词: " keyword
      count_keyword "$keyword"
      ;;
    2)
      read -p "输入要显示的最近日志的行数: " lines
      show_recent_logs "$lines"
      ;;
    3)
      echo "退出脚本"
      exit 0
      ;;
    *)
      echo "无效的选择,请重新输入"
```

```
            ;;
    esac
done
```

具体操作和执行效果如图 5.44 所示。

```
[root@localhost ~]#vi log_analysis.sh
[root@localhost ~]#chmod +x log_analysis.sh
[root@localhost ~]#./log_analysis.sh
```

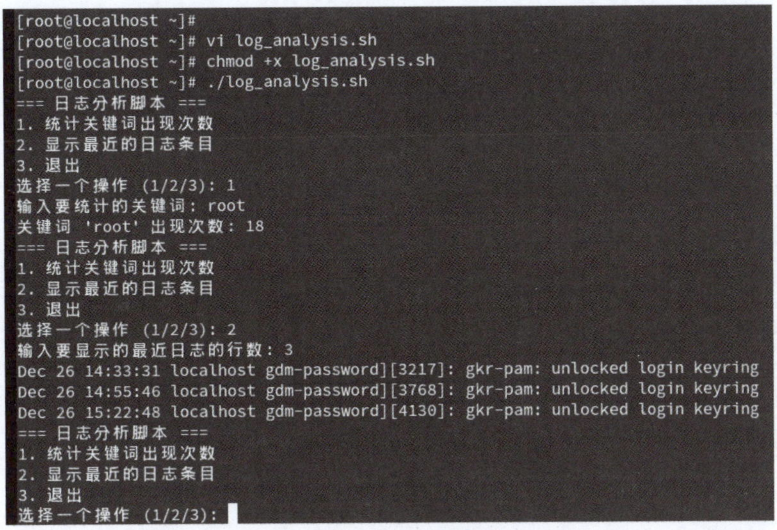

图 5.44　日志分析脚本

5.4.3　用户管理脚本

本示例是一个简单的 Shell 用户管理（交互式）脚本示例，用于基本的用户管理，包括创建用户、删除用户和修改密码。请注意，执行此脚本需要管理员权限。脚本如下：

```
#!/bin/bash
#用户管理脚本
echo "=== 用户管理脚本 ==="
while true; do
    echo "1. 创建新用户"
    echo "2. 删除用户"
    echo "3. 修改用户密码"
    echo "4. 列出所有用户"
    echo "5. 退出"
    read -p "请选择操作 (1/2/3/4/5): " choice
    case $choice in
        1)
            read -p "输入新用户名: " new_username
```

```
            sudo adduser "$new_username"
            echo "用户 $new_username 创建成功"
            ;;
        2)
            read -p "输入要删除的用户名：" username_to_delete
            sudo deluser "$username_to_delete"
            echo "用户 $username_to_delete 删除成功"
            ;;
        3)
            read -p "输入要修改密码的用户名：" username_to_modify
            sudo passwd "$username_to_modify"
            echo "用户 $username_to_modify 密码修改成功"
            ;;
        4)
            echo "所有用户列表："
            cut -d: -f1 /etc/passwd
            ;;
        5)
            echo "退出脚本"
            exit 0
            ;;
        *)
            echo "无效的选择,请重新输入"
            ;;
    esac
done
```

具体操作和执行结果如图 5.45 所示。

```
[root@localhost ~]#vi user.sh
[root@localhost ~]#chmod +x user.sh
[root@localhost ~]#./user.sh
```

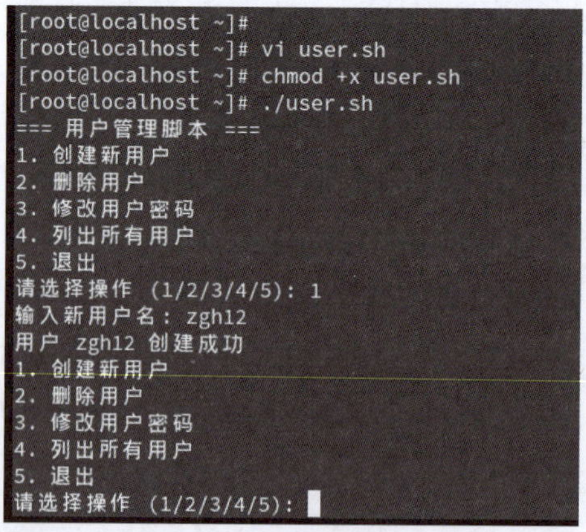

图 5.45 用户管理脚本实例

5.4.4 网络监控脚本

本实例是一个简单的 Shell 网络监控脚本示例,用于进行基本的网络监控。该脚本使用 ping 命令检测指定主机的可达性,并记录结果。若主机不能联网,可将监控的目标主机设为本机 IP:127.0.0.1。若主机已联网,可将 target_host 的值改为目标网址,如 www.gdrtvu.edu.cn 或 www.baidu.com。为达到测试效果,将测试休眠时间设置为 5s。脚本如下。

```bash
#!/bin/bash
#网络监控脚本
#监控的目标主机
target_host="www.baidu.com"
#日志文件路径
log_file="/var/log/network_monitor.log"
echo "=== 网络监控脚本 ==="
while true; do
    #获取当前时间
    current_time=$(date +"%Y-%m-%d %T")
    #使用 ping 测试目标主机的可达性
    ping_result=$(ping -c 1 "$target_host")
    #提取 ping 结果中的丢包率
    packet_loss=$(echo "$ping_result" | grep -oP '(\d+(?:\.\d+)?)% packet loss' | cut -d'%' -f1)
    #写入日志文件
    echo "[$current_time] 丢包率: $packet_loss%" >> "$log_file"
    #打印结果到终端
    echo "[$current_time] 丢包率: $packet_loss%"
    #休眠 5s 后再次测试
    sleep 5
done
```

具体操作和执行效果如图 5.46 所示。

```
[root@localhost ~]#vi network_test.sh
[root@localhost ~]#chmod +x network_test.sh
[root@localhost ~]#./network_test.sh
```

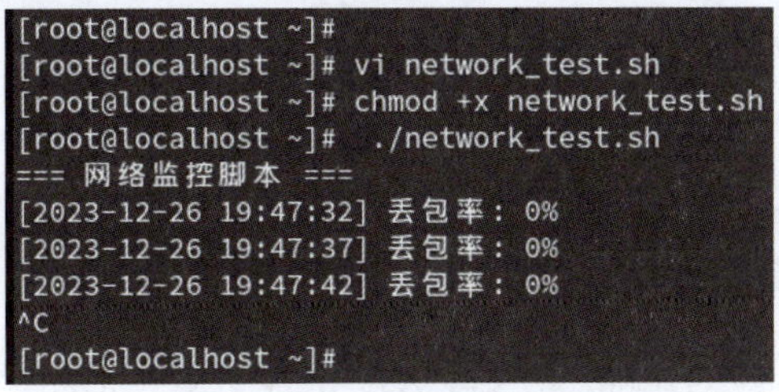

图 5.46 Shell 网络监控实例

5.4.5　任务自动化

1. crontab 命令介绍

cron(crontab 的简写)是一个用于在固定时间、日期或间隔内执行指定命令或脚本的定时任务工具。其基本语法为

```
cron [-u user] file
```

其中，-u user 指定要为其执行 crontab 的用户。通常用于 root 用户来设置系统级别的定时任务。以下是一些基本的 crontab 命令，如表 5.17 所示。

表 5.17　crontab 命令

选项	描述
crontab -e	编辑当前用户的 crontab 文件
crontab -l	列出当前用户的 crontab 文件内容
crontab -r	移除当前用户的 crontab 文件
crontab -u username -e	以指定用户的身份编辑 crontab 文件
crontab -u username -l	列出指定用户的 crontab 文件内容
crontab -u username -r	移除指定用户的 crontab 文件
crontab file	将文件内容作为新的 crontab 文件安装
crontab -l -u username	列出指定用户的 crontab 文件内容
crontab -r -u username	移除指定用户的 crontab 文件
crontab -u username file	将文件内容作为指定用户的新 crontab 文件

crontab 文件格式：

```
m h dom mon dow command
```

其中：
m：分钟(0~59)。
h：小时(0~23)。
dom：月份中的某一天(1~31)。
mon：月份(1~12)。
dow：星期几(0~6,0 表示星期日)。
command：要执行的命令或脚本。

2. crontab 命令自动化任务

使用 crontab 命令，计划每隔 1h 自动执行 network_test.sh 一次定时任务，以测试网络的连通性。network_test.sh 脚本文件是 5.4.4 节编辑好的。具体操作如下。

第 5 章 Linux 的 Shell 和自动化程序

终端使用 crontab -e 命令,这时默认使用 vi 编辑器编辑用户的 crontab(临时)文件,并输入内容:

```
*/30 * * * * /root/network_test.sh
```

编辑过程如图 5.47 所示。

```
[root@localhost ~]# crontab -e
```

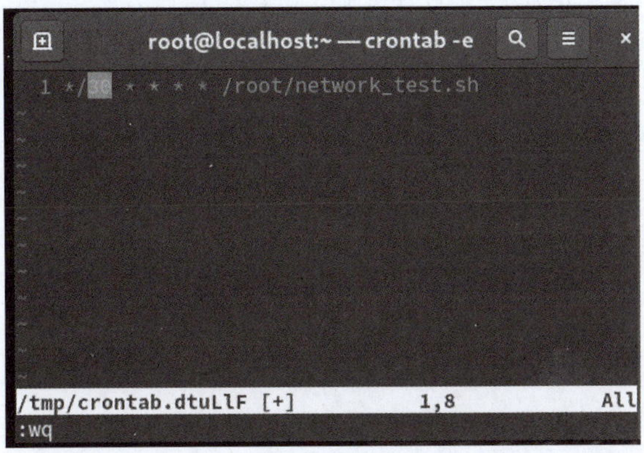

图 5.47　crontab -e 命令编辑 crontab(临时)文件

注意:当运行 crontab -e 时,实际上是在编辑一个临时文件,而不是直接编辑系统文件。一旦保存并退出编辑器,系统会将这个临时文件安装为用户的 crontab 文件。

输入内容后,保存退出。使用 crontab -l 命令,查看当前用户的 crontab 文件中定义的所有定时任务。隔 30min 后,查看任务的执行日志,确认自动化计划任务是否已按要求执行。具体操作如图 5.48 所示。

```
[root@localhost ~]# crontab -e
[root@localhost ~]# crontab -l
[root@localhost ~]# cat /var/log/cron | grep network_test.sh
```

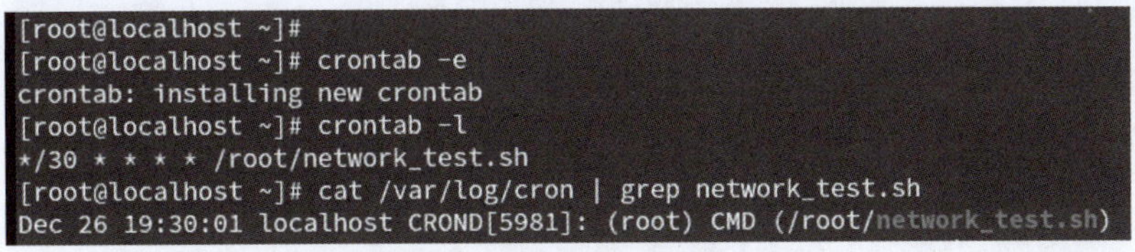

图 5.48　crontab 命令自动化任务

习　题

1. 列出当前系统可以使用的 Shell,并且给出这些 Shell 程序的位置。
2. 用"history n"命令,列出系统最近执行的 10 条命令,并执行其中 1 条记录。

3. 在 Linux 中显示当前目录的内容命令是"ls -l"。自己定义一个别名来代替 ls -l，然后再取消别名。

4. 用户自定义一个命令投入后台运行。

5. 先使用 ls 命令查看/etc/xinetd.d 的内容，然后将查看结果重定向到 ls_zdx 文件中，并查看此文件。

6. 创建一个 Shell 程序，并输出"how are you!!"。

7. 简述 Shell 的概念、类型及功能特点。

8. 列举并说明查看 Shell 类型的方法和 Shell 的切换方法。

9. 逐步说明如何创建和执行简单的 Shell 程序。

10. 简述 Bash 的功能特性。

11. Shell 的环境变量是什么？如何设置和使用它们？

12. 在条件判断中，列出并解释 Shell 的条件语句。

13. crontab 命令如何用于自动化任务？

第 6 章 进程管理

在多道程序系统中,可能同时有多个运行的程序,其共享资源,相互制约和依赖,轮流使用 CPU,表现出复杂的行为特性。而进程是为描述并发程序的执行过程而引入的概念,进程管理就是对并发程序的运行过程的管理,也就是对处理器的管理。其功能是跟踪和控制所有进程的活动,分配和调度 CPU,协调进程的运行步调。其目标是最大限度地发挥 CPU 的处理能力,提高进程的运行效率。

6.1 进程与程序

进程(Process)是计算机科学中的一个基本概念,它是程序执行的实例。在操作系统中,进程是程序在执行过程中分配和管理资源的基本单位。每个进程都有自己的地址空间、代码、数据和系统资源的副本,它们独立运行,互不干扰。在早期面向进程设计的计算机结构中,进程是程序的基本执行实体;在当代面向线程设计的计算机结构中,进程是线程的容器。程序是指令、数据及其组织形式的描述,进程是程序的实体。

6.1.1 程序

1. 程序的顺序执行

如果程序的各操作步骤之间是依序执行的,程序与程序之间是串行执行的,这种执行程序的方式就称为顺序执行。顺序执行是单道程序系统中的程序的运行方式。

2. 程序的并发执行

单道程序、封闭式运行是早期操作系统的标志,而多道程序并发运行是现代操作系统的基本特征。由于同时有多个程序在系统中运行,使系统资源得到充分的利用,系统效率大大提高。程序的并发执行是指若干个程序或程序段同时运行。它们的执行在时间上是重叠的,即同一程序或不同程序的程序段可以交叉执行。

3. 并发执行的潜在问题

程序在并发执行时会导致执行结果的不可再现性,这是多道程序系统必须解决的问题。下面用一个例子说明并发执行过程对运行结果的影响,从而了解产生问题的原因。

示例:某学校使用程序控制来显示某门选修课还未选的空闲数(设允许选择也可以退选)。空闲数用一个计数器 D 记录。学生已选时执行程序 A,学生退选此门课时执行程序 B,它们都要更新同一个计数器 D。程序 A 和程序 B 的片段如图 6.1 所示。

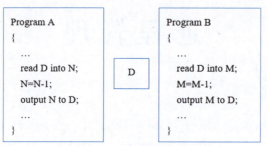

图 6.1　程序并发示例

完整的可执行脚本如下。

```bash
#!/bin/bash
#初始空闲数计数器 D
D=50
#程序 A:学生选课时执行
select_course() {
    #假设其他选课逻辑…
        #更新空闲数计数器 D
    D=$((D - 1))
    echo "选课成功,空闲数更新为: $D"
}
#程序 B:学生退选课时执行
drop_course() {
    #假设其他退选课逻辑…
        #更新空闲数计数器 D
    D=$((D + 1))
    echo "退选课成功,空闲数更新为: $D"
}
#测试,模拟学生选课和退选课
echo "初始空闲数为: $D"
#模拟学生选课
select_course
#模拟学生退选课
    drop_course
```

将以上脚本直接在终端执行,或保存为 course_control.sh 文件再执行,具体操作如图 6.2 所示。

```
[root@localhost ~]#vi course_control.sh
[root@localhost ~]#chmod +x course_control.sh
[root@localhost ~]#export PATH="/root:$PATH"
```

```
[root@localhost ~]#source  ~/.bashrc
[root@localhost ~]#course_control.sh
```

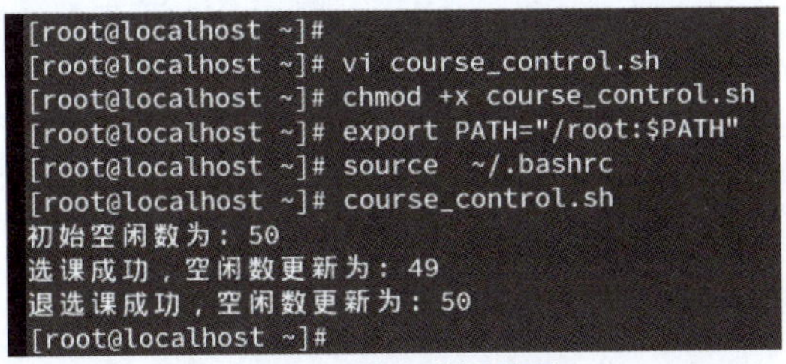

图 6.2 学生选课控制

上述示例中,选课脚本执行似乎不存在任何问题,但其实存在并发执行的潜在问题:在并发执行环境中,多个进程或线程可能同时访问和修改共享的资源,这可能导致竞争条件和不一致性。在这个脚本中,全局变量 D 是一个共享的计数器,而 select_course 和 drop_course 函数对它进行了修改。

潜在问题包括:①竞争条件,如果多个学生同时调用 select_course 或 drop_course 函数,可能导致竞争条件,即多个操作试图同时修改 D,而且最终结果可能不确定;②不一致性,由于没有使用同步机制,例如锁,多个线程可能在同一时间内读取和写入 D,导致不一致的计数器值。想要解决这些问题,可以考虑使用同步机制来确保对 D 的访问是原子的,例如,使用互斥锁。在 Bash 中,使用 flock 命令可以实现简单的锁定。但在复杂的并发场景中,可能需要使用更高级的同步机制和并发编程模型。

更新计数器 D 的操作对应的机器语言有三个步骤:读取内存 D 单元的数据到一个寄存器中,修改寄存器的数值,然后再将其写回 D 单元中。

由于学生选课的时间是随机的,程序 A 与程序 B 的运行时间也就是不确定的。当同时有学生选课和有学生退选发生时,将使两个程序在系统中并发运行。它们各运行一次后计数器 D 的值应保持不变。但结果可能不是如此。

如果两个程序在运行时顺序进行,即一个程序对 D 进行更新的操作是在另一个程序的更新操作全部完成之后才开始,则 D 被正确地更新了。如果两个程序在运行时穿插地进行,即当一个程序正在更新 D,更新操作还未完成时,CPU 发生了切换,另一个程序被调度运行,并且也对 D 进行更新。在这种情况下会导致错误的结果。

可以看出,导致 D 更新错误的原因是两个程序交叉地执行了更新 D 的操作。概括地说,当多个程序在访问共享资源时的操作是交叉执行时,则会发生对资源使用的错误,如表 6.1 和表 6.2 所示。

表 6.1 两个程序顺序访问 D,更新正确

时间	T0	T1	T2	T3	T4	T5
程序 A	D→N	N−1	N→D			
程序 B				D→M	M+1	M→D
D 的值	100	100	99	99	99	100

表 6.2 两个程序交叉访问 D,更新错误

时间	T0	T1	T2	T3	T4	T5
程序 A	D→N			N−1	N→D	
程序 B		D→M	M+1			M→D
D 的值	100	100	100	100	99	101

6.1.2 进程的概念

进程的概念最早出现在 20 世纪 60 年代中期,此时操作系统进入多道程序设计时代。多道程序并发显著地提高了系统的效率,但同时也使程序的执行过程变得复杂而不确定。为了更好地研究、描述和控制并发程序的执行过程,操作系统引入了进程的概念。进程概念对于理解操作系统的并发性有着极为重要的意义。

1. 进程

进程是一个可并发执行的程序在某数据集上的一次运行。简单地说,进程就是程序的一次运行过程。进程是计算机科学中的一个基本概念,它代表着正在运行的程序的实例。进程是操作系统中的一个独立单位,负责执行程序代码、管理资源以及与其他进程进行通信。

进程与程序的概念既相互关联又相互区别。程序是进程的一个组成部分,是进程的执行文本,而进程是程序的执行过程。两者的关系可以比喻为电影与胶片的关系:胶片是静态的,是电影的放映素材。而电影是动态的,一场电影就是胶片在放映机上的一次"运行"。对进程而言,程序是静态的指令集合,可以永久存在;而进程是一个动态的过程实体,动态地产生、发展和消失。

此外,进程与程序之间也不是一一对应的关系,表现在:一个进程可以顺序执行多个程序,如同一场电影可以连续播放多部胶片一样;一个程序可以对应多个进程,就像一部胶片可以放映多场电影一样。程序的每次运行就对应了一个不同的进程。更重要的是,一个程序还可以同时对应多个进程。比如系统中只有一个 vi 程序,但它可以被多个用户同时执行,编辑各自的文件。每个用户的编辑过程都是一个不同的进程。

2. 进程的特性

进程与程序的不同主要体现在进程有一些程序所没有的特性。要真正理解进程,首先应了解它的基本性质。进程具有如表 6.3 所示的几个基本特性。

表 6.3 进程的特性

特性	描述
独立性	进程是独立的执行实体,一个进程的执行不影响其他进程的运行
并发性	多个进程可以同时执行,提高了系统的整体吞吐量和效率

续表

特 性	描 述
动态性	进程的状态可以动态地发生变化,如从就绪状态切换到运行状态
有限状态	进程可以处于有限的状态,如就绪、运行、阻塞等状态
独立的地址空间	每个进程都有自己独立的内存空间,不同进程之间互不干扰
隔离性	进程之间相互隔离,一个进程的错误通常不会影响其他进程
并行性	进程可以在多核系统中并行执行,提高整体系统的性能
有序性	进程的执行是有序的,按照特定的顺序和优先级执行
动态分配资源	进程可以动态地分配和释放系统资源,如内存、CPU 时间等
同步和通信	进程之间可以通过同步和通信机制进行数据交换和合作

3. 进程的生命周期和状态

1) 进程的生命周期

进程的生命周期描述了一个进程从创建到终止的整个过程,通常可以分为 2、5、7 个阶段模型。

2 个阶段模型:运行(RN)和非运行(NR)。

5 个阶段模型:创建(C)、就绪(R)、运行(RN)、阻塞(B)和终止(T)。

7 个阶段模型:创建(C)、就绪(R)、运行(RN)、阻塞(B)、唤醒(W)、终止(T)和等待(WT)。

以下是进程的生命周期(7 个阶段),如表 6.4 所示。

表 6.4 进程的生命周期

阶段代号	阶段	描 述	事 件 触 发
C	创建	进程正在被创建,分配必要的资源,但尚未执行	操作系统调用创建进程的系统调用
R	就绪	进程已经准备好执行,等待被调度	进程被创建、从阻塞状态唤醒、时间片用完等
RN	运行	进程正在 CPU 上执行指令	进程从就绪状态被调度到运行状态
B	阻塞	进程因等待某个事件而被阻塞,例如,等待输入/输出操作完成	等待输入/输出、等待资源等事件发生
W	唤醒	阻塞的进程被唤醒,可以切换到就绪状态	阻塞的事件发生,如输入/输出完成、资源可用等
T	终止	进程已经完成执行,或者由于某种原因被终止	进程执行完毕、被操作系统或其他进程终止
WT	等待	进程等待某个条件满足,可能需要等待其他进程的操作完成	进程发起等待操作,等待条件满足时转移到就绪状态

2) 进程的状态

在多道系统中,进程的个数总是多于 CPU 的个数,因此它们需要轮流地占用 CPU。

从宏观上看,所有进程同时都在向前推进;而在微观上,这些进程是在走走停停之间完成整个运行过程的。为了刻画一个进程在各个时期的动态行为特征,通常采用状态图模型。

进程有 5 个基本的状态如表 6.5 所示。

表 6.5 进程的状态

进程状态	描述
创建	进程正在被创建,分配必要的资源,但尚未执行
就绪	进程已经准备好执行,等待被调度
运行	进程正在 CPU 上执行指令
阻塞	进程因等待某个事件而被阻塞,例如,等待输入/输出操作完成
终止	进程已经完成执行,或者由于某种原因被终止

3) 进程生命周期与状态的联系和区别

(1) 联系。

创建与新建或就绪状态:创建阶段表示进程正在被创建,但尚未执行,与新建或就绪状态有关。

就绪与就绪状态:就绪阶段表示进程已准备好执行,等待被调度,对应就绪状态。

运行与运行状态:运行阶段表示进程正在 CPU 上执行指令,对应运行状态。

阻塞与阻塞状态:阻塞阶段表示进程因等待某个事件而被阻塞,对应阻塞状态。

唤醒与就绪状态:唤醒阶段表示阻塞的进程被唤醒,可以切换到就绪状态。

(2) 区别。

就绪与运行:进程在就绪状态表示它已经准备好执行,等待调度,而在运行状态表示进程正在执行。

阻塞与等待:阻塞状态表示进程因等待某个事件而被阻塞,而等待阶段表示进程等待某个条件满足,可能需要等待其他进程的操作完成,如表 6.6 所示。

表 6.6 进程生命周期与状态的联系和区别

生命周期阶段	描述	状态
创建	进程正在被创建,分配必要的资源,但尚未执行	创建或就绪
就绪	进程已经准备好执行,等待被调度	就绪
运行	进程正在 CPU 上执行指令	运行
阻塞	进程因等待某个事件而被阻塞,例如,等待输入/输出操作完成	阻塞
唤醒	阻塞的进程被唤醒,可以切换到就绪状态	就绪
终止	进程已经完成执行,或者由于某种原因被终止	终止
等待	进程等待某个条件满足,可能需要等待其他进程的操作完成	阻塞或就绪

4. 进程状态的转换

进程诞生之初是处于就绪状态,在其随后的生存期间内不断地从一个状态转换到另一个状态,最后在运行状态结束。如图 6.3 所示是一个进程的状态转换图。

引起状态转换的原因如下。

运行态→等待态:正在执行的进程因为等待某事件而无法执行下去,例如,进程申请某种资源,而该资源恰好被其他进程占用,则该进程将交出 CPU,进入等待状态。

等待态→就绪态:处于等待状态的进程,当其所申请的资源得到满足,则系统将资源分配给它,并将其状态变为就绪态。

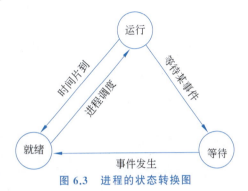

图 6.3 进程的状态转换图

运行态→就绪态:正在执行的进程的时间片用完了,或者有更高优先级的进程到来,系统会暂停该进程的运行,使其进入就绪态,然后调度其他进程运行。

就绪态→运行态:处于就绪状态的进程,当被进程调度程序选中后,即进入 CPU 运行。此时该进程的状态变为运行态。

6.1.3 进程与程序的联系和区别

程序是进程的基础,是指令的集合,而进程是程序的执行实例。一个程序可以被多个进程同时执行,每个进程都有自己的执行环境和状态。

进程和程序是计算机科学中两个相关但不同的概念。程序是一个静态的概念,是存储在磁盘上的指令序列;而进程是程序的执行实例,是动态的,包括程序在运行时所需的所有资源。在计算机系统中,操作系统通过创建进程执行程序,为程序提供运行时的执行环境和资源。进程与程序的联系和区别如表 6.7 所示。

表 6.7 进程与程序的联系和区别

特 点	程 序	进 程
定义	一组指令的集合,静态存在	程序的执行实例,具有动态的运行状态
创建	程序需要通过执行才能成为进程	当用户或系统启动一个程序时,操作系统为其创建一个进程
执行	静态,不占用计算机资源	动态,占用计算机资源,有自己的内存、寄存器状态等
并发执行	一个程序可以同时由多个进程执行	多个进程可以同时执行同一个程序
交互性	通常是一个静态的可执行文件	进程可以与用户或其他进程进行交互,接收输入并产生输出
多进程执行同一程序	是可能的	是可能的

续表

特 点	程 序	进 程
进程间通信	通常不包括进程间通信(IPC)机制	进程可能需要通过进程间通信机制进行信息交换
资源独立性	程序本身不占用实际资源	进程有自己的资源分配,如内存、文件描述符等
结束	程序执行完成即结束	进程在执行完任务后或由用户终止时结束

6.1.4 进程控制块

进程由程序、数据和进程控制块三部分组成,其中,程序是进程执行的可执行代码,数据是进程所处理的对象,进程控制块记录进程的所有信息。它们存在于内存,其内容会随着执行过程的进展而不断变化。在某个时刻的进程的内容被称为进程映像。

系统中每个进程都是唯一的,用一个进程控制块描述。即使两个进程执行的是同一程序,处理同一数据,它们的进程控制块也是不同的。因此可以说,进程控制块是进程的标志。

1. 进程控制块

进程控制块(Process Control Block,PCB)是系统为管理进程设置的一个数据结构,用于记录进程的相关信息。PCB是系统感知和控制进程的一个数据实体。当创建一个进程时,系统为它生成PCB;进程完成后,撤销它的PCB。因此,PCB是进程的代表,PCB存在则进程就存在,PCB消失则进程也就结束了。在进程的生存期中,系统通过PCB来了解进程的活动情况,对进程实施控制和调度。因此,PCB是操作系统中最重要的数据结构之一。

2. 进程控制块的内容

进程控制块是操作系统内核中用于管理和维护进程信息的数据结构。PCB包含操作系统对进程进行调度和管理所需的所有信息。

以下是按照分类展示的进程控制块的内容,如表6.8所示。

表6.8 进程控制块的分类与内容

分 类	内 容	描 述
基本信息	进程标识符(PID)	唯一标识一个进程的数字或字符
	程序计数器(PC)	存储下一条将被执行的指令的地址
	进程状态	表示进程的当前状态,如运行、就绪、阻塞等
	优先级	进程的调度优先级,用于确定何时执行进程
	进程计数器(PC)	保存进程下一次执行的指令地址

续表

分　类	内　容	描　述
寄存器和现场信息	寄存器	包括通用寄存器、程序状态字等，保存进程的当前状态
	进程状态寄存器	用于保存进程状态信息，如标志位、中断屏蔽等
	等待队列指针	指向等待该进程资源的其他进程的队列
进程关系	父进程指针	指向创建该进程的父进程
	子进程列表	包含该进程创建的子进程的列表
资源信息	程序和数据基址	进程的代码和数据在内存中的位置信息
	文件描述符表	包含指向打开文件的指针或索引
	内存管理信息	包括页面表、段表等，描述进程的内存布局
时间信息	创建时间	进程创建的时间
	运行时间	进程在 CPU 上运行的时间
	时间片	进程被分配的时间片大小
中断和信号处理	信号和中断处理程序	存储进程注册的信号和中断处理程序的信息
I/O 状态和信息	I/O 状态和信息	记录进程当前的 I/O 状态和相关信息

6.1.5　进程的组织

管理进程就是管理进程的 PCB。一个系统中通常可能拥有数百至上千个进程，为了有效地管理如此多的 PCB，系统需要采用适当的方式将它们组织在一起。所有的 PCB 都存放在内存中，通常采用三种常见的组织方式：数组方式、索引方式和链表方式，如表 6.9 所示。

表 6.9　进程的组织

组织方式	描　述	优　点	缺　点
数组方式	将所有的 PCB 顺序存放在一个一维数组中	简单直观，易于实现	操作效率相对较低，查找某个 PCB 需要遍历整个数组
索引方式	通过在 PCB 数组上设置索引表或散列表，加快访问速度	加快了 PCB 的访问速度，减少了查找时间	需要额外的索引表，占用一定的内存空间，维护和更新索引表可能增加复杂性
链表方式	将 PCB 链接起来，构成链式队列或链表，方便插入和删除	允许方便地向队列插入和删除 PCB，适用于状态经常变化的情况	在某些情况下可能需要遍历链表，但对于状态转换操作更为方便

实际的系统通常会结合采用这些方法，以在不同场景下达到最佳的效率。选择合适的组织方式取决于系统的需求和性能优化的目标。

6.1.6 Linux 系统中的进程

在 Linux 系统中,进程也称为任务,两者的概念是一致的。

1. Linux 进程的状态

Linux 的进程共有 5 种基本状态,包括运行、就绪、睡眠(分为可中断的与不可中断的)、暂停和僵死。状态转换图如图 6.4 所示。

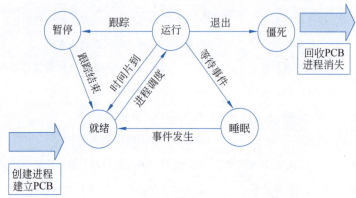

图 6.4 Linux 系统的进程状态转换图

Linux 将这些基本状态归结为 4 种并加以命名和定义,如表 6.10 所示。

表 6.10 Linux 的进程基本状态

状 态	定 义	状态转换条件
执行态	Runnable,包含运行和就绪两种状态。进程正在运行,或者已准备好被调度执行	进程正在运行,或者处于就绪状态等待被调度
睡眠态	Sleeping,即等待态,进程在等待某个事件或某个资源。可分为可中断和不可中断两种。在可中断状态下,进程在等待时可被信号唤醒,而不可中断状态下则会忽略信号	进程在等待某个事件或资源
暂停态	进程由运行态转换而来,等待某种特殊处理。例如,在调试跟踪的程序中,每执行到一个断点,就转入暂停态,等待新的输入信号	进程由运行态转换而来,等待特殊处理条件
僵死态	进程运行结束或被终止,释放除 PCB 外的所有资源。处于僵死态的进程占有 PCB,但已经无法运行	进程运行结束或因某些原因被终止,释放除 PCB 外的所有资源

2. Linux 进程的状态转换过程

Linux 进程的状态转换过程是:新创建的进程处于可执行的就绪态,等待调度执行。处于执行态的进程在就绪态和运行态之间轮回。就绪态的进程一旦被调度程序选中,就进入运行状态。等时间片耗尽之后,退出 CPU,转入就绪态等待下一次的调度。处于此轮回的进程在运行与就绪之间不断地高速切换,可谓瞬息万变。因此,对观察者(系统与用户)来说,将此轮回概括为一个相对稳定的执行态才有意义。

执行态、睡眠态和就绪态形成一个回路。处于运行态的进程,有时需要等待某个事件或某种资源的发生,这时已无法占有 CPU 继续工作,于是它就退出 CPU,转入睡眠态。当所等待的事件发生后,进程被唤醒,进入就绪态。

执行态、暂停态和就绪态也构成一个回路。当处于运行态的进程接收到暂停执行信号时,它就放弃 CPU,进入暂停态。当暂停的进程获得恢复执行信号时,就转入就绪态。

处于执行态的进程调用退出函数 exit 之后,进入僵死态。当父进程对该进程进行相应的处理后,撤销其 PCB。此时,这个进程就完成了它的使命,从僵死走向彻底消失。

Linux 进程的状态转换过程与其他操作系统进程的状态转换过程之间的一些区别,如表 6.11 所示。

表 6.11　Linux 进程的状态转换过程与其他操作系统的区别

区别类型	Linux 进程	其他操作系统进程
状态定义	包括执行态、睡眠态、暂停态、僵死态	不同操作系统可能有不同的状态定义,一般包括运行态、就绪态、阻塞态、终止态等
调度算法	使用完全公平调度(CFS)等调度算法,注重公平性和优先级	不同操作系统可能采用不同的调度算法,如优先级调度、多级反馈队列调度等,影响状态转换的规则和频率
细分程度	细分了不同的等待态和终止态,如可中断和不可中断的睡眠态	有些操作系统可能只区分运行态和非运行态,不进一步细分等待态
状态转换触发条件	由调度器根据时间片用完、等待事件等触发。信号的触发也可能导致状态转换	触发条件可能受到不同调度算法和操作系统设计的影响,例如,优先级提升、时间片用完、事件触发等
调度器特性	Linux 的调度器注重公平性和优先级,采用时间片轮转策略	不同的调度器可能注重不同的特性,如响应时间、吞吐量、公平性等
进程终止状态处理	进程运行结束或被终止时,进入僵死态,释放除 PCB 外的所有资源	进程终止时的处理可能有所不同,例如,释放资源、回收 PCB,不同操作系统可能有不同的终止状态和处理机制

3. Linux 的进程控制块

Linux 系统的 PCB 用一个称为 task_struct 的结构体来描述。系统中每创建一个新的进程,就给它分配一个 task_struct 结构,并填入进程的控制信息。task_struct 主要包括如表 6.12 所示的内容。

表 6.12　Linux 的进程控制块

控 制 块	描 述
进程标识号(PID)	标识一个进程的整数,系统通过此唯一标识号来识别进程
用户标识(UID)	描述进程的属主的标识号,用于判断进程对文件和设备的访问权限
组标识(GID)	描述进程的属组的标识号,用于判断进程对文件和设备的访问权限

续表

控 制 块	描 述
链接信息	通过指针记录进程的父进程、兄弟进程以及子进程的位置,确定进程的家族关系和在进程链中的位置
状态	记录进程当前的状态
调度信息	与系统调度相关的信息,包括优先级、时间片和调度策略
记时信息	记录进程建立的时间和占用 CPU 的时间统计,提供进程调度、统计和监控的依据
定时器	用于设定一个时间,时间到时系统发定时信号通知进程
通信信息	记录有关进程间信号量通信及信号通信的信息
退出码	记录进程运行结束后的退出状态,供父进程查询使用
文件系统信息	包括根目录、当前目录、打开的文件以及文件创建掩码等信息
内存信息	记录进程的代码映像和堆栈的地址、长度等信息
进程现场信息	保存进程放弃 CPU 时所有 CPU 寄存器及堆栈的当前值

Linux 的进程控制块(PCB)与其他操作系统进程控制块的一些区别如表 6.13 所示。

表 6.13 Linux 系统与其他系统之间的进程控制块区别

区 别	Linux 进程	其他操作系统进程
组成要素	包含进程的标识符、程序计数器(PC)、寄存器、程序和数据基址、进程状态、优先级等信息	具体组成要素可能有所不同,但通常包括进程标识符、程序计数器、寄存器、程序和数据基址、进程状态、优先级、等待队列指针等
状态细分	细分了进程的状态,如执行态、睡眠态、暂停态、僵死态	状态的细分程度可能有差异,例如,运行态、就绪态、阻塞态等
等待队列指针	在 Linux 中,可能包含等待队列指针,用于指向等待该进程资源的其他进程的队列	在其他操作系统中,也可能有等待队列指针,用于处理等待队列和资源等待的机制
调度信息	包含调度信息,如进程的优先级、时间片等	同样包含调度信息,但具体的调度信息可能因调度算法和操作系统设计而有所不同
资源管理信息	记录进程分配的资源信息,如内存空间、打开的文件、设备等	包含资源管理信息,具体内容可能因操作系统的资源管理策略而异
现场信息	包括 CPU 的内部寄存器、系统堆栈等,保存了进程的运行状态	同样包括现场信息,用于保存进程的运行状态
父子关系指针	Linux 中可能包含指向父进程和子进程的指针	在其他操作系统中也可能包含父进程和子进程关系的指针,用于维护进程之间的父子关系
文件描述符表	记录指向打开文件的指针或索引,用于进程的 I/O 操作	包含文件描述符表,记录进程使用的文件信息
中断处理程序和信号处理	存储进程注册的中断处理程序和信号处理程序的信息	同样存储中断处理程序和信号处理程序的信息,但具体的中断和信号处理可能有差异
系统调用和时间信息	包括系统调用的信息和进程的运行时间等	同样包含系统调用和时间信息,用于记录进程的执行时间和执行的系统调用等

4. 查看进程的信息

在 Linux 系统中，要查看进程的信息可使用 ps 命令。该命令可查看记录在进程 PCB 中的几乎所有信息。ps 命令的格式：

```
ps [选项]
```

常用选项及解释如表 6.14 所示。

表 6.14 ps 常用选项及含义

选项	解释	示例
-a	显示终端上的所有进程，包括其他用户的进程	ps -a
-u	显示进程的详细信息，包括用户名、进程 ID、CPU 使用率等	ps -u
-x	显示没有控制终端的进程	ps -x
-e	显示所有进程，等同于 -A 选项	ps -e
-f	显示完整格式，包括父进程 ID、进程组 ID、会话 ID 等	ps -f
-l	长格式显示，包括更多详细信息如 RSS、SZ、START 等	ps -l
-c	显示进程的真实命令名称	ps -c
-r	仅显示正在运行的进程	ps -r
-o	指定要显示的列，可以是用户自定义的列	ps -o pid,ppid,cmd
-aux	显示所有用户的所有进程，详细信息，包括其他用户的进程	ps -aux
--sort	指定排序方式，如 --sort=-rss 表示按照内存占用降序排序	ps --sort=-rss
--forest	以树形结构显示进程及其关系	ps --forest
--no-headers	不显示列标题	ps --no-headers
--pid	指定要显示的进程 ID	ps --pid 1234
--user	指定要显示的用户名的进程	ps --user john
--group	指定要显示的用户组的进程	ps --group admin

说明：

（1）默认只显示在本终端上运行的进程，除非指定了 -e、-u、x 等选项。

（2）没有指定显示格式时，采用以下默认格式，分为 4 列显示：

```
PID TTY TIME CMD
```

各字段的含义如表 6.15 所示。

表 6.15　ps 默认格式

参　　数	含　　义
PID	进程标识号
TTY	进程对应的终端,"?"表示该进程不占用终端
TIME	进程累计使用的 CPU 时间
CMD	进程执行的命令名

（3）指定-f 选项时，以全格式，分为 8 列显示：

```
UID  PID  PPID  C  STIME  TTY  TIME  CMD
```

各字段的含义如表 6.16 所示。

表 6.16　指定-f 选项

参　　数	含　　义
UID	进程属主的用户名
PPID	父进程的标识号
C	进程最近使用的 CPU 时间
STIME	进程开始时间

其余同表 6.15。

（4）指定 u 选项时，以用户格式，分为 11 列显示：

```
USER PID %CPU %MEM VSZ RSS TTY STAT START TIME COMMANDS
```

各字段的含义如表 6.17 所示。

表 6.17　指定 u 选项

参　　数	含　　义
USER	同 UID
%CPU	进程占用 CPU 的时间与进程总运行时间之比
%MEM	进程占用的内存与总内存之比
VSZ	进程虚拟内存的大小，以 KB 为单位
RSS	占用实际内存的大小，以 KB 为单位
STAT	进程当前状态，用字母表示。 R：执行态； S：睡眠态； D：不可中断睡眠态； T：暂停态； Z：僵尸态

续表

参　　数	含　　义
START	同 STIME
COMMAND	同 CMD

其余同上。

5. ps 命令及其他进程命令用法

(1) 以默认格式显示本终端上的进程的信息,具体操作如图 6.5 所示。

`[root@localhost ~]#ps`

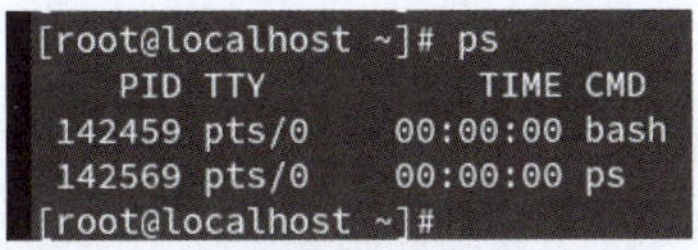

图 6.5　ps 显示

(2) 以全格式显示当前系统中所有进程的信息,具体操作如图 6.6 所示。

`[root@localhost ~]#ps -ef`

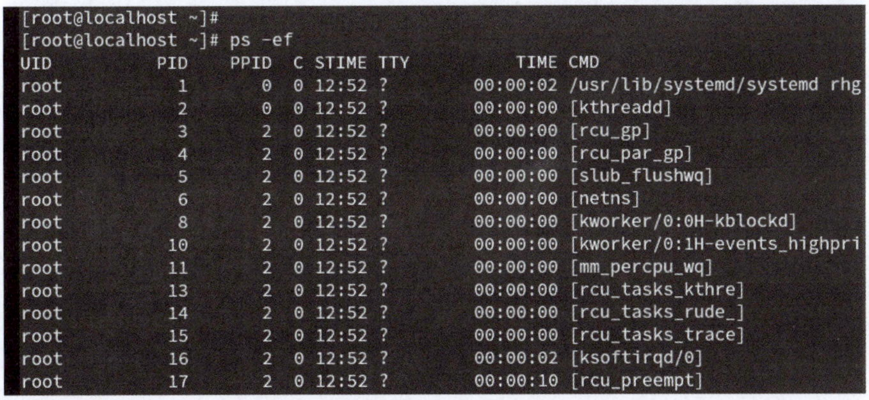

图 6.6　ps -ef 显示

(3) 以用户格式显示当前系统中所有进程的信息,具体操作如图 6.7 所示。

`[root@localhost ~]#ps aux`

(4) top 命令。

top 命令是一个用于实时监视系统性能的工具,它可以显示当前运行的进程信息、系统负载以及各项系统资源的使用情况。在大多数 Linux 发行版中,top 是一个预装的实用程序。top 命令操作如图 6.8 所示。

```
[root@localhost ~]#
[root@localhost ~]# ps aux
USER         PID %CPU %MEM    VSZ   RSS TTY      STAT START   TIME COMMAND
root           1  0.0  0.9 123472 17308 ?        Ss   12:52   0:02 /usr/lib/syst
root           2  0.0  0.0      0     0 ?        S    12:52   0:00 [kthreadd]
root           3  0.0  0.0      0     0 ?        I<   12:52   0:00 [rcu_gp]
root           4  0.0  0.0      0     0 ?        I<   12:52   0:00 [rcu_par_gp]
root           5  0.0  0.0      0     0 ?        I<   12:52   0:00 [slub_flushwq
root           6  0.0  0.0      0     0 ?        I<   12:52   0:00 [netns]
root           8  0.0  0.0      0     0 ?        I<   12:52   0:00 [kworker/0:0H
root          10  0.0  0.0      0     0 ?        I<   12:52   0:00 [kworker/0:1H
root          11  0.0  0.0      0     0 ?        I<   12:52   0:00 [mm_percpu_wq
root          13  0.0  0.0      0     0 ?        I    12:52   0:00 [rcu_tasks_kt
root          14  0.0  0.0      0     0 ?        I    12:52   0:00 [rcu_tasks_ru
root          15  0.0  0.0      0     0 ?        I    12:52   0:00 [rcu_tasks_tr
root          16  0.0  0.0      0     0 ?        S    12:52   0:02 [ksoftirqd/0]
```

图 6.7　ps aux 显示

```
root@localhost:~ — top

top - 18:16:57 up  5:24,  3 users,  load average: 0.09, 0.17, 0.08
Tasks: 325 total,   1 running, 324 sleeping,   0 stopped,   0 zombie
%Cpu(s):  0.0 us,  6.1 sy,  0.0 ni, 93.9 id,  0.0 wa,  0.0 hi,  0.0 si,  0.0 st
MiB Mem :   1750.8 total,     75.0 free,   1315.7 used,    542.3 buff/cache
MiB Swap:   2048.0 total,   2022.2 free,     25.8 used.    435.1 avail Mem

    PID USER      PR  NI    VIRT    RES    SHR S  %CPU  %MEM     TIME+ COMMAND
   2932 root      20   0 3771948 218644 114964 S   5.9  12.2   0:37.15 gnome-s+
 153041 root      20   0  226016   4292   3408 R   5.9   0.2   0:00.02 top
      1 root      20   0  123472  17308  10612 S   0.0   1.0   0:02.76 systemd
      2 root      20   0       0      0      0 S   0.0   0.0   0:00.04 kthreadd
      3 root       0 -20       0      0      0 I   0.0   0.0   0:00.00 rcu_gp
      4 root       0 -20       0      0      0 I   0.0   0.0   0:00.00 rcu_par+
      5 root       0 -20       0      0      0 I   0.0   0.0   0:00.00 slub_fl+
      6 root       0 -20       0      0      0 I   0.0   0.0   0:00.00 netns
```

图 6.8　top 命令

6.2　进程运行

进程的运行紧密依赖于操作系统的内核。因此,理解进程的运行机制需要首先认识内核,了解内核的运行方式,进而了解进程在核心态与用户态下的不同执行模式。

6.2.1　操作系统内核

一个完整的操作系统由一个内核和一些系统服务程序构成。内核是操作系统的核心,它负责最基本的资源管理和控制工作,为进程提供良好的运行环境。

Linux 系统的层次体系结构如图 6.9 所示。系统分为三层:最底层是系统硬件;硬件层之上是核心层,它是运行程序和管理基本硬件的核心程序;用户层由系统的核外程序和用户程序组成,它们都是以用户进程的方式运行在内核之上。

(1) 硬件层:包括计算机的物理硬件组件,如中央处理器(CPU)、内存、硬盘、网络接口等,提供基本的计算和存储功能。

(2) 核心层:是系统的核心部分,负责管理硬件资源和提供系统调用接口。包括操

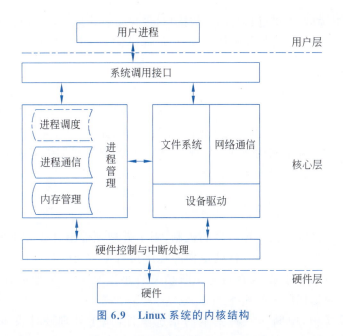

图 6.9 Linux 系统的内核结构

作系统的内核,通常是 Linux 内核。提供进程管理、文件系统、内存管理、设备驱动程序等核心功能。

(3) 用户层:由系统的核外程序和用户程序组成,运行在内核之上,以用户进程的方式执行。包括系统服务、应用程序等。用户可以通过应用程序与系统进行交互,执行各种任务。

这种层次结构体现了分层设计的思想,使得不同层次的组件可以独立开发和维护,同时提供了良好的抽象,使得系统的各个部分可以相对独立地演进和改进。

在用户层,还可以进一步分为系统服务和用户应用程序。系统服务负责提供后台服务,而用户应用程序是由用户运行的各种应用,如文本编辑器、浏览器、终端等。这两者通过系统调用接口与核心层进行通信,实现对系统资源的访问和控制。

内核在系统引导时载入并常驻内存,形成对硬件的第一层包装。启动了内核的系统具备了执行进程的所有条件,使进程可以被正确地创建、运行、控制和撤销。为此,内核应具备支撑进程运行的所有功能,包括对进程本身的控制及对进程要使用的资源的管理。

Linux 系统的内核主要由以下部分构成。

(1) 进程控制子系统,负责支持、管理和控制进程的运行,包括以下模块。

① 进程调度模块,负责调度进程的运行。

② 进程通信模块,实现进程间的本地通信。

③ 内存管理模块,管理进程的地址空间。

(2) 文件子系统,为进程提供 I/O 环境,包括以下模块。

① 文件系统模块,管理文件和设备。

② 网络接口模块,实现进程间的网络通信。

③ 设备驱动程序,驱动和控制设备的运行。

④ 系统调用接口,提供进程与内核的接口,进程通过此接口调用内核的功能。
⑤ 硬件控制接口,是内核与硬件的接口,负责控制硬件并响应和处理中断事件。

6.2.2 中断与系统调用

由图 6.9 可以看出,内核与外界的接口是来自用户层的系统调用和来自硬件层的中断,而系统调用本身也是一种特殊的中断。因此可以说内核是中断驱动的,它的主要作用就是提供系统调用和中断的处理。因此,了解内核的运行机制需要先了解中断和系统调用的概念。

1. 中断

中断是计算机系统中的一种重要的机制,用于处理硬件事件或异步事件,以提高系统的响应性和并发性。中断可以打破正常的程序执行流程,使得 CPU 在接收到中断请求时暂停当前执行的任务,转而执行与中断相关的处理程序(中断服务程序或中断处理程序),处理完后再返回原来的任务。

在 Linux 系统中,中断是一种基本的系统事件,用于处理硬件设备的异步事件。Linux 内核通过中断机制实现了对硬件设备的管理和响应。如表 6.18 所示是 Linux 中断的一些关键概念。

表 6.18 Linux 中断

概 念	描 述
中断	用于处理硬件设备的异步事件,提高系统的响应性
中断处理程序	与特定中断相关联的代码块,负责处理中断
中断控制器	管理和调度中断,确保它们按优先级和规定的方式被处理
中断向量	用于唯一标识特定的中断类型的标识符
IRQ(Interrupt Request)	硬件设备请求处理的信号线,通过 IRQ 号标识
软中断	由内核或内核模块触发的中断,不是硬件设备。通常用于执行延迟敏感的任务

在早期的计算机系统中,CPU 与各种设备是串行工作的。当需要设备传输数据时,CPU 向设备发出指令,启动设备执行数据传输操作。然后 CPU 不断地测试设备的状态,直到它完成操作。在设备工作期间,CPU 处于原地踏步的循环中,这对 CPU 资源是极大的浪费。

中断技术的出现完全改变了计算机系统的操作模式。在现代系统中,CPU 与各种设备是并发工作的。在中断方式下,CPU 启动设备操作后,它不是空闲等待,而是继续执行程序。当设备完成 I/O 操作后,向 CPU 发出一种特定的中断信号,打断 CPU 的运行。CPU 响应中断后暂停正在执行的程序,转去执行专门的中断处理程序,然后再返回原来的程序继续执行。这个过程就是中断。

中断的概念是因实现 CPU 与设备并行操作而引入的。然而,这个概念后来被大大地扩大了。现在,系统中所有异步发生的事件都是通过中断机制来处理的,包括 I/O 设备中断、系统时钟中断、硬件故障中断、软件异常中断等。这些中断分为硬件中断和软件中断(也称为异常)两大类。每个中断都对应一个中断处理程序。中断发生后,CPU 通过中断处理入口转入相应的处理程序来处理中断事件。

2. 系统调用

系统调用是系统内核提供的一组特殊的函数,用户进程通过系统调用来访问系统资源。与普通函数的不同之处在于,普通函数是由用户或函数库提供的程序代码,它们的运行会受到系统的限制,不能访问系统资源。系统调用是内核中的程序代码,它们具有访问系统资源的特权。当用户进程需要执行涉及系统资源的操作时,需要通过系统调用,让内核来完成。

系统调用是借助中断机制实现的,它是软中断的一种,称为"系统调用"中断。当进程执行到一个系统调用时,就会产生一个系统调用中断。CPU 将响应此中断,转入系统调用入口程序,然后调用内核中相应的系统调用处理函数,执行该系统调用对应的功能。

系统调用的一些重要特点和常见的系统调用如表 6.19 所示。

表 6.19 系统调用

特 点	描 述
特权指令执行	系统调用允许用户程序执行一些特权指令,例如,访问硬件设备、进行文件操作、管理进程等。这些特权指令通常是普通用户程序无法直接执行的
用户空间与内核空间切换	当用户程序执行系统调用时,会发生从用户空间到内核空间的切换,这是因为系统调用需要在内核空间执行
限制访问	系统调用对用户程序的访问进行了限制,以确保用户程序不能直接执行危险的操作,同时通过操作系统提供的服务完成需要的任务
接口标准化	操作系统提供了一组标准的系统调用接口,如 POSIXAPI(用于 UNIX 和类 UNIX 系统)、Win32 API(用于 Windows 系统)等。这些接口定义了用户程序与操作系统之间的契约,使得用户程序可以在不同的系统上运行,而无须修改其源代码
提供基本服务	系统调用提供了许多基本的服务,如文件读写、进程创建、内存分配等。这些服务是用户程序构建更高层次抽象的基础

不同的操作系统和平台可能具有不同的系统调用接口,但它们通常提供了相似的功能。Linux 提供了丰富的系统调用接口,允许用户程序与内核进行交互,执行特权操作。一些常见的 Linux 系统调用接口,以及它们的功能,如表 6.20 所示。

表 6.20 Linux 系统调用接口

类型	系统调用接口	功 能	示 例
文件操作相关系统调用	open(const char * pathname, int flags, mode_t mode)	打开文件	`int fd = open("example.txt", O_RDWR

续表

类型	系统调用接口	功　能	示　　例
文件操作相关系统调用	read(int fd, void * buf, size_t count)	从文件中读取数据	ssize_t bytes_read = read(fd, buffer, sizeof(buffer));
	write(int fd, const void * buf, size_t count)	向文件写入数据	ssize_t bytes_written = write(fd, data, sizeof(data));
	close(int fd)	关闭文件	close(fd);
进程管理系统调用	fork()	创建子进程	pid_t child_pid = fork();
	exec(const char * path, char * const argv[])	执行新的程序	execvp("ls", argv);
	waitpid(pid_t pid, int * status, int options)	等待指定子进程结束	waitpid(child_pid, &status, 0);
	exit(int status)	退出当前进程	exit(EXIT_SUCCESS);
文件系统系统调用	stat(const char * pathname, struct stat * statbuf)	获取文件的状态信息	struct stat file_info; stat("example.txt", &file_info);
	mkdir(const char * pathname, mode_t mode)	创建目录	mkdir("new_directory", 0755);
	rmdir(const char * pathname)	删除目录	rmdir("old_directory");
	chdir(const char * path)	改变当前工作目录	chdir("/new_directory");
内存管理系统调用	brk(void * end_data_segment)	调整程序的数据段的大小	brk(sbrk(0) + additional_size);
	mmap(void * addr, size_t length, int prot, int flags, int fd, off_t offset)	在进程的地址空间中映射文件或共享内存	`void * mem = mmap(NULL, size, PROT_READ
进程间通信系统调用	pipe(int pipefd[2])	创建管道	int pipes[2]; pipe(pipes);
	shmget(key_t key, size_t size, int shmflg)	获取共享内存标识符	`int shmid = shmget(IPC_PRIVATE, size, IPC_CREAT
	msgget(key_t key, int msgflg)	获取消息队列标识符	`int msqid = msgget(IPC_PRIVATE, IPC_CREAT
网络相关系统调用	socket(int domain, int type, int protocol)	创建套接字	int sockfd = socket(AF_INET, SOCK_STREAM, 0);
	bind(int sockfd, const struct sockaddr * addr, socklen_t addrlen)	将套接字与地址关联	bind(sockfd, (struct sockaddr *)&server_addr, sizeof(server_addr));
	listen(int sockfd, int backlog)	监听连接请求	listen(sockfd, 5);
	accept(int sockfd, struct sockaddr * addr, socklen_t * addrlen)	接受连接	int client_fd = accept(sockfd, (struct sockaddr *)&client_addr, &client_len);

续表

类型	系统调用接口	功　能	示　例
网络相关系统调用	connect（int sockfd，const struct sockaddr * addr，socklen_t addrlen）	建立连接	connect（sockfd，（struct sockaddr *）&server_addr，sizeof（server_addr））；

6.2.3　进程的运行模式

1. CPU 的执行模式

CPU 的基本功能就是执行指令。通常，CPU 指令集中的指令可以划分为两类：特权指令和非特权指令。特权指令是指具有特殊权限的指令，可以访问系统中所有寄存器和内存单元，修改系统的关键设置。例如，清理内存、设置时钟、执行 I/O 操作等都是由特权指令完成的。而非特权指令是那些用于一般性的运算和处理的指令。这些指令只能访问用户程序自己的内存地址空间。

特权指令的权限高，如果使用不当则可能会破坏系统或其他用户的数据，甚至导致系统崩溃。安全起见，这类指令只允许操作系统的内核程序使用，而普通的应用程序只能使用那些没有危险的非特权指令。实现这种限制的方法是在 CPU 中设置一个代表运行模式的状态字，修改这个状态字就可以切换 CPU 的运行模式。

386 以上的 CPU 支持 4 种不同特权级别的运行模式，Linux 系统只用到了其中两个，即称为核心态的最高特权级模式（ring0）和称为用户态的最低特权级模式（ring3）。在核心态下，CPU 能不受限制地执行所有指令，从而表现出最高的特权。而在用户态下，CPU 只能执行一般指令，不能执行特权指令，因而也就没有特权。内核的程序运行在核心态下，而用户程序则只能运行在用户态下。从用户态转换为核心态的唯一途径是中断（包括系统调用）。一旦 CPU 响应了中断，则将 CPU 的状态切换到核心态，待中断处理结束返回时，再将 CPU 状态切回到用户态。

在 Linux 系统中，CPU 的执行模式主要包括两种：用户态（User Mode）和内核态（Kernel Mode）。

1）用户态

在用户态下，应用程序以及用户空间的进程在执行。在这个模式下，进程只能访问自己的内存空间和受限的系统资源，无法直接访问核心系统资源。

用户态下的进程无法执行一些特权指令，例如，直接访问硬件设备或修改全局系统配置。

2）内核态

内核态是 CPU 的一种较高特权级别的执行状态。在这个模式下，操作系统内核的代码可以执行所有指令，可以访问系统的全部资源，包括内存、设备和系统配置。

内核态允许操作系统执行对整个系统的管理和控制，包括对硬件的直接控制和调度。

在正常的操作系统运行中，CPU 会在用户态和内核态之间进行切换。当用户程序需要执行特权操作,例如,进行系统调用(如文件操作、进程创建等)或处理中断时,CPU 会从用户态切换到内核态,执行相应的内核代码。执行完毕后,CPU 再切换回用户态,继续执行应用程序。

这种模式的切换有助于确保系统的稳定性和安全性,因为只有在内核态下才能进行对核心系统资源的直接操作。用户态下的应用程序则受到限制,无法越过其分配的权限执行可能对系统造成危害的操作。

2. 运行模式

进程在其运行期间常常被中断或系统调用打断,因此 CPU 也经常地在用户态与核心态之间切换。在进行通常的计算和处理时,进程运行在用户态;执行系统调用或中断处理程序时进入核心态,执行内核代码。调用返回后,回到用户态继续运行。图 6.10 描述了用户进程的运行模式切换。

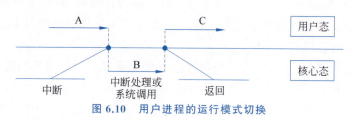

图 6.10　用户进程的运行模式切换

在 A 期间,进程运行在用户态,执行的是用户程序代码。运行到某一时刻时发生了中断,进程随即"陷入"核心态运行。在 B 期间,CPU 运行在核心态,执行的是内核程序代码。此时有两种情况:如果进程是被中断打断的,则 B 期间执行的是中断处理程序,它是随机插入的,与进程本身无关;如果进程是因调用了系统调用而陷入内核空间的,则 B 执行的是内核的系统调用程序代码,它是作为进程的一个执行环节,由内核代理用户进程继续执行的。在中断或系统调用返回后的 C 期间中,进程在用户态继续运行。

6.3　进程控制

进程控制是指对进程的生命周期进行有效的管理,实现进程的创建、撤销以及进程各状态之间的转换等控制功能。进程控制的目标是使多个进程能够平稳高效地并发执行,充分共享系统资源。

6.3.1　进程控制的功能

进程控制的功能是控制进程在整个生命周期中各种状态之间的转换(不包括就绪态与运行态之间的转换,它们是由进程调度来实现的)。为此,内核提供了几个原子性的操作函数,称为原语。原语与普通函数的区别是它的各个指令的执行是不可分割的,要么全部完成,要么一个也不做,因而可以看作一条广义的指令。用于进程控制的原语主要有创建、撤销、阻塞和唤醒等。

1. 创建进程

创建原语的主要任务是根据创建者提供的有关参数(包括进程名、进程优先级、进程代码起始地址、资源清单等信息),建立进程的 PCB。具体的操作过程是:先申请一个空闲的 PCB 结构,调用资源分配程序为它分配所需的资源,将有关信息填入 PCB,状态置为就绪态,然后把它插入就绪(可执行)队列中。

2. 撤销进程

撤销原语用于在一个进程运行终止时,撤销这个进程并释放进程占用的资源。撤销的操作过程是:找到要被撤销的进程的 PCB,将它从所在队列中摘出,释放进程所占用的资源,最后销去进程的 PCB。

3. 阻塞进程

阻塞原语用于完成从运行态到等待态的转换工作。当正在运行的进程需要等待某一事件而无法执行下去时,它就调用阻塞原语把自己转入等待状态。阻塞原语具体的操作过程是:首先中断 CPU 的执行,把 CPU 的当前状态保存在 PCB 的现场信息中;然后把被阻塞的进程置为等待状态,插入相应的等待队列中;最后调用进程调度程序,从就绪(可执行)队列中选择一个进程投入运行。

4. 唤醒进程

唤醒原语用于完成等待态到就绪态的转换工作。当处于等待状态的进程所等待的事件出现时,内核会调用唤醒原语唤醒被阻塞的进程。操作过程是:在等待队列中找到该进程,置进程的当前状态为就绪态,然后将它从等待队列中撤出并插入就绪(可执行)队列中。

6.3.2 Linux 系统的进程控制

在 Linux 系统中,进程控制的功能是由内核的进程控制子系统实现的,并以系统调用的形式提供给用户进程或其他系统进程使用。

Linux 系统中的进程控制主要通过系统调用和相关的库函数进行。以下是一些常用的 Linux 进程控制的系统调用和相关信息,如表 6.21 所示。

表 6.21 Linux 进程控制的系统调用

函 数	解 释	示 例
fork()	创建新进程,复制父进程的副本给子进程	pid_t child_pid = fork();
exec()	加载新程序,替换当前进程的内存映像	execl("/bin/ls", "ls", "-l", NULL);
wait()	等待子进程结束,收集子进程的退出状态	wait(NULL);
waitpid()	等待指定的子进程结束,可选择是否阻塞	waitpid(pid, &status, 0);
exit()	终止当前进程,返回退出状态	exit(0);

续表

函　数	解　释	示　例
kill()	向指定进程发送信号	kill(pid, SIGTERM);
getpid()	获取当前进程的进程标识号(PID)	pid_t process_id = getpid();
getppid()	获取父进程的进程标识号(PPID)	pid_t parent_process_id = getppid();
setsid()	创建一个新的会话,并使调用进程成为新会话的领头进程	pid_t new_session_id = setsid();
signal()	注册信号处理函数,用于处理接收到的信号	signal(SIGINT, handler_function);
sigaction()	更为灵活的信号处理函数注册,支持更多选项	struct sigaction sa; sigaction(SIGINT, &sa, NULL);
alarm()	设置定时器,当定时器时间到达时,向进程发送 SIGALRM 信号	alarm(5);
pause()	暂停进程的执行,等待接收信号	pause();
sleep()	使进程休眠指定的秒数	sleep(3);
usleep()	使进程休眠指定的微秒数	usleep(500000);
system()	在 Shell 中执行命令	system("ls -l");
nice()	修改进程的调度优先级	nice(10);
sched_yield()	主动放弃 CPU 使用权,让出时间片	sched_yield();

Linux 系统的进程控制的基本步骤和操作,如表 6.22 所示。

表 6.22　Linux 系统的进程控制的基本步骤和操作

步　骤	操　作	使 用 函 数	示　例
创建进程	创建新进程	fork()	pid_t child_pid = fork();
执行新程序	加载新程序,替换当前进程的内存映像	exec()系列函数	execl("/bin/ls", "ls", "-l", NULL);
等待进程结束	等待子进程结束,收集子进程的退出状态	wait()、waitpid()	wait(NULL); 或 waitpid(pid, &status, 0);
终止进程	终止当前进程	exit()	exit(0);
发送信号	向指定进程发送信号	kill()	kill(pid, SIGTERM);
获取 PID	获取当前进程的 PID	getpid()	pid_t process_id = getpid();
获取 PPID	获取父进程的 PID	getppid()	pid_t parent_process_id = getppid();
创建会话	创建一个新的会话,并使调用进程成为领头进程	setsid()	pid_t new_session_id = setsid();
注册信号处理	注册信号处理函数	signal()、sigaction()	signal(SIGINT, handler_function); 或 struct sigaction sa; sigaction(SIGINT, &sa, NULL);

续表

步　　骤	操　　作	使用函数	示　　例
定时器	设置定时器	alarm()	alarm(5);
暂停进程	暂停进程的执行，等待接收信号	pause()	pause();
进程休眠	使进程休眠指定的秒数	sleep()	sleep(3);
微秒级休眠	使进程休眠指定的微秒数	usleep()	usleep(500000);
在 Shell 中执行	在 Shell 中执行命令	system()	system("ls -l");
修改优先级	修改进程的调度优先级	nice()	nice(10);
放弃 CPU 使用权	主动放弃 CPU 使用权，让出时间片	sched_yield()	sched_yield();

1. 进程的创建与映像更换

系统启动时执行初始化程序，启动进程号为 1 的 init 进程运行。系统中所有的其他进程都是由 init 进程衍生而来的。除 init 进程外，每个进程都是由另一个进程创建的。新创建的进程称为子进程，创建子进程的进程称为父进程。

UNIX/Linux 系统建立新进程的方式与众不同。它不是一步构造出新的进程，而是采用先复制再变身的两个步骤，即先按照父进程创建一个子进程，然后再更换进程映像开始执行。

1）创建进程

创建一个进程的系统调用是 fork()。创建进程采用的方法是克隆，即用父进程复制一个子进程。做法是：先获得一个空闲的 PCB，为子进程分配一个 PID，然后将父进程的 PCB 中的代码及资源复制给子进程的 PCB，状态置为可执行态。建好 PCB 后将其链接入进程链表和可执行队列中。此后，子进程与父进程并发执行。父子进程执行的是同一个代码，使用的是同样的资源。它与父进程的区别仅在于 PID(进程号)、PPID(父进程号)和与子进程运行相关的属性(如状态、累计运行时间等)，而这些是不能从父进程那里继承来的。

fork()系统调用含义如表 6.23 所示。

表 6.23　fork()系统调用含义

参　　数	含　　义
功能	创建一个新的子进程
调用格式	int fork();
返回值	0：向子进程返回的返回值，总为 0 ＞0：向父进程返回的返回值，它是子进程的 PID 1：创建失败

说明：若fork()调用成功，则它向父进程返回子进程的PID，并向新建的子进程返回0。

图6.11描述了fork()系统调用的执行结果。

从图6.11中可以看出，当一个进程成功执行了fork()后，从该调用点之后分裂成了两个进程：一个是父进程，从fork()后的代码处继续运行；另一个是新创建的子进程，从fork()后的代码处开始运行。由fork()产生的进程分裂在结构上很像一把叉子，故得名fork()。

与一般函数不同，fork()是"一次调用，两次返回"，因为调用成功后，已经是两个进程了。由于子进程是从父进程那里复制的代码，因此父子进程执行的是同一个程序，它们在执行时的区别只在于得到的返回值不同。父进程得到的返回值是一个大于0的数，它是子进程的PID；子进程得到的返回值为0。

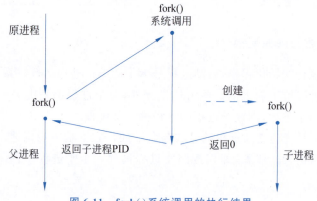

图6.11　fork()系统调用的执行结果

若程序中不考虑fork()的返回值，则父子进程的行为就完全一样了。但创建一个子进程的目的是想让它做另一件事。所以，通常的做法是：在fork()调用后，通过判断fork()的返回值，分别为父进程和子进程设计不同的执行分支。这样，父子进程执行的虽是同一个代码，执行路线却分道扬镳。图6.12描述了用fork()创建子进程的常用流程。

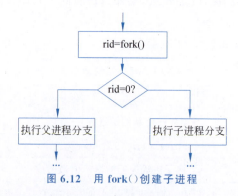

图6.12　用fork()创建子进程

以下是使用fork()函数创建进程的示例，需要用到GCC执行，(C语言)代码如下。

```
//Filename: create_process.c
#include <stdio.h>
#include <unistd.h>
int main() {
    pid_t child_pid = fork();

    if (child_pid == -1) {
        //fork 失败
        perror("fork");
        return 1;
    }
    if (child_pid == 0) {
        //子进程执行的代码
        printf("这是子进程,PID:%d\n", getpid());
    } else {
        //父进程执行的代码
        printf("这是父进程,PID:%d\n", getpid());
        printf("子进程已创建,PID:%d\n", child_pid);
    }
    return 0;
}
```

当然,也可以使用 Shell 脚本创建进程,脚本示例如下。

```
#!/bin/bash
echo "Creating process zgh77..."
sleep 10    #模拟进程执行一些任务,持续 10 s
echo "Process zgh77 completed."
```

直接执行以上脚本,如图 6.13 所示。

```
[root@localhost ~]# #!/bin/bash
echo "Creating process zgh77..."
sleep 10  # 模拟进程执行一些任务,持续 10 秒
echo "Process zgh77 completed."
Creating process zgh77...
Process zgh77 completed.
[root@localhost ~]# ps aux | grep zgh77
root      413755  0.0  0.1 221664  2300 pts/0    S+   21:58   0:00 grep --color=
auto zgh77
```

图 6.13　Shell 脚本创建 Linux 进程

2) 更换进程映像

进程映像是指进程所执行的程序代码及数据。fork()是将父进程的执行映像复制给子进程,因而子进程实际上是父进程的克隆体。但通常用户需要的是创建一个新的进程,它执行的是一个不同的程序。Linux 系统的做法是:先用 fork()克隆一个子进程,然后在子进程中调用 exec(),使其脱胎换骨,变换为一个全新的进程。

exec()系统调用的功能是根据参数指定的文件名找到程序文件,把它装入内存,覆盖原来进程的映像,从而形成一个不同于父进程的全新的子进程。除了进程映像被更换

外，新子进程的 PID 及其他 PCB 属性均保持不变，实际上是一个新的进程"借壳"原来的子进程开始运行。

exec()系统调用含义如表 6.24 所示。

表 6.24 exec()系统调用含义

参数	含义
功能	改变进程的映像，使其执行另外的程序

调用格式	exec()是一系列系统调用，共有 6 种调用格式，其中，execve()是真正的系统调用，其余是对其包装后的 C 库函数。
	int execve(char * path, char * argv[], char * envp[]);
	int execl(char * path, char * arg0, char * arg1, … char * argn, 0);
	int execle(char * path, char * arg0, char * arg1, … char * argn, 0, char * exvp[]);
	…
	其中，path 为要执行的文件的路径名，argv[]为运行参数数组，envp[]为运行环境数组。arg0 为程序的名称，arg1～argn 为程序的运行参数，0 表示参数结束。例如：
	execl("/bin/echo", "echo","hello!", 0);
	execle("/bin/ls", "ls", "-l", "/bin", 0, NULL);
	前者表示更换进程映像为/bin/echo 文件，执行的命令行是"echo hello!"。后者表示更换进程映像为/bin/ls 文件，执行的命令行是"ls -l /bin"

返回值	调用成功后，不返回；调用失败后，返回-1

与一般的函数不同，exec()是"一次调用，零次返回"，因为调用成功后，进程的映像已经被替换，无处可以返回了。图 6.14 描述了用 exec()系统调用更换进程映像的流程。子进程开始运行后，立即调用 exec()，变身成功后即开始执行新的程序了。

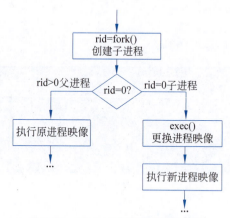

图 6.14 用 exec 更换子进程的映像

更换进程映像通常是通过 exec 系统调用来实现的。该调用用新的程序替代当前进程的内存映像，以便执行新的程序。以下是一个简单的示例。

```
#include <stdio.h>
#include <unistd.h>
int main() {
```

```c
        printf("This is the original process.\n");
        //创建子进程
        pid_t child_pid = fork();
        if (child_pid == -1) {
            //fork失败
            perror("fork");
            return 1;
        }
        if (child_pid == 0) {
            //子进程执行的代码
            printf("This is the child process.\n");
            //替换进程映像,执行新的程序
            execlp("ls", "ls", "-l", NULL);
            //如果 execlp() 失败,打印错误信息
            perror("execlp");
            return 1;
        } else {
            //父进程执行的代码
            printf("This is the parent process.\n");
        }
        return 0;
}
```

上述程序会创建一个子进程,子进程调用 execlp 来执行 ls -l 命令,替换原始的进程映像。父进程会继续执行原始的程序。

2. 进程的终止与等待

1) 进程的终止与退出状态

导致一个进程终止运行的方式有两种:一种是程序中使用退出语句主动终止运行,称为正常终止;另一种是被某个信号杀死(例如,在进程运行时按 Ctrl+C 组合键终止其运行),称为非正常终止。

用 C 语言编程时,可以通过以下 4 种方式主动退出。

(1) 调用 exit(status)函数来结束程序。

(2) 在 main()函数中用 return status 语句结束。

(3) 在 main()函数中用 return 语句结束。

(4) main()函数结束。

以上 4 种情况都会使进程正常终止,前三种为显式地终止程序的运行,后一种为隐式地终止。正常终止的进程可以返回给系统一个退出状态,即前两种语句中的 status。通常的约定是:0 表示正常状态;非 0 表示异常状态,不同取值表示异常的具体原因。例如,对一个计算程序,可以约定退出状态为 0 表示计算成功,为 1 表示运算数有错,为 2 表示运算符有错,等等。如果程序结束时没有指定退出状态(如后两种退出),则它的退出状态是不确定的。

设置退出状态的作用是通知父进程有关此次运行的状况,以便父进程做相应的处

理。因此,显式地结束程序并返回退出状态是一个好的 UNIX/Linux 编程习惯,这样的程序可以将自己的运行状况告知系统,因而能很好地与系统和其他程序合作。

以下是一个示例代码,演示了进程的终止和退出状态。

```c
#include <stdio.h>
#include <stdlib.h>
#include <unistd.h>
#include <sys/wait.h>
int main() {
    pid_t child_pid = fork();
    if (child_pid == -1) {
        perror("fork");
        return 1;
    }
    if (child_pid == 0) {
        //子进程执行的代码
        printf("This is the child process. PID: %d\n", getpid());
        //子进程正常终止,退出状态为 42
        exit(42);
    } else {
        //父进程执行的代码
        printf("This is the parent process. PID: %d\n", getpid());
        //等待子进程终止,并获取退出状态
        int status;
        pid_t terminated_pid = waitpid(child_pid, &status, 0);
        if (terminated_pid == -1) {
            perror("waitpid");
            return 1;
        }
        if (WIFEXITED(status)) {
            //子进程正常终止
            printf("Child process exited with status: %d\n", WEXITSTATUS (status));
        } else if (WIFSIGNALED(status)) {
            //子进程被信号终止
            printf("Child process terminated by signal: %d\n", WTERMSIG(status));
        } else {
            //其他情况
            printf("Child process terminated abnormally\n");
        }
    }
    return 0;
}
```

这个示例代码创建了一个子进程,子进程输出一条信息后正常终止,并返回退出状态为 42。父进程等待子进程终止,获取退出状态并进行相应的处理。在父进程中,通过 waitpid 函数等待子进程的终止,然后通过 WIFEXITED 和 WEXITSTATUS 宏判断子进程是正常终止还是被信号终止,并获取退出状态。

2）终止进程

进程无论以哪种方式结束，都会调用一个 exit() 系统调用，通过这个系统调用终止自己的运行，并及时通知父进程回收本进程。exit() 系统调用完成以下操作：释放进程除 PCB 外的几乎所有资源；向 PCB 写入进程退出状态和一些统计信息；置进程状态为"僵死态"；向父进程发送"子进程终止（SIGCHLD）"信号；调用进程调度程序切换 CPU 的运行进程。

exit() 系统调用含义如表 6.25 所示。

表 6.25　exit() 系统调用含义

特　点	描　　　　述
原型	void exit(int status);
参数	status 表示进程的退出状态。通常，0 表示成功，其他非零值表示错误或异常情况
返回值	status 是要传递给父进程的一个整数，用于向父进程通报进程运行的结果状态。status 的含义通常是：0 表示正常终止；非 0 表示运行有错，异常终止
功能	终止当前进程的执行，并返回退出状态给父进程
用途	正常终止程序的执行

示例：以下是一个使用 exit() 系统调用的简单示例程序。在这个示例中，父进程创建一个子进程，然后等待子进程终止，并打印相应的信息。

```
#include <stdio.h>
#include <stdlib.h>
#include <sys/wait.h>
#include <unistd.h>
int main() {
    pid_t child_pid = fork();
    if (child_pid == -1) {
        perror("fork");
        return 1;
    }
    if (child_pid == 0) {
        //子进程执行的代码
        printf("This is the child process. PID: %d\n", getpid());
        sleep(2);                          //子进程休眠 2s
        printf("Child process is terminating.\n");
        exit(42);                          //子进程以退出状态 42 正常终止
    } else {
        //父进程执行的代码
        printf("This is the parent process. PID: %d\n", getpid());
        printf("Parent process is waiting for the child process.\n");
        int status;
        pid_t terminated_pid = wait(&status);
        if (terminated_pid == -1) {
            perror("wait");
```

```
            return 1;
        }
        if (WIFEXITED(status)) {
            //子进程正常终止
            printf("Child process (PID %d) terminated with exit status: %d\n", terminated_pid, WEXITSTATUS(status));
        } else if (WIFSIGNALED(status)) {
            //子进程被信号终止
            printf("Child process (PID %d) terminated by signal: %d\n", terminated_pid, WTERMSIG(status));
        }
    }
    return 0;
}
```

本示例中,子进程调用 exit(42) 正常终止,父进程通过 wait() 获取子进程的终止状态,并判断子进程是否正常终止。如果子进程正常终止,将打印子进程的退出状态。

3) 等待与收集进程

在并发执行的环境中,父子进程的运行速度是无法确定的。但在许多情况下,我们希望父子进程的进展能够有某种同步关系。例如,父进程需要等待子进程的运行结果才能继续执行下一步计算,或父进程要负责子进程的回收工作,它必须在子进程结束后才能退出。这时就需要通过 wait() 系统调用来阻塞父进程,等待子进程结束。

当父进程调用 wait() 时,自己立即被阻塞,由 wait() 检查是否有僵尸子进程。如果找到就收集它的信息,然后撤掉它的 PCB;否则就阻塞下去,等待子进程发来终止信号。父进程被信号唤醒后,执行 wait(),处理子进程的回收工作。经 wait() 收集后,子进程才真正消失。

wait() 系统调用含义如表 6.26 所示。

表 6.26 wait() 系统调用含义

参数	含义
功能	阻塞进程直到子进程结束;收集子进程
调用格式	int wait(int * statloc);
返回值	>0:子进程的 PID -1:调用失败 0:其他 * statloc 保存了子进程的一些状态。如果是正常退出,则其末字节为 0,第 2 字节为退出状态;如果是非正常退出(即被某个信号所终止),则其末字节不为 0,末字节的低 7 位为导致进程终止的信号的信号值。若不关心子进程是如何终止的,可以用 NULL 作参数,即 wait(NULL)

图 6.15 描述了用 wait() 系统调用等待子进程的流程。

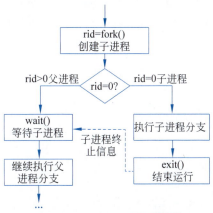

图 6.15　wait 实现进程的等待

示例：下面是一个使用 wait() 系统调用等待和收集子进程的简单示例。在这个示例中，父进程创建两个子进程，然后等待两个子进程终止，并打印相应的信息。代码如下。

```
#include <stdio.h>
#include <stdlib.h>
#include <sys/wait.h>
#include <unistd.h>
int main() {
    //创建第一个子进程
    pid_t child_pid1 = fork();
    if (child_pid1 == -1) {
        perror("fork");
        return 1;
    }
    if (child_pid1 == 0) {
        //第一个子进程执行的代码
        printf("This is the first child process. PID: %d\n", getpid());
        sleep(2);
        printf("First child process is terminating.\n");
        exit(1);
    }
    //创建第二个子进程
    pid_t child_pid2 = fork();
    if (child_pid2 == -1) {
        perror("fork");
        return 1;
    }
    if (child_pid2 == 0) {
        //第二个子进程执行的代码
        printf("This is the second child process. PID: %d\n", getpid());
        sleep(4);
        printf("Second child process is terminating.\n");
```

```c
        exit(2);
    }
    //父进程执行的代码
    printf("This is the parent process. PID: %d\n", getpid());
    //等待第一个子进程终止
    int status1;
    pid_t terminated_pid1 = waitpid(child_pid1, &status1, 0);
    if (terminated_pid1 == -1) {
        perror("waitpid");
        return 1;
    }
    if (WIFEXITED(status1)) {
        printf("First child process (PID %d) terminated with exit status: %d\n", terminated_pid1, WEXITSTATUS(status1));
    }
    //等待第二个子进程终止
    int status2;
    pid_t terminated_pid2 = waitpid(child_pid2, &status2, 0);

    if (terminated_pid2 == -1) {
        perror("waitpid");
        return 1;
    }
    if (WIFEXITED(status2)) {
        printf("Second child process (PID %d) terminated with exit status: %d\n", terminated_pid2, WEXITSTATUS(status2));
    }
    return 0;
}
```

在这个示例中，父进程使用 fork() 创建两个子进程，然后使用 waitpid() 等待和收集每个子进程的终止状态。每个子进程在不同的时间终止，父进程在等待的过程中可以继续执行其他任务。

3. 进程的阻塞与唤醒

运行中的进程，若需要等待一个特定事件的发生而不能继续运行下去时，则主动放弃 CPU。等待的事件可能是一段时间、从文件中读出的数据、来自键盘的输入、某个资源被释放或是某个硬件产生的事件等。进程通过调用内核函数来阻塞自己，将自己加入一个等待队列中。阻塞操作的步骤是：建立一个等待队列的节点，填入本进程的信息，将它链入指定的等待队列中；将进程的状态置为睡眠态；调用进程调度函数选择其他进程运行，并将本进程从可执行队列中删除。

当等待的事件发生时，引发事件的相关程序会调用内核函数来唤醒等待队列中的满足等待条件的进程。例如，当磁盘数据到来后，文件系统要负责唤醒等待这批文件数据的进程。唤醒操作的处理是：将进程的状态改变为可执行态并加到可执行队列中。如果此进程的优先级高于当前正在运行的进程的优先级,则会触发进程调度函数重新进行进程调度。当该进程被调度执行时,它调用内核函数把自己从等待队列中删除。

另外,信号也可以唤醒处于可中断睡眠态的进程。被信号唤醒为伪唤醒,即唤醒不是因为等待的事件发生。被信号伪唤醒的进程在处理完信号后通常会再次睡眠。

示例:下面是一个简单的示例代码,演示了一个父进程创建子进程,父进程等待子进程终止的过程,以及使用信号唤醒等待的子进程,代码如下。

```c
#include <stdio.h>
#include <stdlib.h>
#include <sys/types.h>
#include <sys/wait.h>
#include <unistd.h>
#include <signal.h>
//全局变量用于通信
volatile sig_atomic_t child_ready = 0;
//子进程的信号处理函数
void child_signal_handler(int signum) {
    if (signum == SIGUSR1) {
        child_ready = 1;
    }
}
int main() {
    pid_t child_pid;
    //注册子进程信号处理函数
    signal(SIGUSR1, child_signal_handler);
    //创建子进程
    child_pid = fork();
    if (child_pid == -1) {
        perror("fork");
        exit(EXIT_FAILURE);
    }

    if (child_pid == 0) {
        //子进程执行的代码
        printf("Child process waiting...\n");
        //发送信号通知父进程子进程已准备好
        kill(getppid(), SIGUSR1);
        //子进程执行一些任务
        sleep(2);
        printf("Child process completed.\n");
        exit(EXIT_SUCCESS);
    } else {
        //父进程执行的代码
        printf("Parent process waiting for child...\n");
        //等待子进程信号通知
        while (!child_ready) {
            sleep(1);
```

```
            }
            //父进程执行一些任务
            printf("Parent process continuing...\n");
            //等待子进程终止
            waitpid(child_pid, NULL, 0);
            printf("Parent process completed.\n");
        }
        return 0;
    }
```

在这个例子中,父进程创建了一个子进程,并在等待子进程终止之前等待子进程的信号通知。子进程通过发送 SIGUSR1 信号通知父进程它已经准备好。父进程在收到信号后继续执行,然后等待子进程终止。

6.3.3　Shell 命令的执行过程

Shell 程序的功能就是执行 Shell 命令,执行命令的主要方式是创建一个子进程,让这个子进程来执行命令的映像文件。因此,Shell 进程是所有在其下执行的命令的父进程。Shell 执行命令的大致过程如图 6.16 所示,从中可以看到一个进程从诞生到消失的整个过程。

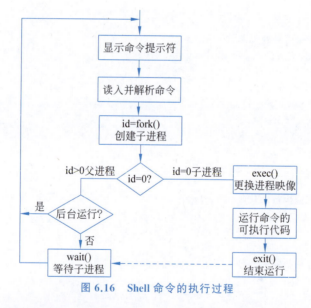

图 6.16　Shell 命令的执行过程

Shell 进程初始化完成后,在屏幕上显示命令提示符,等待命令行输入。接收到一个命令行后,Shell 对其进行解析,确定要执行的命令及其选项和参数,以及命令的执行方式,然后创建一个子 Shell 进程。

子进程诞生后立即更换进程映像为要执行的命令的映像文件,运行该命令直至结束。如果命令行后面没有带后台运行符"&",则子进程在前台开始运行。此时,Shell 阻塞自己,等待命令执行结束。如果命令行后面带有"&"符,则子进程在后台开始运行,同时 Shell 也继续执行下去。它立即显示命令提示符,接收下一个命令。命令子进程执行结束后,向父进程 Shell 进程发送信号,由 Shell 对子进程进行回收处理。

示例:一个简单的 Linux 进程控制的 Shell 脚本实例。这个脚本创建两个子进程,每个子进程都执行一个不同的命令,并通过 wait 命令等待它们的完成。最后,脚本输出各个进程的执行结果。

```bash
#!/bin/bash
#Shell 脚本实例:Linux 进程控制
#函数定义:执行命令并输出执行结果
execute_command() {
    local command="$1"
    echo "Executing command: $command"
    eval "$command"
    local exit_code=$?
    echo "Command exited with code $exit_code"
    return $exit_code
}
#主程序
echo "Parent process (PID: $$) is starting..."
#创建第一个子进程,执行命令 1
command1="echo 'Command 1 is running...'; sleep 5; echo 'Command 1 completed.'"
execute_command "$command1" &
pid1=$!
#创建第二个子进程,执行命令 2
command2="echo 'Command 2 is running...'; sleep 3; echo 'Command 2 completed.'"
execute_command "$command2" &
pid2=$!
#等待子进程完成
echo "Parent process is waiting for child processes to complete..."
wait $pid1
wait $pid2
#输出最终结果
echo "All child processes completed."
echo "Parent process (PID: $$) is exiting."
```

这个脚本执行了两个异步命令,分别用 command1 和 command2 表示。这两个命令分别包括一些简单的输出和休眠时间。父进程使用 wait 命令等待这两个子进程的完成,并在最后输出执行结果。脚本执行结果,如图 6.17 所示。

```
# 创建第二个子进程，执行命令2
echo "Parent process (PID: $$) is exiting."rocesses to complete..."completed.'"
Parent process (PID: 488448) is starting...
[1] 488654
[2] 488658
Parent process is waiting for child processes to complete...
Executing command: echo 'Command 2 is running...'; sleep 3; echo 'Command 2 com
pleted.'
Executing command: echo 'Command 1 is running...'; sleep 5; echo 'Command 1 com
pleted.'
Command 1 is running...
Command 2 is running...
Command 2 completed.
Command exited with code 0
Command 1 completed.
Command exited with code 0
[1]-  Done                    execute_command "$command1"
[2]+  Done                    execute_command "$command2"
All child processes completed.
Parent process (PID: 488448) is exiting.
[root@localhost ~]#
```

图 6.17　Linux 进程控制的 Shell 脚本综合实例

6.4　进 程 调 度

在多任务系统中，进程调度是 CPU 管理的一项核心工作。根据调度模式的不同，多任务系统有两种类型，即非抢占式和抢占式。非抢占式是由正在运行的进程自己主动放弃 CPU，这是早期多任务系统的调度模式。现代操作系统大多采用抢占式，即由调度程序决定什么时候停止一个进程的运行，切换其他进程运行。对于抢占式多任务系统来说，进程调度是系统设计中最为关键的一个环节。

6.4.1　进程调度的基本原理

1. 进程调度的功能

进程调度的功能是按照一定的策略把 CPU 分配给就绪进程，使它们轮流地使用 CPU 运行。进程调度是一个综合性的任务，需要在各种需求和限制下，找到一个平衡点，以提供对系统资源的高效利用和对用户的良好响应。

进程调度在操作系统中具有以下主要功能，如表 6.27 所示。

表 6.27　进程调度的主要功能

功　　能	描　　述
公平性和公正性	调度器确保所有进程有机会获得 CPU 时间，以保持系统的公平性和公正性
最大化系统吞吐量	调度器旨在通过有效利用 CPU 时间，使系统中的进程更快地完成任务，最大化系统的吞吐量
最小化响应时间	调度器致力于减少用户发出请求到系统响应的时间，以提供更好的用户体验
避免饥饿和死锁	调度器确保没有进程永远无法获得 CPU 时间，同时避免死锁情况的发生

续表

功　能	描　述
实时性能	在实时系统中,调度器需要按照预定的截止时间执行任务,以满足实时任务对响应时间的要求
适应性	调度器灵活地根据系统的负载和变化的状况,调整调度策略,以适应不同的工作负载和系统状况
性能评估和监控	调度器监控各个进程的性能,收集和分析运行时间、等待时间等指标,用于评估系统的整体性能

进程调度实现了进程就绪态与运行态之间的转换。调度工作包括:

(1) 当正运行的进程因某种原因放弃 CPU 时,为该进程保留现场信息。

(2) 按一定的调度算法,从就绪进程中选一个进程,把 CPU 分配给它。

(3) 为被选中的进程恢复现场,使其运行。

2. 进程调度算法

进程调度算法是系统效率的关键,它确定了系统对资源,特别是对 CPU 资源的分配策略,因而直接决定着系统最本质的性能指标,如响应速度、吞吐量等。进程调度算法的目标首先是要充分发挥 CPU 的处理能力,满足进程对 CPU 的需求。此外,还要尽量做到公平对待每个进程,使它们都能得到运行机会。

进程调度算法是操作系统中用于确定在给定时间点哪个进程应该执行的算法。以下是一些常见的进程调度算法,如表 6.28 所示。

表 6.28　进程调度算法

算　法	描　述	优　点	缺　点
FCFS（先来先服务）	就绪队列中按照到达顺序调度,先到达的进程先执行	简单易实现	平均等待时间可能较长,可能导致饥饿现象
SJF（最短作业优先）	选择剩余执行时间最短的进程进行调度	平均等待时间较短,适用于批处理系统	难以准确预测每个进程的执行时间,可能导致无法预测的等待时间
优先级调度	为每个进程分配一个优先级,优先级高的进程先执行	具有灵活性,可以根据任务的重要性进行调度	可能导致低优先级的进程长时间等待高优先级的进程
轮转调度	每个进程被分配一个时间片,时间片用尽后移到队列末尾等待下一轮调度	公平,避免了长任务等待时间过长	时间片大小会影响性能,可能导致上下文切换开销增加
MFQ（多级反馈队列调度）	就绪队列分成多个队列,每个队列有不同的优先级,新创建的进程进入最高优先级队列。如果一个进程用完了它的时间片而没有完成,它将被移到较低优先级的队列	适应性强,能够处理不同优先级和不同执行时间的进程	需要调整和设置多个参数

在实际应用中,经常是多种策略结合使用。如时间片轮转法中也可适当考虑优先级因素,对于紧急的进程可以分配一个长一些的时间片,或连续运行多个时间片等。

6.4.2 Linux系统的进程调度

Linux系统的进程调度采用多级反馈队列调度算法(Multilevel Feedback Queue Scheduling)。这是一种灵活的调度算法,它基于时间片轮转调度和优先级调度的思想,并结合了多个就绪队列,以适应不同优先级和执行时间的进程。

Linux系统采用的多级反馈队列调度算法的基本原理如下。

多级队列结构:系统维护多个就绪队列,每个队列对应一个不同的优先级。新创建的进程首先进入最高优先级队列。如果一个进程完了它的时间片而没有完成,它将被移到较低优先级的队列。每个队列都有一个时间片大小,时间片越大,进程在该队列中运行的时间越长。

时间片轮转:在每个队列中,采用时间片轮转的方式进行调度。每个进程在就绪队列中按照顺序获取一个时间片进行执行,如果在时间片用完之前没有完成,将被移到下一个较低优先级的队列。

优先级提升:当一个进程等待了较长时间仍未执行时,其优先级可能会提升,以避免饥饿现象。优先级提升的机制可以确保长时间等待的进程最终能够得到执行。

优先级降低:运行完一个时间片的进程,如果没有执行完,可能被移到较低优先级队列,以确保其他进程有机会执行。

这种多级反馈队列调度算法具有良好的适应性,能够在不同的负载和执行时间分布下提供合理的性能。由于其灵活性,它在实际的操作系统中得到广泛应用。

Linux系统采用的调度算法简洁而高效。尤其是2.5版后的内核采用了新的调度算法,在高负载和多CPU并行系统中执行得极为出色。

1. 进程的调度信息

在Linux系统中,进程的PCB中记录了与进程调度相关的信息,如表6.29所示。

表6.29 进程的调度信息

参数/概念	描 述
调度策略(policy)	区分实时进程和普通进程的调度策略。实时进程采用不同的调度策略,普通进程采用优先级+时间片轮转的策略
实时优先级(rt_priority)	实时进程的优先级,取值范围为1(最高)~99(最低)
静态优先级(static_prio)	进程的基本优先级,取值范围为100(最高)~139(最低)。它由"nice数"决定,影响时间片的初始大小
动态优先级(prio)	普通进程的实际优先级,根据静态优先级和运行状况动态调整,取值范围为100(最高)~139(最低)
时间片(time_slice)	进程当前剩余的时间片。时间片的初始大小由静态优先级决定,随着进程运行而减小。减为0时,需要重新获得新的时间片

进程的调度策略和优先级等是在进程创建时从父进程那里继承来的,不过用户可以通过系统调用改变它们。setpriority()和 nice()用于设置静态优先级;sched_setparam()用于设置实时优先级;sched_setscheduler()用于设置调度策略和参数。

2. 调度函数和队列

Linux 系统中用于实现进程调度的程序是内核函数 schedule()。该函数的功能是按照预定的策略在可执行进程中选择一个进程,切换 CPU 现场使之运行。在 Linux 内核中,调度函数和队列是实现进程调度的重要组成部分。

以下是一些与 Linux 进程调度相关的主要调度函数和队列,如表 6.30 所示。

表 6.30 Linux 调度函数和队列

	调度函数和队列	描 述
调度函数	schedule()	选择下一个要运行的进程,并进行切换
	__schedule()	schedule()的底层实现,执行实际的调度工作
	schedule_timeout()	设置一个定时器,使当前进程进入睡眠状态,之后重新被唤醒
	yield()	允许当前进程放弃 CPU,将 CPU 让给其他就绪状态的进程
队列	就绪队列(runqueue)	存储所有就绪状态的进程,包括实时进程队列和普通进程队列
	实时进程队列	存储实时进程,采用先到先服务的调度策略
	普通进程队列	存储普通进程,采用优先级 + 时间片轮转的调度策略
	调度策略队列(Priority Array)	根据进程的静态优先级将进程分组,每个组维护一个队列,用于按照优先级选择下一个运行的进程
相关数据结构	task_struct	进程描述符,包含进程的所有信息,如状态、标识符、优先级等
	sched_entity	表示调度实体的数据结构,与每个进程相关联,包括动态优先级、时间片等信息
	runqueue	表示就绪队列的数据结构,包括多个队列,每个队列对应一个优先级

调度程序中最基本的数据结构是可执行队列 runqueue。每个 CPU 都有一个自己的可执行队列,它包含所有等待该 CPU 的可执行进程。runqueue 结构中设有一个 curr 指针,指向正在使用 CPU 的进程。进程切换时,curr 指针也跟着变化。

旧版本的调度程序(2.4 版内核)在选择进程时需要遍历整个可执行队列,用的时间随进程数量的增加而增加,最坏时可能达到 $O(n)$ 复杂度级别。内核(2.6 版内核)改进了调度的算法和数据结构,使算法的复杂度达到 $O(1)$ 级(最优级别),故称为 $O(1)$ 算法。以前的算法,名为 CFS,已在 Linux 2.6.23 中合并。而目前最新内核(6.6 版内核)中,CFS 被一个使用新算法的代码替代,该算法被称为 EEVDF("最早可用虚拟截止日期优先")。

新内核的 runqueue 队列结构中实际包含多个进程队列,它们将进程按优先级划分,相同优先级的链接在一起,成为一个优先级队列。所有优先级队列的头地址都记录在一个优先级数组中,按优先级顺序排列。实时进程的优先级队列在前(1~99),普通进程的优先级队列在后(100～139)。当进程调度选择进程时,只需在优先级数组中选择当前最高优先级队列中的第1个进程即可。无论进程的多少,这个操作总可以在固定的时间内完成,因而是 $O(1)$ 级别的。可执行队列的结构如图6.18所示。

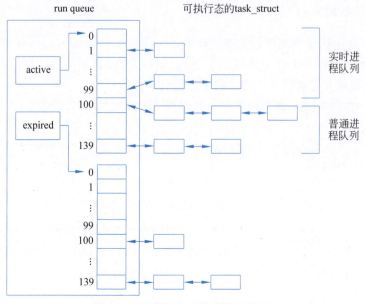

图 6.18 可执行队列的结构示意图

影响调度算法效率的另一个操作是为进程重新计算时间片。旧算法中,当所有进程的时间片用完后,调度程序遍历可执行队列,逐个为它们重新赋予时间片,然后开始下一轮的执行。当进程数目很多时,这个过程会十分耗时。为克服这个弊端,新调度函数将每个优先级队列分为两个:活动队列和过期队列。活动队列包含那些时间片未用完的进程,过期队列包含那些时间片用完的进程。相应地,在 runqueue 中设置了两个优先级数组,一个是活动数组 active,它记录了所有活动队列的指针;另一个是过期数组 expired,它记录了所有过期队列的指针。当一个进程进入可执行态时,它被按照优先级放入一个活动队列中;当进程的时间片耗完时,它会被赋予新的时间片并转移到相应的过期队列中。当所有活动队列都为空时,只需将 active 和 expired 数组的指针互换,过期队列就成为活动队列。这个操作也是 $O(1)$ 级别的。

可以看出,新调度的实现策略是用复杂的数据结构来换取算法的高效率的。

3. Linux 的进程调度策略

进程调度在选择进程时,首先在可执行队列中寻找优先级最高的进程。由于实时进程的优先级(1～99)总是高于普通进程(100～139),所以实时进程永远优先于普通进程。选中进程后,根据 PCB 中 policy 的值确定该进程的调度策略来进行调度。

Linux 采用多种进程调度策略,这些策略主要分为两类:实时调度和普通调度。以下是 Linux 中的一些常见进程调度策略,如表6.31所示。

表 6.31 Linux 的进程调度策略

分 类	调度策略	描 述
实时调度策略	SCHED_FIFO（先到先服务）	先到先服务，按照优先级顺序执行实时进程，直到运行完或者放弃 CPU
	SCHED_RR（时间片轮转）	时间片轮转，每个实时进程有一个固定的时间片，用完后移到队列末尾等待下一次执行
	SCHED_DEADLINE（截止时间调度）	截止时间调度，允许每个进程指定截止时间，调度器尽量保证在截止时间前执行完
普通调度策略	SCHED_OTHER（普通调度）	普通调度，采用优先级 ＋ 时间片轮转的混合策略，优先级由"nice 值"决定
	SCHED_BATCH（批处理调度）	批处理调度，针对批处理任务，允许在系统空闲时运行，减少对系统的影响
动态调整	CFS（完全公平调度）	完全公平调度，采用公平分享 CPU 时间的策略，基于红黑树实现，动态调整进程的虚拟运行时间
其他特性	负载均衡	在多处理器系统中，调度器负责在处理器之间平衡负载，确保各处理器上的进程得到相对公平的运行机会

schedule()函数是 Linux 内核中用于进行进程切换的核心调度函数之一。它的作用是选择下一个要运行的进程，并进行上下文切换。schedule() 函数的实现涉及调度算法、就绪队列管理和进程状态的处理。

在 schedule()函数中实现了三种调度策略，即先进先出法、时间片轮转法和普通调度法。

1) 先进先出法

先进先出(First In First Out，FIFO)调度算法用于实时进程，采用 FIFO 策略的实时进程就绪后，按照优先级 rt_priority 加入相应的活动队列的队尾。调度程序按优先级依次调度各个进程运行，具有相同优先级的进程采用 FIFO 算法。投入运行的进程将一直运行，直到进入僵死态、睡眠态或者是被具有更高实时优先级的进程夺去 CPU。

FIFO 算法实现简单，但在一些特殊情况下有欠公平。例如，一个运行时间很短的进程排在了一个运行时间很长的进程之后，它可能要花费比运行时间长很多倍的时间来等待。

2) 时间片轮转法

时间片轮转(Round Robin，RR)算法也是用于实时进程，它的基本思想是给每个实时进程分配一个时间片，然后按照它们的优先级 rt_priority 加入相应的活动队列中。调度程序按优先级依次调度，具有相同优先级的进程采用轮换法，每次运行一个时间片。时间片的长短取决于其静态优先级 static_prio。当一个进程的时间片用完，它就要让出 CPU，重新计算时间片后加入同一活动队列的队尾，等待下一次运行。RR 算法也采用了优先级策略。在进程的运行过程中，如果有更高优先级的实时进程就绪，则调度程序就会中止当前进程而去响应高优先级的进程。

相比 FIFO 来说，RR 算法在追求响应速度的同时还兼顾到公平性。

3) 普通调度法

普通调度法(Normal Scheduling，NORMAL)用于普通进程的调度。每个进程拥有一个静态优先级和一个动态优先级。动态优先级是基于静态优先级调整得到的实际优先级,它与进程的平均睡眠时间有关,进程睡眠的时间越长,则其动态优先级越高。调整优先级的目的是提高对交互式进程的响应性。

NORMAL 算法与 RR 算法类似,都是采用优先级+时间片轮转的调度方法。进程按其优先级 prio 被链入相应的活动队列中。调度程序按优先级顺序依次调度各个队列中的进程,每次运行一个时间片。一个进程的时间片用完后,内核重新计算它的动态优先级和时间片,然后将它加入相应的过期队列中。与 RR 算法的不同之处在于,普通进程的时间片用完后被转入过期队列中,它要等到所有活动队列中的进程都运行完后才会获得下一轮执行机会。而 RR 算法的进程始终在活动队列中,直到其执行完毕。这保证了实时进程不会被比它的优先级低的进程打断。可以看出,RR 算法注重优先级顺序,只在每级内采用轮转;而 NORMAL 算法注重的是轮转,在每轮中采用优先级顺序。

4. 进程调度的时机

当需要切换进程时,进程调度程序就会被调用。引发进程调度的时机有下面几种,如表 6.32 所示。

表 6.32　引发进程调度的时机

引发因素	描　　述
进程状态的变化	当一个进程从运行状态变为等待(阻塞)状态,或者从运行状态变为就绪状态时,调度器会引发进程调度
时间片用完	对于采用时间片轮转调度策略的系统,当一个进程的时间片用完时,调度器会选择下一个就绪状态的进程来执行
优先级的变化	如果进程的优先级发生变化,可能会引发进程调度。在普通调度策略中,通过修改进程的"nice 值"可以改变其优先级
实时进程的截止时间到达	对于实时调度策略,当一个实时进程的截止时间到达时,调度器会立即选择该实时进程执行
中断或异常发生	当硬件中断或软件异常发生时,可能会导致当前执行的进程被中断,从而引发进程调度
新进程的创建	当一个新的进程被创建时,调度器会决定何时将其放入运行状态,开始执行
显式地调用调度函数	有时,内核或应用程序代码可能会显式调用调度函数,请求进行一次进程调度
进程状态的变化	当一个进程从运行状态变为等待(阻塞)状态,或者从运行状态变为就绪状态时,调度器会引发进程调度
进程从核心态返回到用户态	当一个进程从核心态(内核态)返回用户态时,例如,在系统调用或中断处理结束后,可能引发进程调度,选择下一个执行的进程

从本质上看,这些情况可以归结为两类时机,一是进程本身自动放弃 CPU 而引发的调度,这是上述第一种情况。这时的进程是主动退出 CPU,转入睡眠或僵死态。二是进程由核心态转入用户态时发生调度,包括上述后三种情况。这类调度发生最为频繁。当进程执行系统调用或中断处理后返回,都是由核心态转入用户态。时间片用完是由系统

的时钟中断引起的中断处理过程,而新进程加入可执行队列也是由内核模块处理的,因此也都会在处理完后从内核态返回用户态。

Linux 系统是抢占式多任务系统,上述情况除了第一种是进程主动调用调度程序放弃 CPU 的,其他情况下都是由系统强制进行重新调度的,这就是 CPU 抢占。在必要时抢占 CPU 可以保证系统具有很好的响应性。为了标识何时需要重新进行进程调度,系统在进程的 PCB 中设置了一个 need_resched 标识位,为 1 时表示需要重新调度。当某个进程的时间片耗尽,或有高优先级进程加入可执行队列中,或进程从系统调用或中断处理中返回前,都会设置这个标识。每当系统从核心态返回用户态时,内核都会检查 need_resched 标识,如果已被设置,内核将调用调度函数进行重新调度。

6.5 进程互斥与进程同步

多个进程在同一系统中并发执行,共享系统资源,因此它们不是孤立存在的,而是会互相影响或互相合作。为保证进程不因竞争资源而导致错误的执行结果,需要通过某种手段实现相互制约。这种手段就是进程的互斥与同步。进程的互斥(Mutex)和同步(Synchronization)是操作系统中关键的概念,用于协调多个进程或线程的执行,以确保数据一致性和避免竞态条件。

6.5.1 进程的互斥与同步

并发进程彼此间会产生相互制约的关系。进程之间的制约关系有两种方式:一是进程的同步,即相关进程为协作完成同一任务而引起的直接制约关系;二是进程的互斥,即进程间因竞争系统资源而引起的间接制约关系。

1. 临界资源与临界区

临界资源是一次仅允许一个进程使用的资源。例如,共享的打印机就是一种临界资源。当一个进程在打印时,其他进程必须等待,否则会使各进程的输出混在一起。共享内存、缓冲区、共享的数据结构或文件等都属于临界资源。

临界区是程序中访问临界资源的程序片段。划分临界区的目的是明确进程的互斥点。当进程运行在临界区之外时,不会引发竞争条件。而当进程运行在临界区内时,它正在访问临界资源,此时应阻止其他进程进入同一资源的临界区。

示例:在前面章节中描述了一个选修课中选课计数器的例子。当 A、B 两个进程同时修改计数器 D 时就会发生更新错误,因此 D 是一个临界资源,而程序 A 和 B 中访问 D 的程序段就称为临界区,如图 6.19 所示。

2. 互斥与同步

因共享临界资源而发生错误,其原因在于多个进程访问该资源的操作穿插进行。要避免这种错误,关键是要用某种方式来阻止多个进程同时访问临界资源,这就是互斥。

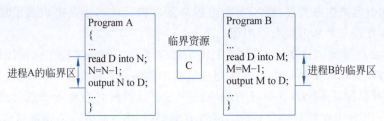

图 6.19 临界资源与临界区

进程的互斥就是禁止多个进程同时进入各自的访问同一临界资源的临界区,以保证对临界资源的排他性使用。以未选课计数器为例,当进程 A 运行在它的(A 的)临界区内时,进程 B 不能进入它的(B 的)临界区执行,进程 B 必须等待,直到 A 离开 A 的临界区后,B 才可进入 B 的临界区运行。

进程的同步是指进程间为合作完成一个任务而互相等待、协调运行步调。例如,两个进程合作处理一批数据,进程 A 先对一部分数据进行某种预处理,然后通过缓冲区传给进程 B 做进一步的处理。这个过程要循环多次直至全部数据处理完毕。

访问缓冲区是一个典型的进程同步问题。缓冲区是两进程共享的临界资源,当一个进程存取缓冲区时,另一个进程是不能同时访问的。但两进程之间并不仅是简单的互斥关系,它们还要以正确的顺序来访问缓冲区,即必须 A 进程写缓冲区在前,B 进程读缓冲区在后,且读与写操作必须一一交替,不能出现连续多次地读或写操作。例如,当 A 进程写满缓冲区后,即使 B 进程因某种原因还没有占用缓冲区,A 也不能去占用缓冲区再次写数据,它必须等待 B 将缓冲区读空后才能再次写入。

可以看出,同步是一种更为复杂的互斥,而互斥是一种特殊的同步。广义地讲,互斥与同步实际上都是一种同步机制。

3. 互斥机制解决临界区问题

互斥锁:使用互斥锁是解决临界区问题的一种常见方法。在访问临界区之前,进程必须获得互斥锁,如果其他进程已经获得了锁,则等待。

锁的获取和释放:进入临界区前,先尝试获取互斥锁,如果成功获取,就进入临界区执行操作,然后释放锁。其他进程在尝试进入临界区时需要等待锁的释放。

示例伪代码(Python):

```
#互斥锁初始化
mutex = Mutex()
#进程 A
mutex.lock()
#访问临界区
#修改共享资源
mutex.unlock()
#进程 B
mutex.lock()
#访问临界区
```

```
#修改共享资源
mutex.unlock()
```

通过使用互斥锁,确保了一次只有一个进程能够访问临界区,从而解决了竞态条件和数据不一致的问题。这是并发程序设计中常见的一种同步机制。

6.5.2 信号量与 P、V 操作

实现进程互斥与同步的手段有多种,其中,信号量是最早出现的进程同步机制。因其简捷有效,信号量被广泛地用来解决各种互斥与同步问题。

1. 信号量与 P、V 操作

信号量是一个整型变量 s,它为某个临界资源而设置,表示该资源的可用数目。s 大于 0 时表示有资源可用,s 的值就是资源的可用数;s 小于或等于 0 时表示资源已都被占用,s 的绝对值就是正在等待此资源的进程数。

信号量是一种特殊的变量,它仅能被两个标准的原语操作来访问和修改。这两个原语操作分别称为 P 操作和 V 操作。

P(s)操作定义为

$$s=s-1; \text{if } (s<0) \text{ block}(s);$$

V(s)操作定义为

$$s=s+1; \text{if } (s<=0) \text{ wakeup}(s);$$

P、V 操作是原语,也就是说,其执行过程是原子的,不可分割的。P、V 操作中用到两个进程控制操作,其中,block(s)操作将进程变换为等待状态,放入等待 s 资源的队列中。wakeup(s)操作将 s 的等待队列中的进程唤醒,将其放入就绪队列。这两种操作后都会调用 schedule()函数,引发一次进程调度。

P(s)操作用于申请资源 s。P(s)操作使资源的可用数减 1。如果此时 s 是负数,表示资源不可用(即已被别的进程占用),则该进程等待。如果此时 s 是 0 或正数,表示资源可用,则该进程进入临界区运行,使用该资源。

V(s)操作用于释放资源 s。V(s)操作使资源的可用数加 1。如果此时 s 是负数或 0,表示有进程在等待此资源,则用信号唤醒等待的进程。如果此时 s 是正数,表示没有进程在等待此资源,则无须进行唤醒操作。

使用信号量与 P、V 操作可以正确实现进程间的各种互斥与同步。信号量的作用类似于人行道上的红绿灯:行人过街时先按下按钮(执行 P 操作),车行道上的红灯亮起,来往车辆见到信号即停止;行人过街后,按另一个按钮(执行 V 操作),使绿灯亮起,车辆放行。

示例:一个简单的 Python 代码示例,演示了使用信号量来实现行人和车辆的互斥与同步,Python 代码如下。

```
import threading
import time
class Semaphore:
```

```python
    def __init__(self, initial):
        self.value = initial
        self.mutex = threading.Lock()
        self.queue = []
    def P(self):
        with self.mutex:
            self.value -= 1
            if self.value < 0:
                #资源不可用,等待
                print("Red light is on. Pedestrian waiting.")
                event = threading.Event()
                self.queue.append(event)
                self.mutex.release()
                event.wait()
                self.mutex.acquire()
                print("Green light is on. Pedestrian crossing.")
    def V(self):
        with self.mutex:
            self.value += 1
            if self.value <= 0:
                #唤醒等待队列中的一个进程
                event = self.queue.pop(0)
                event.set()
                print("Red light is on. Pedestrian has crossed.")
def pedestrian(sem):
    print("Pedestrian arrives at the crossing.")
    sem.P()   #过马路前按下按钮,等待信号
    print("Pedestrian is crossing the road.")
    #模拟过马路的时间
    time.sleep(3)
    print("Pedestrian has crossed the road.")
    sem.V()   #过马路后按下另一个按钮,释放信号
def car(sem):
    print("Car arrives at the crossing.")
    #车辆通过时不需要等待信号,直接通过
    print("Green light is on. Car is crossing the road.")
    #模拟车辆通过的时间
    time.sleep(2)
    print("Car has crossed the road.")
if __name__ == "__main__":
    semaphore = Semaphore(initial=1)
    #启动多个线程模拟行人和车辆
    threads = []
    for _ in range(3):
        thread = threading.Thread(target=pedestrian, args=(semaphore,))
        threads.append(thread)
        thread.start()
    for _ in range(2):
```

```
        thread = threading.Thread(target=car, args=(semaphore,))
        threads.append(thread)
        thread.start()
#等待所有线程完成
for thread in threads:
    thread.join()
print("All threads completed.")
```

在这个示例中,Semaphore 类模拟了信号量,pedestrian 和 car 函数模拟了不同类型的进程。通过使用信号量的 P 和 V 操作,确保了行人和车辆在人行道上的互斥与同步。

执行结果如图 6.20 所示。

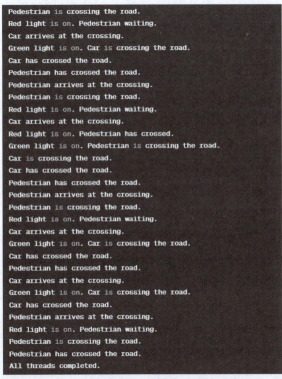

图 6.20　信号量与 P、V 操作(红绿灯示例)

这里有三个行人和两辆车,他(它)们按照不同的顺序模拟过人行道和通过车道。在执行过程中,代码正确地模拟了信号灯的红绿灯切换,确保了行人和车辆的互斥与同步。

2. 用 P、V 操作实现进程互斥

示例:设进程 A 和进程 B 都要访问临界资源 C,为实现互斥访问,需要为临界资源 C 设置一个信号量 s,初值为 1。当进程运行到临界区开始处时,先要做 p(s)操作,申请资源 s。当进程运行到临界区结束处时,要做 v(s)操作,释放资源 s。进程 A 和进程 B 的执行过程,如图 6.21 所示。

由于 s 的初值是 1,当一个进程执行 p(s)进入临界区后,s 的值变为 0。此时若另一

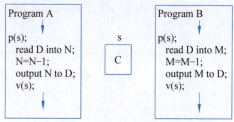

图 6.21　P、V 操作实现进程的互斥

个进程执行到 p(s) 操作时就会被挂起(s 的值变为-1),从而阻止了其进入临界区执行。当一个进程退出其临界区时执行 v(s) 操作,若此时 s=1 表示没有进程在等待此资源,若此时 s=0 表示有一个进程在等待此资源,系统将唤醒该进程,使之可以进入临界区运行。这样就保证了两个进程总是互斥地访问临界资源。

示例代码(Python):

```python
import threading
import time

class Semaphore:
    def __init__(self, initial):
        self.value = initial
        self.mutex = threading.Lock()

    def P(self):
        with self.mutex:
            self.value -= 1
            if self.value < 0:
                #阻塞当前线程(进程)
                self.mutex.release()
                event = threading.Event()
                self.queue.append(event)
                event.wait()
                self.mutex.acquire()

    def V(self):
        with self.mutex:
            self.value += 1
            if self.value <= 0:
                #唤醒等待队列中的一个线程(进程)
                event = self.queue.pop(0)
                event.set()

#共享的临界资源
critical_resource_C = 0

#互斥访问的信号量
semaphore_s = Semaphore(initial=1)
```

```python
def process_A():
    global critical_resource_C
    print("Process A is entering the critical section.")
    
    #申请资源
    semaphore_s.P()
    
    #访问临界资源
    critical_resource_C += 1
    print(f"Process A is accessing critical resource C: {critical_resource_C}")
    
    #释放资源
    semaphore_s.V()
    
    print("Process A is leaving the critical section.")

def process_B():
    global critical_resource_C
    print("Process B is entering the critical section.")
    
    #申请资源
    semaphore_s.P()
    
    #访问临界资源
    critical_resource_C -= 1
    print(f"Process B is accessing critical resource C: {critical_resource_C}")
    
    #释放资源
    semaphore_s.V()
    
    print("Process B is leaving the critical section.")

if __name__ == "__main__":
    #创建两个线程模拟进程A和进程B
    thread_A = threading.Thread(target=process_A)
    thread_B = threading.Thread(target=process_B)
    
    #启动线程
    thread_A.start()
    thread_B.start()
    
    #等待线程完成
    thread_A.join()
    thread_B.join()
    
    print("All threads completed.")
```

这段代码创建了两个线程,分别模拟进程 A 和进程 B。它们通过信号量 s 来实现对临界资源 C 的互斥访问。在进程 A 和进程 B 的临界区开始处,分别调用 P(s)来申请资源;在临界区结束处,分别调用 V(s)来释放资源。通过信号量的互斥操作,确保了在任一时刻只有一个进程能够访问临界资源。

3. 用 P、V 操作实现进程同步

设两进程为协作完成某一项工作,需要共享一个缓冲区。先是一个进程 C 往缓冲区中写数据,然后另一个进程 D 从缓冲区中读取数据,如此循环直至处理完毕。缓冲区属于临界资源,为使这两个进程能够协调步调,串行地访问缓冲区,需用 p、v 操作来同步两进程。这种工作模式称为"生产者-消费者模式"。同步的方法如下。

示例:设置以下两个信号量。

"缓冲区满"信号量 s1,s1=1 时表示缓冲区已满,s1=0 时表示缓冲区未满。初值为 0。
"缓冲区空"信号量 s2,s2=1 时表示缓冲区已空,s2=0 时表示缓冲区未空。初值为 1。
进程 C 和进程 D 执行过程如图 6.22 所示。

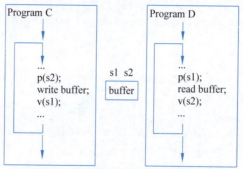

图 6.22 P、V 操作实现进程的同步

由于 s1 的初值是 0,s2 的初值是 1,最初进程 C 执行 p(s2)可以进入临界区,向缓冲区写入,而进程 D 在执行 p(s1)时就会被挂起,因此保证了先写后读的顺序。此后,两者的同步过程是:当 C 写满缓冲区后,执行 v(s1)操作,使 D 得以进入它的临界区进行读缓冲区操作。在 D 读缓冲区时,C 无法写下一批数据,因为再次执行 p(s2)时将阻止它进入临界区。当 D 读空缓冲区后,执行 v(s2)操作,使 C 得以进入它的临界区进行写缓冲区操作。在 C 写缓冲区时,D 无法读下一批数据,因为再次执行 p(s1)时将阻止它进入临界区。这样就保证了两个进程总是互相等待,串行访问缓冲区。访问的顺序只能是"写、读、写、读、……",而不会出现"读、写、读、写、……"或"读、读、写、……""写、写、读、……"之类的错误顺序。

以下为示例代码(Python),演示了使用两个信号量 s1 和 s2 来实现缓冲区的满和空的控制。

```
import threading
import time

class Semaphore:
```

```python
    def __init__(self, initial):
        self.value = initial
        self.mutex = threading.Lock()
        self.queue = []

    def P(self):
        with self.mutex:
            self.value -= 1
            if self.value < 0:
                #阻塞当前线程
                self.mutex.release()
                event = threading.Event()
                self.queue.append(event)
                event.wait()
                self.mutex.acquire()
    def V(self):
        with self.mutex:
            self.value += 1
            if self.value <= 0:
                #唤醒等待队列中的一个线程
                event = self.queue.pop(0)
                event.set()
#共享的缓冲区
buffer = []
#两个信号量
s1 = Semaphore(initial=0)    #缓冲区满
s2 = Semaphore(initial=1)    #缓冲区空
def producer():
    global buffer
    item = "item"
    print("Producer is producing an item.")
    s2.P()    #检查缓冲区是否为空
    buffer.append(item)
    print(f"Buffer: {buffer}")
    s1.V()    #通知缓冲区有新的数据
def consumer():
    global buffer
    print("Consumer is consuming an item.")
    s1.P()    #检查缓冲区是否为满
    item = buffer.pop(0)
    print(f"Buffer: {buffer}")
    s2.V()    #通知缓冲区有空位
if __name__ == "__main__":
    #创建生产者和消费者线程
    producer_thread = threading.Thread(target=producer)
    consumer_thread = threading.Thread(target=consumer)
    #启动线程
    producer_thread.start()
    consumer_thread.start()
```

```
#等待线程完成
producer_thread.join()
consumer_thread.join()
print("All threads completed.")
```

这段代码模拟了一个简单的生产者和消费者场景，使用 s1 和 s2 两个信号量实现了缓冲区的满和空的控制。s1 表示缓冲区满，初始值为 0；s2 表示缓冲区空，初始值为 1。在生产者和消费者的代码中，通过 P() 和 V() 来操作这两个信号量，实现了对缓冲区的同步控制。

6.5.3 Linux 的信号量机制

在 Linux 系统中存在两种信号量的实现机制，一种是针对系统的临界资源设置的，由内核使用的信号量；另一种是供用户进程使用的。

内核管理着整个系统的资源，其中许多系统资源都属于临界资源，包括核心的数据结构、文件、设备、缓冲区等。为防止对这些资源的竞争导致错误，在内核中为它们分别设立了信号量。内核将信号量定义为一种结构类型 semaphore，其中包含三个数据域：该资源的可用数 count、等待该资源的进程数 sleepers，以及该资源的等待队列的地址 wait。内核同时还提供了操作这种类型的信号量的两个函数 down() 和 up()，分别对应于 P 操作和 V 操作。当内核访问系统资源时，通过这两个函数进行互斥与同步。

用户进程在使用系统资源时是通过调用内核函数来实现的，这些内核函数的运行由内核信号量进行同步。因而，用户程序不必考虑有关针对系统资源的互斥与同步问题。但如果是用户自己定义的某种临界资源，如前面例子中的停车场计数器，则不能使用内核的信号量机制。这是因为内核的信号量机制只是在内核内部使用，并未向用户提供系统调用接口。

为了解决用户进程级上的互斥与同步问题，Linux 以进程通信的方式提供了一种信号量机制，它具有内核信号量所具有的一切特性。用于实现进程间信号量通信的系统调用有：semget()，用于创建信号量；semop()，用于操作信号量，如 P、V 操作等；semctl()，用于控制信号量，如初始化等。用户进程可以通过这几个系统调用对自定义临界资源的访问进行互斥与同步。

6.5.4 死锁问题

死锁是指系统中若干个进程相互"无知地"等待对方所占有的资源而无限地处于等待状态的一种僵持局面，其现象是若干个进程均停顿不前，且无法自行恢复。

死锁是并发进程因相互制约不当而造成的最严重的后果，是并发系统的潜在的隐患。一旦发生死锁，通常采取的措施是强制地撤销一个或几个进程，释放它们占用的资源。这些进程将前功尽弃，因而死锁是对系统资源极大的浪费。

死锁的根本原因是系统资源有限，而多个并发进程因竞争资源而相互制约。相互制约的进程需要彼此等待，在极端情况下，就可能出现死锁。如图 6.23 所示是可能引发死锁的一种运行情况。

A、B两进程在运行过程中都要使用到两个临界资源,假设资源 1 为独占设备磁带机,资源 2 为独占设备打印机。若两个进程执行时在时间点上是错开的,则不会发生任何问题。但如果不巧在时序上出现这样一种情形:进程 A 在执行完 p(s1)操作后进入资源 1 的临界区运行,但还未执行到 p(s2)操作时发生了进程切换,进程 B 开始运行。进程 B 执行完 p(s2)操作后进入资源 2 的临界区运行,在运行到 p(s1)操作时将被挂起,转入等待态等待资源 1。当再度调度到进程 A 运行时,它运行到 p(s2)操作时也被挂起,等待资源 2。此时两个进程彼此需要对方的资源,却不放弃各自占有的资源,因而无限地被封锁,陷入死锁状态。

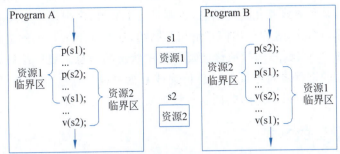

图 6.23 资源竞争导致潜在的死锁可能

分析死锁的原因,可以归纳出产生死锁的 4 个必要条件。

(1) 资源的独占使用:资源由占有者独占,不允许其他进程同时使用。

(2) 资源的非抢占式分配:资源一旦分配就不能被剥夺,直到占用者使用完毕释放。

(3) 对资源的保持和请求:进程因请求资源而被阻塞时,对已经占有资源保持不放。

(4) 对资源的循环等待:每个进程已占用一些资源,而又等待别的进程释放资源。

上例中,磁带机和打印机都是独占资源,不可同时共享,具备了条件 1;资源由进程保持,直到它用 V 操作主动释放资源,具备了条件 2;进程 A 在请求资源 2 被阻塞时,对资源 1 还未释放,进程 B 也是如此,具备了条件 3;两个进程在已占据一个资源时,又在相互等待对方的资源,这形成了条件 4。所有这些因素凑到一起就导致了死锁的发生。

解决死锁的方案就是破坏死锁产生的必要条件之一,方法如下。

(1) 预防:对资源的用法进行适当的限制。

(2) 检测:在系统运行中随时检测死锁的条件,并设法避开。

(3) 恢复:死锁发生时,设法以最小的代价退出死锁状态。

预防是指采取某种策略,改变资源的分配和控制方式,使死锁的条件无法产生。但这种做法会导致系统的资源也无法得到充分的利用。检测是指对资源使用情况进行监视,遇到有可能引发死锁的情况就采取措施避开。这种方法需要大量的系统开销,通常以降低系统的运行效率为代价。因此,一般系统都采取恢复的方法,就是在死锁发生后,检测死锁发生的位置和原因,用外力撤销一个或几个进程,或重新分配资源,使系统从死锁状态中恢复过来。

每个系统都潜在地存在死锁的可能,UNIX/Linux 系统也不例外。但是,出于对系统效率的考虑,UNIX/Linux 系统对待死锁采取的是"鸵鸟算法",即系统并不去检测和解除死锁,而是忽略它。这是因为对付死锁的成本过高,而死锁发生的概率过低(大约连续开机半年才会出现一次）。如果采用死锁预防或者检测算法会严重降低系统的效率。

6.6 进程通信

　　进程间为实现相互制约和合作需要彼此传递信息。然而每个进程都只在自己独立的存储空间中运行，无法直接访问其他进程的空间。因此，当进程需要交换数据时，必须采用某种特定的手段，这就是进程通信。进程通信（Inter-Process Communication，IPC）是指进程间采用某种方式互相传递信息，少则是一个数值，多则是一大批字节数据。

　　为实现互斥与合作，进程使用信号量相互制约，这实际上就是一种进程通信，即进程利用对信号量的 P、V 操作，间接地传递资源使用状态的信息。更广泛地讲，进程通信是指在某些有关联的进程之间进行的信息传递或数据交换。这些具有通信能力的进程不再是孤立地运行，而是协同工作，共同实现更加复杂的并发处理。

6.6.1 进程通信的方式

　　进程间的通信有多种方式，大致可以分为信号量、信号、管道、消息和共享内存几类。

　　从通信的功能来分，进程通信方式可以分为低级通信和高级通信两类。低级通信只是传递少量的数据，用于通知对方某个事件；高级通信则可以用来在进程之间传递大量的信息。低级通信的方式有信号量和信号，高级通信的方式有消息、管道和共享内存等。

　　按通信的同步方式来分，进程通信又分为同步通信与异步通信两类。同步通信是指通信双方进程共同参与整个通信过程，步调协调地发送和接收数据。这就像是打电话，双方必须同时在线，同步地交谈。异步通信则不同，通信双方的联系比较松散，通信的发送方不必考虑对方的状态，发送完就继续运行；接收方也不关心发送方的状态，在自己适合的时候接收数据。异步通信方式就如同发送电子邮件，不必关心对方何时接收。管道和共享内存等都属于同步通信，而信号、消息则属于异步通信。

　　现代操作系统一般都提供了多种通信机制，以满足各种应用需要。利用这些机制，用户可以方便地进行并发程序设计，实现多进程之间的相互协调和合作。

　　Linux 系统支持以下几种 IPC 机制。

　　（1）信号量：作为一种 IPC 机制，信号量用于传递进程对资源的占有状态信息，从而实现进程的同步与互斥。

　　（2）信号：信号是进程间可互相发送的控制信息，一般只是几个字节的数据，用于通知进程有某个事件发生。信号属于低级进程通信，传递的信息量小，但它是 Linux 进程天生具有的一种通信能力，即每个进程都具有接收信号和处理信号的能力。系统通过一组预定义的信号来控制进程的活动，用户也可以定义自己的信号来通告进程某个约定事件的发生。

　　（3）管道：管道是连接两个进程的一个数据传输通路，一个进程向管道写数据，另一个进程从管道读数据，实现两进程之间同步传递字节流。管道的信息传输量大，速度快，内置同步机制，使用简单。

（4）消息队列：消息是结构化的数据，消息队列是由消息链接而成的链式队列。进程之间通过消息队列来传递消息，有写权限的进程可以向队列中添加消息，有读权限的进程则可以读走队列中的消息。与管道不同的是，这是一种异步的通信方式：消息的发送方把消息送入消息队列中，然后继续运行；接收进程在合适的时机去消息队列中读取自己的消息。相比信号来说，消息队列传递的信息量更大，能够传递格式化的数据。更主要的是，消息通信是异步的，适合于在异步运行的进程间交换信息。

（5）共享内存：共享内存通信方式就是在内存中开辟一段存储空间，将这个区域映射到多个进程的地址空间中，使得多个进程能够共享这个内存区域。通信双方直接读/写这个存储区即可达到数据共享的目的。由于进程访问共享内存区就如同访问进程自己的地址空间，因此访问速度最快，只要发送进程将数据写入共享内存，接收进程就可立即得到数据。共享内存的效率在所有 IPC 中是最高的，特别适用于传递大量的、实时的数据。但它没有内置的同步机制，需要配合使用信号量实现进程的同步。因此，较之管道，共享内存的使用较复杂。

本节将只介绍 Linux 的信号和管道这两种通信机制的概念与实现原理。对于 Linux 系统的使用者来说，了解这两种进程通信方式可以更好地理解系统的运行机制。而对于并发软件的开发者来说，还应该进一步地学习和掌握其他几种通信方式。

6.6.2　Linux 信号通信原理

信号是 UNIX 系统中最古老的 IPC 机制之一，主要用于在进程之间传递控制信号。信号属于低级通信，任何一个进程都具有信号通信的能力。

1. 信号的概念

信号是一组正整数常量，进程之间通过传送信号来通信，通知进程发生了某事件。例如，当用户按 Ctrl+C 组合键时，当前进程就会收到一个信号，通知它结束运行。子进程在结束时也会用信号通知父进程。

i386 平台的 Linux 系统共定义了 32 个信号（还有 32 个扩展信号），如图 6.24 所示。

```
[root@localhost ~]# kill -l
```

```
[root@localhost ~]# kill -l
 1) SIGHUP        2) SIGINT       3) SIGQUIT      4) SIGILL       5) SIGTRAP
 6) SIGABRT      7) SIGBUS       8) SIGFPE       9) SIGKILL     10) SIGUSR1
11) SIGSEGV     12) SIGUSR2     13) SIGPIPE     14) SIGALRM    15) SIGTERM
16) SIGSTKFLT   17) SIGCHLD     18) SIGCONT     19) SIGSTOP    20) SIGTSTP
21) SIGTTIN     22) SIGTTOU     23) SIGURG      24) SIGXCPU    25) SIGXFSZ
26) SIGVTALRM   27) SIGPROF     28) SIGWINCH    29) SIGIO      30) SIGPWR
31) SIGSYS      34) SIGRTMIN    35) SIGRTMIN+1  36) SIGRTMIN+2 37) SIGRTMIN+3
38) SIGRTMIN+4  39) SIGRTMIN+5  40) SIGRTMIN+6  41) SIGRTMIN+7 42) SIGRTMIN+8
43) SIGRTMIN+9  44) SIGRTMIN+10 45) SIGRTMIN+11 46) SIGRTMIN+12 47) SIGRTMIN+13
48) SIGRTMIN+14 49) SIGRTMIN+15 50) SIGRTMAX-14 51) SIGRTMAX-13 52) SIGRTMAX-12
53) SIGRTMAX-11 54) SIGRTMAX-10 55) SIGRTMAX-9  56) SIGRTMAX-8 57) SIGRTMAX-7
58) SIGRTMAX-6  59) SIGRTMAX-5  60) SIGRTMAX-4  61) SIGRTMAX-3 62) SIGRTMAX-2
63) SIGRTMAX-1  64) SIGRTMAX
[root@localhost ~]#
```

图 6.24　信号量（64 个）

常用的信号见表 6.33。

表 6.33　Linux 常用的信号定义

信号值	信号名	用　　途	默认处理
1	SIGHUP	终端挂断信号	终止处理
2	SIGINT	来自键盘（Ctrl+C）的终止信号	终止运行
3	SIGQUIT	来自键盘（Ctrl+\）的终止信号	终止运行并转储
8	SIGFPE	浮点异常信号，表示发生了致命的运算错误	终止运行并转储
9	SIGKILL	立即结束运行信号，杀死进程	终止运行
14	SIGALRM	时钟定时信息	终止运行
15	SIGTERM	结束运行信号，命令进程主动终止	终止运行
17	SIGCHLD	子进程结束信号	忽略
18	SIGCONT	恢复运行信号，使暂停的进程继续运行	断续运行
19	SIGSTOP	暂停执行信号，通常用来调试程序	停止运行
20	SIGTSTP	来自键盘（Ctrl+Z）的暂停信号	停止运行

2. 信号的产生与发送

信号可以由某个进程发出，也可以由键盘中断产生，还可以由 kill 命令发出。进程在某些系统错误的情况下也会有信号产生。

信号可以发给一个或多个进程。进程 PCB 中含有几个用于信号通信的域，用于记录进程收到的信号以及各信号的处理方法。发送信号就是把一个信号送到目标进程的 PCB 的信号域上。如果目标进程正在睡眠（可中断睡眠态），内核将唤醒它。

终端用户用 kill 命令或键盘组合按键向进程发送信号，程序则是直接使用 kill( ) 系统调用向进程发送信号。

kill 命令含义，如表 6.34 所示。

表 6.34　kill 命令

参　　数	含　　义
功能	向一个进程发信号，常用于终止进程的运行
调用格式	kill［选项］进程号
选项	-s 向进程发 s 信号。S 可以是信号值或信号名。常用的终止进程运行的信号为 15（SIGTERM）、2（SIGINT）、9（SIGKILL）。如没指定-s 选项，则默认发信号 15

示例：kill 命令用法示例。

使用 Shell 脚本，编写一个简单 test1 程序，用来试验一个普通进程（未对信号处理做特殊设置的进程）对信号的默认反应。学习如何使用 kill 命令来发送信号给一个运行中的进程，以及终止进程的过程。

首先，编写一个简单的 test1 程序，并保存为 test1.sh 脚本文件，脚本如下。

```
#创建 test1.sh 脚本文件
echo -e '#!/bin/bash\n' > test1.sh
echo 'echo "test1 程序启动,进程 ID:$$"' >> test1.sh
echo 'sleep 30' >> test1.sh
echo 'echo "等待结束,test1 程序即将终止。"' >> test1.sh
```

然后，编写一个 Shell 脚本，保存为 kill_example.sh，其中包含使用 kill 命令的用法示例，脚本如下。

```
#!/bin/bash
#启动 test1 程序
./test1.sh &
#获取 test1 的进程 ID
PID=$!
echo "test1 程序的进程 ID 是:$PID"
#等待一段时间
sleep 5
#发送 SIGTERM 信号终止 test1
echo "发送 SIGTERM 信号终止 test1"
kill $PID
#等待一段时间
sleep 5
#发送 SIGKILL 信号终止 test1
echo "发送 SIGKILL 信号终止 test1"
kill -9 $PID
```

最后添加脚本文件执行权限，并执行脚本。具体操作如图 6.25 所示。

```
[root@localhost ~]#vi test1.sh
[root@localhost ~]#vi kill_example.sh
[root@localhost ~]#chmod +x test1.sh
[root@localhost ~]#chmod +x kill_example.sh
[root@localhost ~]#./kill_example.sh
```

```
[root@localhost ~]#
[root@localhost ~]# vi test1.sh
[root@localhost ~]# vi kill_example.sh
[root@localhost ~]# chmod +x test1.sh
[root@localhost ~]# chmod +x kill_example.sh
[root@localhost ~]# ./kill_example.sh
test1程序的进程ID是 : 1037890
发送 SIGTERM 信号终止 test1
./kill_example.sh: line 16: kill: (1037890) - No such process
发送 SIGKILL 信号终止 test1
./kill_example.sh: line 23: kill: (1037890) - No such process
[root@localhost ~]#
```

图 6.25 kill 命令-信号的产生与发送

该脚本将启动 test1.sh 程序，等待一段时间后，先发送 SIGTERM 信号终止进程，再

发送 SIGKILL 信号强制终止进程。

此时,1037890 号进程是本终端的 Shell 进程,它忽略 SIGTERM 信号,用 SIGKILL 信号才可以杀死,但这将导致终端窗口被关闭。因此,使用 kill -9 命令杀系统进程时应慎重。

3. 信号的检测与处理

当一个进程要进入或退出睡眠状态时,或即将从核心态返回用户态时,都要检查是否有信号到达。若有信号到达,则转去执行与该信号相对应的处理程序。

进程可以选择忽略或阻塞这些信号中的绝大部分,但有两个信号除外,这就是引起进程暂停执行的 SIGSTOP 信号和引起进程终止的 SIGKILL 信号。至于其他信号,进程可以选择处理它们的具体方式。对信号的处理方式分为以下 4 种。

(1) 忽略:收到的信号是一个可忽略的信号,不做任何处理。

(2) 阻塞:阻塞对信号的处理。

(3) 默认处理:调用内核的默认处理函数。

(4) 自行处理:执行进程自己的信号处理程序。

6.6.3　Linux 管道通信原理

管道是 Linux 系统中一种常用的 IPC 机制。管道可以看成是连接两个进程的一条通信信道。利用管道,一个进程的输出可以成为另一个进程的输入,因此可以在进程间快速传递大量字节流数据。

管道通信具有以下特点。

(1) 管道是单向的,数据只能向一个方向流动。需要双向通信时,需要建立两个管道。

(2) 管道的容量是有限的(一个内存页面大小)。

(3) 管道所传送的是无格式字节流,使用管道的双方必须事先约定好数据的格式。

管道是通过文件系统来实现的。Linux 将管道看作一种特殊类型的文件,而实际上它是一个以虚拟文件的形式实现的高速缓冲区。管道文件建立后由两个进程共享,其中一个进程写管道,另一个进程读管道,从而实现信息的单向传递。读/写管道的进程之间的同步由系统负责。

终端用户在命令行中使用管道符"|"时,Shell 会为管道符前后的两个命令的进程建立起一个管道。前面的进程写管道,后面的进程读管道。用户程序中可以使用 pipe() 系统调用来建立管道,而读/写管道的操作与读/写文件的操作完全一样。

6.7　线　　程

在传统的操作系统中,一直将进程作为能独立运行的基本单位。20 世纪 80 年代中期,Microsoft 公司最先提出了比进程更小的基本运行单位——线程。线程的引入提高了系统并发执行的程度,因而得到广泛的应用。现代操作系统中大都支持线程,应用软件也普遍地采用了多线程设计,使系统和应用软件的性能进一步提高。

6.7.1 线程的概念

多道处理系统中,进程是系统调度和资源分配的基本单位,每一次切换进程,系统都要做保护和恢复现场的工作。因此,切换进程的过程要耗费相当多的系统资源和 CPU 时间。为了减少并发程序的切换时间,提高整个系统的并发效率,引入了线程的概念。

传统的进程中,每个进程中只存在一条控制线索。进程内的各个操作步是顺序执行的。现代操作系统提供了对单个进程中多条控制线索的支持。这些控制线索被称为线程。线程是构成进程的可独立运行的单元。一个进程由一个或多个线程构成,并以线程作为调度实体,占有 CPU 运行。线程可以看作进程内的一个执行流,一个进程中的所有线程共享进程所拥有的资源,分别按照不同的路径执行。例如,一个 Word 进程中包含多个线程,当一个线程处理编辑时,另一个线程可能正在做文件备份,还有一个线程正在发送邮件。网络下载软件通常也含有多个线程,每个线程负责一路下载,多路下载都在独立地、并发地向前推进。这些多线程的软件虽然只是一个进程,却表现出内在的并发执行的特征,效率明显提高。

6.7.2 线程和进程的区别

进程和线程都是用来描述程序的运行活动的。它们都是动态实体,有自己的状态,整个生命周期都在不同的状态之间转换。进程和线程之间的区别,如表 6.35 所示。

表 6.35 线程和进程的区别

特 征	线程(Thread)	进程(Process)
定义	是进程的一部分,是进程内的独立执行单元	是程序的一次执行,有独立的地址空间和资源
资源分配	共享相同的资源,如内存、文件描述符等	有独立的资源空间,资源隔离
切换开销	切换开销较小,共享大部分资源	切换开销较大,需要切换整个地址空间和其他资源
创建和销毁	创建和销毁开销较小,因为共享进程的资源	创建和销毁开销相对较大,每个进程有独立的资源
并发性	多线程在一个进程内并发执行,提高程序性能	多个进程在操作系统中并发执行,相对独立
安全性	共享相同的地址空间,需要同步机制确保数据一致性	有独立的地址空间,数据相对独立,需要通过 IPC 机制通信
通信机制	可以通过共享内存等直接通信方式进行通信	需要使用 IPC 机制(如管道、消息队列)进行通信
独立性	相对较小,线程共享进程的上下文	相对较大,进程之间相互独立

6.7.3 内核级线程与用户级线程

线程有"用户级线程"与"内核级线程"之分。所谓用户级线程,是指不需要内核支持而在用户程序中实现的线程,对线程的管理和调度完全由用户程序完成。内核级线程则是由内核支持的线程,由内核完成对线程的管理和调度工作。尽管这两种方案都可实现多线程运行,但它们在性能等方面相差很大,可以说各有优缺点。

在调度方面,用户级线程的切换速度比核心级线程要快得多。但如果有一个用户线程被阻塞,则核心将整个进程置为等待态,使该进程的其他线程也失去运行的机会。核心级线程则没有这样的问题,即当一个线程被阻塞时,其他线程仍可被调度运行。

在实现方面,要支持内核级线程,操作系统内核需要设置描述线程的数据结构,提供独立的线程管理方案和专门的线程调度程序,这些都增加了内核的复杂性。而用户线程不需要额外的内核开销,内核的实现相对简单得多,同时还节省了系统进行线程管理的时间开销。

6.7.4 Linux 中的线程

Linux 实现线程的机制属于用户级线程。从内核的角度来说,并没有线程这个概念。Linux 内核把线程当作进程来对待。内核没有特别定义的数据结构来表达线程,也没有特别的调度算法来调度线程。每个线程都用一个 PCB(task_struct)来描述。所以,在内核看来,线程就像普通的进程一样,只不过是该进程和其他一些进程共享地址空间等资源。Linux 称这样的不独立拥有的进程为"轻量级进程(Light Weight Process,LWP)"。以轻量级进程的方式来实现线程,既省去了内核级线程的复杂性,又避免了用户级线程的阻塞问题。

在 Linux 中实现多线程应用的策略是:为每个线程创建一个 LWP,线程的调度由内核(进程高度程序)完成,线程的管理在核外函数库中实现。开发多线程应用的函数库是 pthread 线程库,它提供了一组完备的函数来实现线程的创建、终止和同步等操作。

创建 LWP 的方式与创建普通进程类似,只不过是由 clone() 系统调用来完成的。与 fork() 的区别是,clone() 允许在调用进程多传递一些参数标志来指明需要共享的资源。父进程用创建 LWP 子进程的共享资源。一个进程的所有线程构成一个线程组,其中,第一个创建的线程是领头线程,领头线程的 PID 就作为该线程组的组标识号 TGID。线程组中的成员具有紧密的关系,它们工作在同一应用数据集上,相互协作,独立完成各自的任务。由于具有进程的属性,每个线程都是被独立地调度的,一个线程阻塞不会影响其他线程,由于具有轻量级的属性,线程之间的切换速度很快,使得整个应用能顺利地并发执行。

示例:启动 Firefox 浏览器,再查看它的线程组。

```
[root@localhost ~]#ps -eLf | grep firefox
```

运行结果如图 6.26 所示。

```
[root@localhost ~]#
[root@localhost ~]# ps -eLf | grep firefox
root      1060068     2932 1060068  5    68 03:31 ?        00:00:05 /usr/lib64/firefox/firefox
root      1060068     2932 1060092  0    68 03:31 ?        00:00:00 /usr/lib64/firefox/firefox
root      1060068     2932 1060094  0    68 03:31 ?        00:00:00 /usr/lib64/firefox/firefox
root      1060068     2932 1060095  0    68 03:31 ?        00:00:00 /usr/lib64/firefox/firefox
root      1060068     2932 1060096  0    68 03:31 ?        00:00:00 /usr/lib64/firefox/firefox
root      1060068     2932 1060097  0    68 03:31 ?        00:00:00 /usr/lib64/firefox/firefox
root      1060068     2932 1060098  0    68 03:31 ?        00:00:00 /usr/lib64/firefox/firefox
root      1060068     2932 1060099  0    68 03:31 ?        00:00:00 /usr/lib64/firefox/firefox
root      1060068     2932 1060100  0    68 03:31 ?        00:00:00 /usr/lib64/firefox/firefox
root      1060068     2932 1060104  0    68 03:31 ?        00:00:00 /usr/lib64/firefox/firefox
root      1060068     2932 1060106  0    68 03:31 ?        00:00:00 /usr/lib64/firefox/firefox
root      1060068     2932 1060107  0    68 03:31 ?        00:00:00 /usr/lib64/firefox/firefox
root      1060068     2932 1060108  0    68 03:31 ?        00:00:00 /usr/lib64/firefox/firefox
root      1060068     2932 1060109  0    68 03:31 ?        00:00:00 /usr/lib64/firefox/firefox
root      1060068     2932 1060111  0    68 03:31 ?        00:00:00 /usr/lib64/firefox/firefox
root      1060068     2932 1060112  0    68 03:31 ?        00:00:00 /usr/lib64/firefox/firefox
root      1060068     2932 1060115  0    68 03:31 ?        00:00:00 /usr/lib64/firefox/firefox
root      1060068     2932 1060162  0    68 03:31 ?        00:00:00 /usr/lib64/firefox/firefox
```

图 6.26　查看 Firefox 浏览器的线程组

习　题

1. 什么是进程？为什么要引入进程的概念？
2. 进程的基本特征是什么？它与程序的主要区别是什么？
3. 简述进程的基本状态以及进程状态的转换。
4. 进程控制块的作用是什么？它通常包括哪些内容？
5. 进程控制的功能是什么？Linux 创建进程的方式有何特点？
6. 进程调度的功能是什么？Linux 采用了哪些进程调度策略？
7. Linux 的进程调度发生在什么情况下？
8. 并发进程间的制约有哪几种？引起制约的原因是什么？
9. 什么是临界资源和临界区？什么是进程的互斥和同步？
10. 什么是死锁？产生死锁的原因和必要条件是什么？
11. 进程间有哪些通信方式？它们各有什么特点？
12. 什么是线程？说明线程与进程的区别与联系。

第 7 章 存储管理

程序在运行前必须先调入内存存放。对于多道程序并发的系统来说,内存中同时要容纳多个程序,然而,计算机的内存资源是有限的,这就需要通过合理的管理机制来满足各进程对内存的需求。存储管理的任务是合理地管理系统的内存资源,使多个进程能够在有限的物理存储空间共存,安全并高效地运行。

7.1 存储管理概述

操作系统中用于管理内存空间的模块称为内存管理模块,它负责内存的全部管理工作,具体地说,就是要完成 5 个功能,即存储空间的分配、内存回收、存储地址的变换、存储空间的保护以及存储空间的扩充,如表 7.1 所示。

表 7.1 内存管理模块功能

功　能	子　功　能	具 体 任 务
存储空间的分配	动态分配	进程内存需求分析
		可变分区分配算法
	静态分配	固定分区分配策略
		静态分区分配的优势与局限
内存回收	手动内存回收	显式调用释放内存的函数或方法
		追踪变量和对象的生命周期,手动释放相关内存
	自动内存回收	压缩或整理内存,提高内存使用效率
		垃圾收集器自动标记不再使用的对象
		识别可回收的对象,并释放其占用的内存
存储地址的变换	地址映射	逻辑地址与物理地址的映射
		地址变换表的维护
	分页与分段	页式地址映射
		段式地址映射

续表

功　　能	子　功　能	具　体　任　务
存储空间的保护	访问权限控制	存储保护位的设置
		特权级别的管理
	异常处理	非法访问的异常处理
		存储保护的实际应用
存储空间的扩充	虚拟内存概念	虚拟地址空间的设计
		页面置换与写回策略
	虚拟内存的实现	虚拟内存管理算法
		页面错误处理机制

7.1.1　计算机内存的角色

内存在计算机系统中扮演着中央的角色,直接影响系统的性能和运行能力。其快速访问速度和临时存储功能对计算机的正常运行至关重要。主要有以下几个方面,如表 7.2 所示。

表 7.2　计算机内存的角色

角　　色	描　　述
临时存储数据	内存用于暂时存储正在运行的程序和相关数据,包括程序指令、变量和缓存
快速访问	内存是计算机中速度最快的存储介质之一,允许快速读取和写入数据,提高计算机系统的整体性能
运行程序	当用户启动程序时,操作系统将程序加载到内存中,使其能够在内存中执行,提高运行效率
缓存	内存中的一部分通常用作缓存,存储最近或频繁访问的数据,以提高对这些数据的访问速度
内存交换	内存支持操作系统的内存交换功能,将部分数据移动到硬盘上的交换空间,以释放物理内存供其他程序使用
存储堆栈	内存划分为存储堆和存储栈。存储堆用于动态分配内存,而存储栈用于存储函数调用和局部变量等信息
支持多任务	内存使得操作系统能够同时运行多个任务,因为每个任务都可以在独立的内存空间中执行,互不干扰

7.1.2　内存管理与多道程序设计的需求关系

内存管理与多道程序设计的关系:在多道程序设计环境下,多个程序共享系统的内存资源。要求内存管理系统能够有效地为不同的程序分配和释放内存,以确保它们之间不会相互干扰。操作系统需要跟踪每个程序的内存使用情况,确保它们不会越界访问其他程序的内存空间,以及防止一个程序的错误影响其他程序的执行。内存管理也需要处理程序加载、卸载和内存碎片等问题,以保持系统的稳定性和性能。

以下是多道程序设计中与内存管理相关的需求,主要从空间分配、内存保护、内存回收、地址转换、页面交换和优先级调度等内存管理功能模块体现,如表 7.3 所示。

表 7.3　内存管理与多道程序设计的需求关系

需求角度	内存管理	多道程序设计
空间分配	动态内存分配,避免碎片,提供不同算法满足不同程序大小	允许多个程序共享内存,提高内存利用率。动态适应变化的程序大小,支持多任务并发执行
内存保护	隔离不同程序的内存空间,防止相互干扰。实施内存保护机制	确保程序执行期间不会越界访问其他程序的内存。提供机制确保程序间的资源隔离和保护
内存回收	及时释放不再使用的内存,避免内存泄漏。垃圾收集机制	防止程序在执行过程中无限制占用内存,避免系统资源浪费。动态地回收不再需要的程序内存
地址转换	管理虚拟内存,进行虚拟地址到物理地址的转换。地址映射	提供地址空间隔离,每个程序拥有独立的虚拟地址空间。处理不同程序的地址转换,确保正确访问内存
页面交换	实施页面交换机制,将不常用的页面置换到辅助存储器中	允许将不活跃的程序或页面从内存中移动到辅助存储器,提高内存利用率。管理页面交换和页面失效
优先级调度	为不同程序提供不同的内存优先级,确保重要任务得到足够的内存	通过优先级调度算法,决定程序执行的顺序和时间片,提高系统整体效率。处理不同任务的优先级和调度

7.2　内存管理模块功能

7.2.1　存储空间的分配

1. 动态分配

内存分配是为进入系统准备运行的程序分配内存空间,内存回收是当程序运行结束后回收其所占用的内存空间。为实现此功能,系统须跟踪并记录所有内存空间的使用情况,按照一定的算法为进程分配和回收内存空间。

动态分配存储空间是计算机程序运行时内存管理的重要方面。这种方式允许程序在执行期间根据需要动态地请求和释放内存,以适应变化的程序要求。动态分配存储空间在许多编程语言和应用程序中被广泛使用,但需要程序员谨慎管理内存以避免潜在的问题。一些现代编程语言提供了垃圾回收机制,自动处理不再使用的内存,减轻了手动管理的负担。

存储分配方案主要包括以下要素。

(1)描述存储分配的数据结构:系统需采用某种数据结构(表格、链表或队列等)来登记当前内存使用情况以及空闲区的分布情况,供存储分配程序使用。在每次分配或回收操作后,系统都要相应地修改这些数据结构以反映这次分配或回收的结果。

(2)实施分配的策略:确定内存分配和回收的算法。好的算法应既能满足进程的运行要求,又能充分利用内存空间。

分配策略及相关数据结构的设计直接决定存储空间的利用率以及存储分配的效率,因而对系统的整体性能有很大的影响。

动态分配的一些特征、方法以及它带来的优点和挑战,如表 7.4 所示。

表 7.4 存储空间的动态分配

特征/方法	描 述
堆和栈	堆(Heap):用于动态分配内存,由程序员显式地请求和释放
	栈(Stack):用于存储局部变量和函数调用信息。栈上的内存分配和释放是自动进行的,由编译器和程序的执行控制
动态内存分配函数	malloc():分配指定字节数的内存空间,并返回指向该空间的指针
	calloc():分配指定数量和大小的内存空间,并将其初始化为零
	realloc():修改先前分配的内存空间的大小
释放动态分配的内存	free():用于释放通过 malloc()、calloc()或 realloc()分配的内存空间
	不释放动态分配的内存可能导致内存泄漏,即程序运行时未释放的内存无法再被使用
内存碎片	外部碎片:未被使用的但由于分散在内存中而无法利用的空间
	内部碎片:分配给程序的内存块比程序所需要的大,导致浪费
动态存储管理的优点	允许程序在运行时根据需要动态地请求和释放内存
	提高内存的利用率,减少浪费
	支持灵活的数据结构和程序设计
动态存储管理的挑战	可能导致内存泄漏,需要谨慎管理分配和释放
	可能产生碎片,影响内存的整体效率
	对于多线程程序,需要考虑线程安全性

1) 进程内存需求分析

进程的内存需求分析是指对一个正在运行的进程的内存使用情况进行研究和评估。了解进程的内存需求对于系统的性能优化、资源分配和错误排查都至关重要,有助于评估进程的内存使用情况,优化内存管理,确保系统的稳定性和性能。在进行内存需求分析时,还可以结合具体应用场景和系统特性来进行更深入的调查。以下是进程内存需求分析的一些关键方面,如表 7.5 所示。

表 7.5 进程内存需求分析

方 面	描 述
内存分配情况	确定进程分配了多少物理内存和虚拟内存
	分析进程的内存布局,包括代码段、数据段、堆和栈

续表

方　面	描　述
虚拟内存使用	查看进程的虚拟内存使用情况，包括已分配的虚拟地址空间的范围
	分析虚拟内存中的内存页的使用情况，检查未使用或者无效的虚拟地址空间
物理内存使用	检查进程在物理内存中的占用情况，包括已分配的物理页和实际使用的物理内存量
	分析是否存在内存泄漏，即分配的内存没有被正确释放
页面错误分析	跟踪页面错误的发生情况，包括缺页错误、写时复制等
	分析哪些页面频繁发生页面错误，考虑调整页面置换算法或优化内存访问模式
堆内存分析	检查进程的堆内存使用情况，包括堆的分配和释放
	分析堆中的内存块是否被正确管理，避免堆溢出或内存碎片问题
栈内存分析	跟踪进程的栈内存使用情况，包括栈帧的大小和调用链
	分析栈中的局部变量和函数调用，确保没有栈溢出或栈帧溢出的情况
共享内存和动态链接库	检查进程是否使用共享内存，以及共享内存的使用情况
	分析进程是否使用了动态链接库，检查库的加载和卸载情况
内存使用趋势分析	对内存使用的历史数据进行分析，了解进程的内存使用趋势
	确定内存使用是否存在周期性的波动，以进行合理的资源规划
内存性能监测	使用性能监测工具，如操作系统提供的性能监视器或第三方工具，监测进程的内存性能
	分析内存使用情况是否与系统的内存性能限制相符

2) 可变分区分配算法

可变分区分配算法是指在内存管理中，根据进程的实际内存需求，动态地分配和回收内存空间的一类算法。这些算法主要用于处理动态内存分配问题，其中进程的大小可能不是固定的，需要根据实际需要分配合适的内存大小。以下是一些常见的可变分区分配算法，如表 7.6 所示。

表 7.6　可变分区分配算法

算　法	描　述	优　点	缺　点
首次适应算法（First Fit）	分区按照大小顺序排列，从头开始查找第一个满足需求的分区	简单，易于实现	可能导致外部碎片问题，分配不连续
最佳适应算法（Best Fit）	分区按照大小顺序排列，选择最小且能满足需求的分区	减小外部碎片	可能会导致碎片更为散乱，增加分配的复杂性
最差适应算法（Worst Fit）	分区按照大小顺序排列，选择最大且能满足需求的分区	理论上减少外部碎片	留下大块未使用的内存，降低内存利用率

续表

算　　法	描　　述	优　　点	缺　　点
下次适应算法 （Next Fit）	与首次适应算法类似,但每次分配的起始位置为上次分配结束的位置	保持分配位置连续性,减少外部碎片	可能导致后续分配位置有限,仍可能产生外部碎片
快速适应算法 （Quick Fit）	针对不同大小的内存块维护不同的空闲链表	提高分配速度	管理多个空闲链表可能增加内存管理的复杂性

2. 静态分配

静态分配是指在程序执行之前,内存空间的分配和释放在编译阶段或程序加载时完成,分配的空间在整个程序的生命周期中保持不变。这与动态分配相对,动态分配是在程序运行时根据需要动态分配和释放内存。静态分配主要通过编译器和链接器完成。

静态分配通常适用于那些在编译期间就能确定大小和生命周期的变量与数据结构,但在一些情况下,动态分配更灵活,允许在程序运行时动态地管理内存。选择使用静态分配还是动态分配,取决于程序的需求和设计考虑。

以下是关于静态分配的一些主要特点和方法,如表 7.7 所示。

表 7.7　存储空间的静态分配的主要特点和方法

特征/方法	描　　述
静态变量和全局变量	在程序的数据段或全局数据区中分配
	内存空间在整个程序的生命周期中存在
	大小在编译时确定,生命周期与程序执行时间一致
静态数组	在编译时分配,大小和元素类型在编译时确定
	数组的生命周期是整个程序的执行期间
	无法动态改变大小
静态内存分配的优点	简单高效,编译器和链接器在编译和链接阶段确定内存分配
	内存布局在程序加载时已经确定,提高执行效率
静态内存分配的缺点	不灵活,无法根据运行时需要进行调整
	可能导致内存浪费,如果分配的内存过大
堆栈中的静态分配	函数中的局部变量通过静态分配
	内存分配和释放由编译器在编译时完成,遵循函数调用和返回的栈帧管理
静态分配的适用场景	当变量的大小和生命周期在编译时确定,并且不需要动态调整时
	适用于在编译期间就能确定大小和生命周期的变量和数据结构
	通常用于全局变量、静态数组以及编译时确定的局部变量

1）固定分区分配策略

固定分区分配策略是一种内存管理方式，其中，内存被划分为若干固定大小的分区，每个分区可以用于存放一个进程。这样的分区通常在系统启动时被静态地划分，每个分区都有一个明确的起始地址和大小。进程被加载到相应的分区中执行。

以下是固定分区分配策略的主要特点和常见的实现方式，如表 7.8 所示。

表 7.8　固定分区分配策略的主要特点和常见的实现方式

特点/方面	描　　述
分区大小固定	内存被划分为若干个具有相同大小的固定分区
	分区大小在系统初始化时确定
固定分区起始地址	每个分区都有一个明确的起始地址
	进程加载到相应的分区时，其内存位置固定
内存利用效率	相对简单实现，但可能导致内存利用效率较低
分区的分配和释放	进程在系统启动时被加载到相应的固定分区中
	分区的分配采用首次适应、最佳适应等算法选择可用分区
	进程执行完毕后，其分区被释放，可以用于加载其他进程
分区保护	采用硬件或操作系统提供的机制进行分区保护
优点和缺点	优点包括实现简单，运行时开销较小
	缺点主要体现在内存利用效率相对较低，对变化的进程大小不够灵活
实现方式	可通过硬件支持或操作系统内核来实现。硬件支持可以在处理器中实现内存保护机制。操作系统内核负责分配和管理分区
应用场景	通常用于一些嵌入式系统或对内存管理要求简单的环境

2）静态分区分配的优势与局限

静态分区分配是一种在程序运行之前就已经确定内存分配和释放的方式，具有一些优势和局限。以下是静态分区分配的主要优势和局限，如表 7.9 所示。

表 7.9　静态分区分配的主要优势和局限

静态分区分配	特　　点
优势	实现简单
	运行时开销小
	内存布局确定
	分区保护
	适用于特定环境
局限	内存利用效率低
	不灵活

续表

静态分区分配		特点
局限		内存浪费可能发生
		分区数量有限
		不支持动态内存分配
		启动时划分

7.2.2 内存回收

内存回收是指在程序执行过程中释放不再使用的内存资源,以便系统可以重新利用这些资源。内存回收的主要目的是防止内存泄漏,提高程序的性能和效率。在不同的编程语言和系统中,内存回收的机制和方法可能会有所不同。

以下是内存回收的一般过程和方法,如表 7.10 所示。

表 7.10 内存回收的一般过程和方法

内存回收方式	描述	优势	劣势
手动内存回收	程序员需要显式调用释放内存的函数或方法	灵活性高,程序员有完全控制	容易出现忘记释放或释放过早的问题,增加了代码的复杂性
自动内存回收（垃圾收集）	运行时环境或垃圾收集器自动检测和释放不再被引用的内存	减轻了程序员的负担,避免了手动管理的错误	可能引入运行时的性能开销,垃圾收集器的运行可能导致暂停
引用计数	记录每个对象被引用的次数,当引用计数为零时释放内存	单实现,减少循环引用问题	无法处理循环引用,计数维护开销大,不适用于某些场景
内存池	预先分配一定数量的内存块,提高内存分配和释放的效率	减少内存碎片,减轻了系统调用的负担	需要事先确定内存块大小,可能导致内存浪费

1. 手动内存回收

手动内存回收是一种内存管理机制,其中,程序员负责显式地调用函数或方法来释放不再需要的内存。这通常涉及使用特定的内存释放函数,如 free( )（在 C 语言中）或 delete(在 C++ 中)。

手动内存回收的主要优势是程序员对内存的控制更加灵活,但缺点是容易出现忘记释放内存或释放过早的问题,从而可能导致内存泄漏或悬挂指针;其次是增加了维护和调试的负担,不适用于多线程环境和复杂的数据结构。

以下是手动内存回收的一般过程,如表 7.11 所示。

表 7.11　手动内存回收的一般过程

过程/步骤	描　　述
分配内存	在程序执行期间,当需要使用新的内存空间时,程序员使用相应的内存分配函数(如 malloc、calloc、new 等)来分配所需的内存
使用内存	分配的内存用于存储变量、数据结构或其他动态分配的对象,这些对象在程序的运行过程中进行操作和修改
释放内存	一旦程序员确定某块内存不再需要,就需要显式地调用内存释放函数来释放该内存。在 C 语言中,可以使用 free() 函数;在 C++ 中,可以使用 delete 或 delete[]
避免悬挂指针	释放内存后,为了避免悬挂指针问题,通常将指针设置为 NULL(在 C 语言中)或 nullptr(在 C++ 中)

1) 释放内存示例

在 C 语言中的例子,代码如下。

```
//在 C 语言中的例子
int * ptr = (int *)malloc(sizeof(int));
//使用 ptr 指向的内存
free(ptr);                                      //释放内存
```

在 C++ 中的例子,代码如下。

```
//在 C++中的例子
int * ptr = new int;
//使用 ptr 指向的内存
delete ptr;                                     //释放内存
```

2) 避免悬挂指针示例

在 C 语言中的例子,代码如下。

```
//在 C 语言中的例子
int * ptr = (int *)malloc(sizeof(int));
free(ptr);
ptr = NULL;                                     //避免悬挂指针
```

在 C++ 中的例子,代码如下。

```
//在 C++中的例子
int * ptr = new int;
delete ptr;
ptr = nullptr;                                  //避免悬挂指针
```

3) 手动内存回收综合示例

以下是手动内存回收的综合示例,包括分配内存、使用内存、释放内存以及避免悬挂指针的完整过程。

```cpp
#include <iostream>
int main() {
    //分配内存
    int *ptr = new int;
        //使用内存
    *ptr = 42;
    std::cout << "Value stored in allocated memory: " << *ptr << std::endl;
        //释放内存
    delete ptr;
        //避免悬挂指针
    ptr = nullptr;
    return 0;
}
```

这个示例使用了 C++ 中的 new 操作符来动态分配一个整数的内存。然后,将值 42 存储在分配的内存中,并输出该值。最后,使用 delete 操作符释放了之前分配的内存,并将指针设置为 nullptr 以避免悬挂指针问题。

2. 自动内存回收

自动内存回收是一种由编程语言的运行时系统或垃圾收集器(Garbage Collector)负责的内存管理机制。在这种机制下,程序员无须显式地释放不再需要的内存,而是由系统自动检测并回收这些内存。

1) 自动内存回收的过程

自动内存回收的一般过程通常由编程语言的运行时系统或垃圾收集器负责。自动内存回收的关键在于垃圾收集器的算法,这些算法可以分为不同类型,如标记-清除、复制、标记-整理等。这些算法的选择取决于编程语言和应用的特性。自动内存回收的一般过程,如表 7.12 所示。

表 7.12 自动内存回收的一般过程

过程/步骤	描述
分配内存	在程序执行期间,当需要创建新对象或变量时,系统通过内部的分配算法动态分配内存空间
使用内存	分配的内存用于存储对象或变量,这些对象在程序运行过程中进行操作和修改
检测不再引用的对象	垃圾收集器定期扫描程序的内存空间,标记那些不再被引用的对象。一个对象不再被引用意味着程序中没有指向该对象的引用
回收内存	一旦标记完成,垃圾收集器会回收那些被标记为不再被引用的对象所占用的内存。这个过程通常涉及将被回收的内存释放,以便可以用于存储新的对象

2) 自动内存回收的优点和缺点

自动内存回收的优点在于减少了程序员对内存生命周期的管理负担,避免了内存泄漏和悬挂指针问题。然而,垃圾收集也可能引入一些性能开销,因为它需要在程序运行时进行额外的工作。自动内存回收的优点和缺点,如表 7.13 所示。

表 7.13　自动内存回收的优点和缺点

特　　点	优　　点	缺　　点
简化内存管理	代码更加简洁和易于维护,减少了内存管理带来的人为错误	可能引入一些性能开销,难以预测的回收时机,可能引入停顿
避免内存泄漏	提高了程序的稳定性和可靠性,程序员无须手动追踪对象的生命周期	难以处理循环引用的情况
降低悬挂指针问题	减少了悬挂指针导致的程序错误,提高了程序的健壮性	回收时机不确定可能导致一些问题
适应复杂场景	适用于复杂应用的开发,避免手动内存管理可能引入的复杂性	部分垃圾收集器可能无法满足特定复杂场景的需求
减少人为错误	提高了代码的可维护性,降低了内存管理错误的风险	性能开销可能影响某些应用,可能引入不可预测的延迟,不同垃圾收集器的行为可能会导致一些程序员难以预料的结果

3) 自动内存回收的综合示例

下面是一个综合示例,演示了在具有自动内存回收机制的语言(例如 Python)中创建、使用和释放对象,而无须显式进行内存管理。代码如下。

```
class Person:
    def __init__(self, name, age):
        self.name = name
        self.age = age
    def introduce(self):
        print(f"Hello, my name is {self.name} and I am {self.age} years old.")
#创建对象
person1 = Person("Alice", 25)
person2 = Person("Bob", 30)
#使用对象
person1.introduce()
person2.introduce()
#不再使用对象,系统会自动回收
#无须显式释放内存
#创建新对象
person3 = Person("Charlie", 28)
#使用新对象
person3.introduce()
#离开作用域后,系统自动回收未被引用的对象的内存
```

在这个示例中,定义了一个 Person 类,创建了几个 Person 对象,并调用了它们的方法。在不再需要某个对象时,系统会自动检测并回收该对象的内存,无须程序员显式释放内存。

7.2.3　存储地址的变换

存储地址的变换是计算机系统中的一个重要概念,涉及将逻辑地址(或虚拟地址)转

换为物理地址。这个过程通常由操作系统中的内存管理单元(Memory Management Unit,MMU)负责。存储地址的变换可以采用不同的技术,其中包括页式地址映射和段式地址映射。

由于用户在编写程序时无法预先确定程序在内存中的具体位置,所以只能采用逻辑地址进行编程。而当程序进入内存后,必须把程序中的逻辑地址转换为程序所在的实际内存地址。这一转换过程称为存储空间的地址变换,或称为地址映射。地址变换是由内存管理模块与硬件的地址变换机构共同完成的。

1. 存储地址的概念

存储地址是指在计算机系统中用于标识和定位内存中数据位置的数值或标识符。计算机系统的内存被划分为多个存储单元,每个存储单元都有一个唯一的地址,通过这个地址可以精确地找到或存储数据。存储地址在计算机体系结构中扮演着至关重要的角色,它是计算机硬件和操作系统协同工作的基础之一。存储地址的概念示意图,如图 7.1 所示。

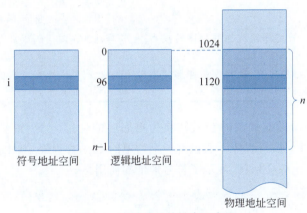

图 7.1 存储地址的概念示意图

存储地址的主要类型包括符号地址、逻辑地址和物理地址。这些地址类型在计算机系统中扮演不同的角色,用于标识和定位内存中的数据,如表 7.14 所示。

表 7.14 存储地址的主要类型

类 型	描 述	转 换 时 机
符号地址	使用符号或变量名表示,需在编译或加载时转换为相对或绝对地址	编译时或加载时
逻辑地址	由程序生成,相对于程序的起始位置	程序执行时
物理地址	内存硬件中的实际地址,由内存管理单元映射逻辑地址到物理地址	运行时,由内存管理单元

1) 符号地址

符号地址是一种用于表示程序中符号或变量名的地址。这些地址通常在源代码级别上使用,以标识程序中的变量、函数或其他符号。符号地址在程序的高级表示中是有意义的，但在实际的计算机硬件中，需要将它们转换为更底层的地址，如逻辑地址或物理地址。

符号地址是在高级编程语言中使用的一种抽象概念，通过它可以更容易地理解和编写代码。然而，为了在实际硬件上执行程序，这些符号地址需要被映射到实际的计算机内存地址。

在用高级语言编写的源程序中，使用符号名（变量名、函数名、语句标号等）来表示操作对象或控制的转移地址。比如用变量名代表一个存储单元，用函数名代表函数的入口地址，用语句标号代表跳转地址等。这些符号名的集合称为符号名空间。因此，高级语言程序使用的地址空间是符号名空间，编程者不需要考虑程序代码和数据的具体存放地址。

符号地址及其在程序设计中的作用，如表 7.15 所示。

表 7.15 符号地址及其在程序设计中的作用

类型	示例	描述
符号地址	counter	在高级编程语言中使用的符号或变量名，用于标识程序中的变量、函数等
转换	counter 被编译器或加载程序转换为逻辑地址或绝对地址	符号地址在源代码级别上更易读，但在执行时需要转换为更底层的地址类型
作用	提供了抽象概念，使程序员能够使用有意义的符号引用内存位置	提高代码可读性和可维护性，同时保留了高级语言的抽象性

符号地址在编译时或加载时会被转换为更底层的地址类型，如逻辑地址或绝对地址，以便在实际硬件上执行程序。假设有一个简单的 C 语言程序，其中包含一些变量、函数和类。下面是一个综合示例，展示了符号地址的使用。

```
#include <stdio.h>
//符号地址示例 - 变量
int globalVariable = 42;
//符号地址示例 - 函数
void displayMessage() {
    printf("Hello, world!\n");
}
int main() {
    //符号地址示例 - 变量
    int localVariable = 10;
    //符号地址示例 - 函数
    displayMessage();
    return 0;
}
```

在这个示例中，有以下符号地址。

全局变量符号地址：globalVariable 是一个全局变量，它在整个程序中可见。在编译时，它将被转换为逻辑地址或绝对地址。

函数符号地址：displayMessage 是一个函数，它的名称是一个符号地址。在编译时，这个函数名将被转换为相应的地址。

局部变量符号地址：localVariable 是 main 函数中的局部变量。这个变量的名称是一个符号地址，而在运行时，它将被映射到逻辑地址。

2) 逻辑地址

物理地址是内存硬件中的实际地址，用于唯一标识存储单元在物理内存中的位置。物理地址是硬件层面上的概念，表示实际的存储位置，与逻辑地址（在程序员层面上使用）不同。

逻辑地址是程序在执行过程中使用的地址，通常相对于程序的起始位置。在计算机系统中，逻辑地址在程序的高级表示中是有意义的，但是在实际硬件上执行程序时，需要将逻辑地址转换为物理地址。逻辑地址空间的组织和映射方式会因操作系统、编程语言和硬件平台而异。在执行时，逻辑地址通过地址映射机制被映射到实际的物理地址，以便程序能够正确地访问内存。

存储地址的逻辑地址及其特征，如表 7.16 所示。

表 7.16　存储地址的逻辑地址及其特征

类　型	示　例	描　述
逻辑地址	0x00402000	在程序执行时使用的地址，相对于程序的起始位置
转换	逻辑地址需要通过内存管理单元（MMU）等机制转换为物理地址	在程序执行之前或运行时，逻辑地址转换为实际内存中的物理地址
抽象层	逻辑地址提供了一个抽象层，使程序员能够更容易理解和管理内存	允许程序员使用相对于程序的逻辑结构的地址，而无须关心底层硬件细节

编译程序将源代码中的语句逐条翻译为机器指令，为每个变量分配存储单元，并用存储单元的地址替换变量名。这些指令和数据顺序存放在一起，从 0 开始编排地址，形成目标代码。目标代码所占有的地址范围称为逻辑地址空间，范围是 $0\sim n-1$，n 为目标代码的长度。逻辑地址空间中的地址称为逻辑地址，或称为相对地址。在访问内存的指令中用逻辑地址来指定一个操作数的地址，在跳转指令中用逻辑地址来表示要跳转到的那条指令的地址。

示例：一个 C 语言的逻辑地址综合示例，其中定义了一些变量、函数和指针。

```
#include <stdio.h>
//全局变量
int globalVar = 10;
//函数,用于显示逻辑地址
void displayAddress(int * ptr) {
    printf("Logical Address: %p\n", (void * )ptr);
}
int main() {
    //局部变量
    int localVar = 20;
```

```
        //显示全局变量的逻辑地址
        printf("Global Variable Address:\n");
        displayAddress(&globalVar);
        //显示局部变量的逻辑地址
        printf("\nLocal Variable Address:\n");
        displayAddress(&localVar);
        return 0;
}
```

上述代码中：

globalVar 是一个全局变量，其逻辑地址会在程序运行时被显示。

displayAddress 函数用于显示传递给它的指针的逻辑地址。

在 main 函数中，localVar 是一个局部变量，其逻辑地址同样会被显示。

其执行结果如下。

```
Global Variable Address:
Logical Address: 0x00403000                    //示例值,实际值可能不同
Local Variable Address:
Logical Address: 0x7ffeefbff660                //示例值,实际值可能不同
```

3）物理地址

物理内存由一系列的内存单元组成，这些存储单元从 0 开始按字节编址，称为内存地址。当目标程序加载到内存中时，它所占据的实际内存空间就是它的物理存储空间，物理空间中的地址称为物理地址，或称为绝对地址。

在使用物理地址时，程序员通常不直接操作物理地址，而是通过编写代码使用逻辑地址，而操作系统和硬件负责将逻辑地址映射到物理地址，实现数据在实际硬件上的存储和检索。

物理地址及其特征，如表 7.17 所示。

表 7.17 物理地址及其特征

类 型	示 例 地 址	描 述
物理地址	0x00401000	内存硬件中的实际地址，用于唯一标识存储单元在物理内存中的位置
寻址方式	直接寻址	计算机硬件通过物理地址直接访问内存中的数据
地址范围	0x00000000 ～0xFFFFFFFF	物理地址空间的范围通常由硬件体系结构和计算机架构决定
映射	逻辑地址到物理地址映射	操作系统的内存管理单元（MMU）负责将程序中使用的逻辑地址映射到相应的物理地址
硬件交互	CPU 通过发送物理地址与内存进行交互	CPU 使用物理地址读取或写入实际的存储单元中的数据
实际存储位置	RAM 中的位置	物理地址对应于实际存储单元在随机访问存储器（RAM）或其他存储设备中的位置

每次程序加载时所获得的实际地址空间取决于系统当时的运行状态,因而是不确定的。但物理地址空间不会是从 0 开始的,因为系统内存的低端地址通常被操作系统占用。由此可看出,程序的逻辑地址空间与物理地址空间是不同的。由于编译程序无法预知程序执行时的实际内存地址,所以目标程序中的地址都是从 0 开始的逻辑地址,而实际地址只有在程序加载时才能得知。

假设上面例子的程序加载到内存,它分配到的内存地址空间是从 1024(即十六进制的 0x0400)开始的,则程序中各条指令和变量的地址是原来的相对地址加上 1024 这个基址。因此程序在内存的起始地址为 0x0400,LDS、ADIW 和 STS 三条指令的绝对地址分别为 0x044B、0x044D 和 0x044E,i 变量的绝对地址为 0x0460。

图 7.1 中,仍以前面的程序为例,源程序中的 i 变量是用符号名 i 标识的一个存储单元,它没有具体的地址值。i++语句的操作就是对这个存储单元进行的操作。编译时,编译程序为 i 分配了具体的存储单元,并用该单元的编号地址 96(0x0060)替换掉所有 i 符号名。程序在加载时获得实际的内存空间。如果得到的内存空间的起始地址是 1024,则程序中的相对地址 96 单元就是实际内存的 1120(0x0460)单元。

示例:以下是一个简单的 C 语言程序示例。

```
#include <stdio.h>
int main() {
    //定义一个整数变量
    int myVariable = 42;
    //打印变量的地址和值
    printf("Variable Address: %p\n", (void*)&myVariable);
    printf("Variable Value: %d\n", myVariable);
    return 0;
}
```

注释:

int myVariable = 42;:在内存中分配一个整数变量 myVariable,并初始化为 42。

printf("Variable Address: %p\n", (void*)&myVariable);:打印变量 myVariable 的地址。%p 是用于打印指针地址的格式说明符,(void*)&myVariable 获取变量的地址。

printf("Variable Value: %d\n", myVariable);:打印变量 myVariable 的值。%d 是用于打印整数的格式说明符。

执行结果:

```
Variable Address: 0x7ffeefbff65c           //示例值,实际值可能不同
Variable Value: 42
```

在这个例子中,&myVariable 给出了 myVariable 的物理地址,该地址是变量在内存中的实际存储位置。这个物理地址是由系统在运行时分配的,并在程序执行时使用。物理地址的具体值会因操作系统和硬件平台而异。

2. 地址映射

地址映射是将程序中使用的逻辑地址映射到实际物理内存地址的过程。这个过程通常由操作系统的内存管理单元(MMU)来完成,其中,MMU 负责在程序执行时将逻辑地址转换为物理地址。这种映射是为了使程序能够正确地访问实际的硬件内存。

1)地址映射过程

地址映射过程涉及将程序中使用的逻辑地址转换为实际的物理地址,以便程序能够正确地访问内存中的数据。其中涵盖了逻辑地址生成、逻辑地址访问、MMU 介入、地址转换以及物理地址访问等关键步骤,如表 7.18 所示。

表 7.18 地址映射的基本过程

步骤	描述
1. 逻辑地址生成	程序生成逻辑地址,通常是相对于程序的起始位置的偏移量
2. 逻辑地址访问	程序使用逻辑地址来访问内存中的数据,例如,读取或写入变量、调用函数等
3. MMU 介入	当程序访问逻辑地址时,MMU 介入并执行地址映射。MMU 负责将逻辑地址转换为物理地址
4. 页表或分段表查找	MMU 使用页表或分段表查找逻辑地址与物理地址之间的映射关系
(1) 页表查找	如果使用分页技术,MMU 查找逻辑页号与物理页帧号之间的映射
(2) 分段表查找	如果使用分段技术,MMU 查找逻辑段号与物理段基址之间的映射
5. 地址转换	MMU 根据查找到的映射关系将逻辑地址转换为相应的物理地址
6. 物理地址访问	使用转换后的物理地址,程序最终在实际的硬件内存中读取或写入数据

2)逻辑地址与物理地址的映射

逻辑地址和物理地址之间的映射是通过操作系统和硬件协同工作的过程来实现的。这个过程涉及内存管理单元(Memory Management Unit,MMU)和操作系统的地址映射机制。下面是逻辑地址与物理地址映射的基本步骤,如表 7.19 所示。

表 7.19 逻辑地址与物理地址映射的基本步骤

步骤	描述
1. 逻辑地址生成	程序生成逻辑地址,通常是相对于程序的起始位置的偏移量
2. MMU 介入	当程序访问逻辑地址时,MMU 介入并执行地址映射。MMU 通常是硬件中的一个组件
3. 地址转换	MMU 使用页表或分段表等数据结构,将逻辑地址转换为相应的物理地址
(1) 页表查找(分页)	逻辑地址中的页号被用来查找页表,找到对应的物理页帧号
(2) 分段表查找(分段)	逻辑地址中的段号被用来查找分段表,找到对应的物理段基址
4. 物理地址访问	使用经过转换的物理地址,程序最终在实际的硬件内存中读取或写入数据

3) 地址映射的综合实例

以下是一个简单的 C 语言程序示例,演示了地址映射的概念,并包含注释和执行结果。

```c
#include <stdio.h>
//定义一个全局变量
int globalVar = 42;
//函数,用于显示逻辑地址和物理地址
void displayAddresses(int * logicalAddr) {
    //打印逻辑地址和物理地址
    printf("Logical Address: %p\n", (void*)logicalAddr);
    printf("Physical Address: %p\n", (void*)&globalVar);
}
int main() {
    //定义一个局部变量
    int localVar = 20;
    //调用函数,显示全局变量的地址
    printf("Global Variable Addresses:\n");
    displayAddresses(&globalVar);
    //调用函数,显示局部变量的地址
    printf("\nLocal Variable Addresses:\n");
    displayAddresses(&localVar);

    return 0;
}
```

注释:

int globalVar = 42;:定义了一个全局变量 globalVar。

void displayAddresses(int * logicalAddr):一个用于显示逻辑地址和物理地址的函数。

printf("Logical Address：%p\n",(void*)logicalAddr);:打印传递给函数的逻辑地址。

printf("Physical Address：%p\n",(void*)&globalVar);:打印全局变量的物理地址。

displayAddresses(&globalVar);:在 main 函数中调用 displayAddresses 函数,显示全局变量的逻辑地址和物理地址。

displayAddresses(&localVar);:在 main 函数中调用 displayAddresses 函数,显示局部变量的逻辑地址和物理地址。

执行结果:

```
Global Variable Addresses:
Logical Address: 0x7ffeefbff65c         //示例值,实际值可能不同
Physical Address: 0x561a99c18a34        //示例值,实际值可能不同
Local Variable Addresses:
```

```
Logical Address: 0x7ffeefbff660          //示例值,实际值可能不同
Physical Address: 0x561a99c18a34         //示例值,实际值可能不同
```

在这个例子中,displayAddresses 函数接收一个逻辑地址参数并打印其逻辑地址和全局变量 globalVar 的物理地址。在程序执行时,逻辑地址通过地址映射转换为相应的物理地址。

4)地址变换表的维护

地址变换表(Translation Lookaside Buffer,TLB)是计算机系统中的一种缓存,用于存储逻辑地址到物理地址的映射。TLB 的目的是提高地址映射的速度,减少访问内存时的延迟。维护 TLB 涉及逻辑地址到物理地址映射的更新和管理,如表 7.20 所示。

表 7.20 地址变换表的维护过程

步 骤	描 述	涉及关键步骤
1. 地址映射更新	当程序访问新的逻辑地址时,操作系统更新 TLB 中的映射关系	检查 TLB 是否包含映射
		加载新映射
2. 缺页异常处理	如果 TLB 中没有所需的映射信息,发生缺页异常。操作系统从页表中获取正确映射,并加载到 TLB 中	处理缺页异常
		更新 TLB
3. 替换算法	如果 TLB 已满而需要新的映射信息,操作系统选择一个旧的映射进行替换,使用替换算法确定	最近最少使用映射(LRU):替换最长时间没有使用的映射
		先进先出(FIFO):替换最先加载到 TLB 中的映射
		替换最不经常使用(LFU):替换使用次数最少的映射
4. TLB 失效处理	当操作系统修改了页表或其他可能影响 TLB 的操作时,TLB 中的所有映射被标记为失效	使 TLB 中的映射无效
5. TLB 的刷新	定期刷新 TLB,以确保其中的映射信息与页表保持同步	周期性刷新
		事件触发刷新

3. 地址变换

地址变换是计算机系统中的一个关键过程,涉及将程序中使用的逻辑地址转换为实际的物理地址,以便访问内存中的数据。这个过程通常由内存管理单元(Memory Management Unit,MMU)负责完成。地址变换的具体实现方式会因计算机体系结构和操作系统的不同而有所差异,主要有两种常见的技术:分页(Paging)和分段(Segmentation)。

在这两种地址变换技术中,通常会使用 TLB 来提高地址变换的速度。TLB 是一个高速缓存,存储了部分逻辑地址到物理地址的映射,以避免每次都访问页表或段表,从而

提高访存速度。TLB 的工作方式类似于缓存，提供了快速的地址映射服务。

用户编程时只能使用逻辑地址，而 CPU 执行指令时必须指定物理地址，因此必须在指令执行前进行地址变换，将指令中的逻辑地址转换为 CPU 可直接寻址的物理地址，这样才能保证 CPU 访问到正确的存储单元。

假设上面的例子程序加载到内存，它分配到的内存地址空间是从 1024 开始的，则程序中各条指令和变量的地址都是原来的相对地址加上 1024。为了适应这个变化，指令中引用的操作数地址也应进行相应的调整。下面所示是经过地址变换后的目标代码，粗体部分为变换后的操作数的绝对地址。

```
00000400:       …
…
0000044B:       LDS     R24,0x0460      ;从 0460 地址取数据，加载到 R24 寄存器
0000044D:       ADIW    R24,0x01        ;R24 寄存器内容加 1
0000044E:       STS     0x0460,R24      ;将 R24 寄存器内容写回 0460 地址
…
00000460:       0x0001                  ;i 变量的存储单元
…
```

1）分页地址变换

分页地址变换是一种用于将程序生成的逻辑地址映射到实际的物理地址的地址变换技术。这种技术将逻辑地址空间和物理地址空间划分为固定大小的页，通过使用页表来建立逻辑页号到物理页框号的映射。

页式地址映射是分页（Paging）地址变换的一种形式。在分页系统中，逻辑地址空间和物理地址空间被划分为固定大小的页，而页式地址映射就是一种实现这种划分和映射的方式。

分页地址变换技术及原理，如表 7.21 所示。

表 7.21 分页地址变换技术及原理

步 骤	分解步骤	描 述
1. 逻辑地址生成	程序生成逻辑地址，通常是相对于程序的起始位置的偏移量	
2. 逻辑地址分割	页号	表示逻辑地址对应的页
	页内偏移	表示在该页中的具体位置
3. 查找页表	使用页号在页表中查找对应的物理页框号	页表是一个数据结构，存储了逻辑页号到物理页框号的映射关系
4. 地址转换	将物理页框号和页内偏移组合成物理地址	物理地址 =（物理页框号×页大小）+ 页内偏移
5. 物理地址访问	使用转换后的物理地址，程序最终在实际的硬件内存中读取或写入数据	

为了提高速度，系统通常使用 TLB 缓存部分页表的映射，以避免每次都访问完整的页表。TLB 的工作方式类似于缓存，可以直接提供逻辑地址到物理地址的映射。

分页地址变换的整个工作流程可以概括为以下步骤，如表 7.22 所示。

表 7.22　分页地址变换的整个工作流程

步　　骤	描　　述
分割地址	将逻辑地址分割为两部分：页号和页内偏移，以确定所在的页
查找映射	使用页号在页表中查找对应的物理页框号
地址转换	将物理页框号和页内偏移组合成物理地址
访问内存	使用转换后的物理地址在实际的硬件内存中读取或写入数据

示例：以一个简单的分页地址变换的示例来说明物理地址是如何计算的。在这个例子中，假设一个虚拟地址空间的大小为 32 位，物理地址空间的大小也为 32 位。每个页面的大小为 4KB。假设有一个逻辑地址为 0x12345，而页的大小为 4KB（2^{12} B）。可以按照以下步骤计算物理地址。

（1）逻辑地址分割。

逻辑地址：0x12345

页号：0x12345 / 4096 = 0x12（整除，得到页号）

页内偏移：0x12345 ％ 4096 = 0x345（取余，得到页内偏移）

（2）查找页表。

假设页表中有如下映射：页号 0x12 映射到物理页框号 0x5678。

（3）地址转换。

物理地址 =（0x5678×4096）+ 0x345 = 0x567800 + 0x345 = 0x567B45

所以，在这个示例中得出结果：逻辑地址 0x12345 被映射到物理地址 0x567B45。逻辑地址 0x12345 被分割为页号 0x12 和页内偏移 0x345。通过查找页表，找到了页号 0x12 对应的物理页框号 0x5678。最终，物理地址通过物理页框号和页内偏移的组合计算而得。这个计算过程遵循了物理地址计算公式：

$$物理地址 =（物理页框号×页大小）+ 页内偏移$$

2）分段地址变换

分段地址变换是一种将程序的逻辑地址映射到实际的物理地址的地址变换技术。在分段系统中，逻辑地址空间被划分为多个段，每个段可以包含一个逻辑单元，例如，代码段、数据段等。以下是分段地址变换的基本工作原理，如表 7.23 所示。

表 7.23　分段地址变换的基本工作原理

步　　骤	描　　述
1. 划分逻辑地址空间	逻辑地址空间被划分为不同大小的段，每个段用于存储特定类型的数据或执行特定的任务
2. 逻辑地址格式	逻辑地址由段号和段内偏移量组成。段号用于标识所需访问的段，段内偏移量表示在该段内的具体位置
3. 查找段表	操作系统维护一个段表，存储了每个段的基址和长度等信息。根据逻辑地址的段号查找相应的段表项
4. 计算物理地址	计算物理地址，物理地址 = 段表项中的基址 + 段内偏移量

续表

步　　骤	描　　述
5. 权限检查	进行权限检查,确保进程有权访问所请求的段。如果没有权限,抛出权限错误
6. 完成访问	使用物理地址进行数据读取或写入

分段地址变换的整个工作流程可以概括为以下步骤。

(1) 分割地址：将逻辑地址分割为段号和段内偏移，以确定所在的段。

(2) 查找映射：使用段号在段表中查找对应的物理段基址。

(3) 地址转换：将物理段基址和段内偏移相加得到物理地址。

(4) 访问内存：使用物理地址在实际的硬件内存中读取或写入数据。

示例：

　　逻辑地址：0xABCD

　　段号：0xA，段内偏移：0xBCD

　　段表映射：段号 0xA 对应的物理段基址为 0x8000

　　物理地址 = 0xBCD + 0x8000 = 0x8BCD

示例：

假设有一个分段系统，其中有两个段：

　Code Segment（代码段）

　　起始地址（基址）：0x0000

　　大小：0x1000 字节

　Data Segment（数据段）

　　起始地址（基址）：0x2000

　　大小：0x0800 字节

逻辑地址格式

　　段号（Segment Number）

　　段内偏移（Offset within Segment）

逻辑地址示例

　　逻辑地址：0x000A：0x0050

　　　段号：0x000A

　　　段内偏移：0x0050

物理地址计算过程如下。

查找段表：使用段号（0x000A）在段表中找到对应的段描述符。

　　　　　段描述符包括基址和段大小。

　计算物理地址：将基址与段内偏移相加，得到物理地址。

物理地址 = 段基址 + 段内偏移

实际计算：

　对于 Code Segment：

物理地址 = 0x0000 + 0x0050 = 0x0050

对于 Data Segment：

物理地址 = 0x2000 + 0x0050 = 0x2050

因此，逻辑地址 0x000A：0x0050 在分段系统中被映射到物理地址 0x0050 或 0x2050，具体取决于所属的段。

4. 地址变换的综合知识

下面是本节使用到的知识点，以及其他章节可能使用的知识点，以表格的形式描述，如表 7.24～表 7.27 所示。

表 7.24　存储结构元素

	页	帧	段	页表	段表
定义	一个页是分页系统中的固定大小的存储块	一个帧是物理内存中的一页的大小	一个段是分段系统中的一个逻辑存储单元	页表是一种数据结构，用于在分页系统中进行逻辑地址到物理地址的映射	段表是一种数据结构，用于在分段系统中进行逻辑地址到物理地址的映射
划分逻辑地址空间	逻辑地址空间被划分为等大小的页面	—	逻辑地址空间被划分为不同大小的段	—	—
划分物理内存	物理内存被划分为相同大小的页框	物理内存也被划分为相同大小的帧	—	—	—
大小单位	字节	字节	字节	—	—
计算方法	页的大小通常以字节为单位，如 4KB	与页的大小相同，通常以字节为单位	—	—	—
逻辑地址映射到物理地址	通过页表，逻辑页号映射到对应的物理帧号	—	通过段表，逻辑段号映射到对应的物理段基址	通过查找页表，逻辑页号映射到对应的物理帧号	通过查找段表，逻辑段号映射到对应的物理段基址

表 7.25　存储结构范围的对照表

		0	1	2	3
页	页号	0	1	2	3
	页表范围	[0x1000, 0x1FFF]	[0x2000, 0x2FFF]	[0x3000, 0x3FFF]	[0x4000, 0x4FFF]
	物理页框号范围	[0x2000, 0x2FFF]	[0x3000, 0x3FFF]	[0x4000, 0x4FFF]	[0x5000, 0x5FFF]
段	段号	0	1	2	3
	段表范围	[0x4000, 0x4FFF]	[0x6000, 0x6FFF]	[0x8000, 0x8FFF]	[0xA000, 0xAFFF]
	物理段框号范围	[0x5000, 0x5FFF]	[0x7000, 0x7FFF]	[0x9000, 0x9FFF]	[0xB000, 0xBFFF]

表 7.26　存储管理的相关技术、公式及示例

技术	公　式	示　　例
分页地址变换	物理地址 =（物理页框号×页大小）+ 页内偏移	逻辑地址：0x12345 页号：0x12，页内偏移：0x345 页表映射：页号 0x12 对应的物理页框号为 0x5678 物理地址 =（0x5678×4096）+ 0x345 = 0x567B45
分段地址变换	物理地址 = 段内偏移 + 物理段基址	逻辑地址：0xABCD 段号：0xA，段内偏移：0xBCD 段表映射：段号 0xA 对应的物理段基址为 0x8000 物理地址 = 0xBCD + 0x8000 = 0x8BCD
虚拟内存	物理地址 = 页表[页号] + 页内偏移	逻辑地址：0x67890 页号：0x67，页内偏移：0x890 页表映射：页号 0x67 对应的物理页框号为 0x9876 物理地址 = 0x9876 + 0x890 = 0xA006
页面置换	物理地址 = 页表[页号] + 页内偏移	逻辑地址：0xABCDEF 页号：0xAB，页内偏移：0xCDEF 页表映射：页号 0xAB 未在页表中找到，触发页面置换 操作系统选择一个牺牲页，将其写回磁盘，并将新的页加载到物理内存 物理地址 = 新页的物理页框号 + 页内偏移

表 7.27　存储管理的地址及相关概念之间的关系

地址或概念	关系描述	公式/计算	示　　例
符号地址	符号地址是程序中使用的抽象地址，由程序员定义。编译器将符号地址转换为逻辑地址	逻辑地址 = 符号地址 + 偏移量	假设 main 函数的符号地址为 0x1000，编译器生成的偏移量为 0x200，则该函数的逻辑地址为 0x1200
逻辑地址	逻辑地址是程序中使用的地址空间，由编译器生成。它包括符号地址的偏移量	逻辑地址 = 符号地址 + 偏移量	假设程序生成的逻辑地址为 0x1200，其中包括 main 函数的符号地址 0x1000 和偏移量 0x200
物理地址	物理地址是在实际硬件内存中的地址。逻辑地址需要通过地址变换机制，如分页或分段，转换为物理地址。计算方法取决于具体的地址变换机制	物理地址 = 转换机制(逻辑地址)	见表 7.26
页号	在分页系统中，逻辑地址被分割为页号和页内偏移	页号 = 逻辑地址 / 页大小	假设页大小为 4KB，逻辑地址为 0x1234，则页号为 0x1234/4096＝0。即逻辑地址的页号为 0x0
页表	页表存储了逻辑页号到物理框号的映射关系。通过查找表，可以找到逻辑页号对应的物理页框号	查找页表得到物理页框号。如表 7.25 所示	页号 0x0 映射到物理页框号 0x5678

续表

地址或概念	关系描述	公式/计算	示例
页内偏移	页内偏移表示在页内的具体位置	页内偏移＝逻辑地址 % 页大小（"%"是 mod 取模运算的运算符号，表示取余数）	假设页内偏移计算为 0x1234 % 4096 = x1234
段号	在分段系统中，逻辑地址被分割为段号和段内偏移	段号＝逻辑地址／段大小	假设段大小为 8KB，逻辑地址为 0x1234，则段号为 0x1234/8192 = 0。即逻辑地址 0x1234 的段号为 0x0
段表	段表存储了逻辑段号到物理段基址的映射关系。通过查找段表，可以找到逻辑段号对应的物理段基址	如表 7.25 所示	假设段号 0x0 映射到物理段基址 0x8000
段内	段内是指在一个段内的地址范围。是逻辑地址在该段内的范围	无特定的计算方法，段内范围＝段大小－段内偏移	假设有一个段大小为 0x1000 字节（4KB），段内偏移为 0x500 字节，则可通过以下计算确定段内范围：范围＝0x1000－0x500＝0xB00 因此，从段内偏移位置开始，可寻址的地址范围是 0xB00 字节。这意味着在这个段内，可以使用 0x500～0xFFF 的地址。逻辑地址 0x1234 在段内的范围
段内偏移	段内偏移表示在段内的具体位置	段内偏移＝逻辑地址 % 段大小	假设逻辑地址 0x1234。段内偏移为 0x1234 % 8192 = 0x1234
物理段基址	物理段基址是在分段系统中，用于将逻辑地址转换为物理地址的基础地址	物理段基址＝段表[段号]	假设段号 0x0 映射到物理段基址 0x8000
物理页框号	在分页系统中，通过查找页表得到逻辑页号对应的物理页框号	物理页框号＝页表[页号]	页号 0x0 对应的物理页框号为 0x5678

5. 地址变换综合实例

通过一个简化的实例来计算和分析这些地址之间的关系。在这个例子中，将使用分页系统和分段系统进行说明。

假设条件：

分页系统：

页大小(Page Size)：4KB(2^{12}B)

页表项大小：4B

物理页框号和页内偏移的计算：物理地址 =（物理页框号×页大小）+ 页内偏移

分段系统：

段大小（Segment Size）：8KB(2^{13}B)

段表项大小：4B

物理段基址和段内偏移的计算：物理地址 = 物理段基址 + 段内偏移

假设有一个程序的 main 函数和 subroutine 函数，它们的符号地址分别为 0x1000 和 0x2000。程序生成的逻辑地址为 0x1234。

(1) 计算页号和页内偏移（分页系统）。

逻辑地址 0x1234 分割为页号和页内偏移。

页号：0x1234 / 4096 = 0x0（整除，得到页号）

页内偏移：0x1234 ％ 4096 = 0x1234（取余，得到页内偏移）

(2) 通过页表查找物理页框号（分页系统）。

假设页表中，页号 0x0 映射到物理页框号 0x5678。

(3) 计算物理地址（分页系统）。

物理地址 =（0x5678×4096）+ 0x1234 = 0x567800 + 0x1234 = 0x568034

(4) 计算段号和段内偏移（分段系统）。

逻辑地址 0x1234 分割为段号和段内偏移。

段号：0x1234 / 8192 = 0x0（整除，得到段号）

段内偏移：0x1234 ％ 8192 = 0x1234（取余，得到段内偏移）

(5) 通过段表查找物理段基址（分段系统）。

假设段表中，段号 0x0 映射到物理段基址 0x8000。

(6) 计算物理地址（分段系统）。

物理地址 = 0x8000 + 0x1234 = 0x9234

7.2.4 内存的保护

内存保护的含义是要确保每个进程都在自己的地址空间中运行，互不干扰，尤其是不允许用户进程访问操作系统的存储区域。对于允许多个进程共享的内存区域，每个进程也只能按自己的权限（只读或读/写）进行访问，不允许超越权限进行访问。

1. 存储保护机制和措施

许多程序错误都会导致地址越界，比如使用了未赋值的"野"指针或空指针等。还有一些程序代码则属于恶意的破坏。存储保护的目的是防止因为各种原因导致的程序越界和越权行为。为此，系统必须设置内存保护机制，对每条指令所访问的地址进行检查。一旦发现非法的内存访问就会中断程序的运行，由操作系统进行干预。

常用的存储保护机制和措施，如表 7.28 所示。

表 7.28　常用的存储保护机制和措施

机　　制	描　　述
地址空间隔离	通过为每个运行中的程序分配独立的地址空间,操作系统确保不同程序之间无法直接访问或修改对方的内存。这提高了系统的隔离性,防止了不同程序之间的冲突
内存分页	将物理内存划分为固定大小的页,通过分页表将虚拟地址映射到物理地址。这提高了内存的管理效率,也为实现内存保护提供了基础
访问权限控制	操作系统通过设置访问权限位来限制对特定内存区域的访问。读、写、执行等权限的控制确保程序只能在授权的范围内进行操作,提高了系统的安全性
内存保护错误	当程序试图执行未经授权的内存访问时,硬件或操作系统会触发内存保护错误。这样的错误通常导致程序崩溃或被终止,防止了潜在的安全威胁
堆栈保护	提供对堆栈的额外保护,防止缓冲区溢出等攻击。一些编译器和操作系统实施了堆栈保护机制,提高了程序的安全性
ASLR(地址空间布局随机化)	通过随机化程序的地址空间布局,增加了系统的安全性。攻击者难以准确预测代码和数据的位置,从而提高了系统抵抗攻击的能力
界限保护	在 CPU 中设置界限寄存器,限制进程的活动空间
保护键	为共享内存区设置一个读/写保护键,在 CPU 中设置保护键开关,它表示进程的读/写权限。只有进程的开关代码和内存区的保护键匹配时方可进行访问
保护模式	将 CPU 的工作模式分为用户态和核心态,以限制用户态下的进程只能在规定范围内访问内存。核心态下的进程具有更高的特权,可以访问整个内存地址空间

2. 异常处理

1) 非法访问的异常处理

非法访问指的是程序试图访问未分配给其权限的内存区域。操作系统和硬件通常提供了机制来检测和处理这些非法访问的情况。异常处理的一般流程如表 7.29 所示。

表 7.29　非法访问的异常处理流程

异常处理流程	描　　述
1. 异常检测	当程序尝试执行非法访问时,硬件或操作系统检测到这一行为。硬件可能触发硬件异常,操作系统可能通过软中断或异常来响应
2. 中断或异常处理程序	一旦异常被检测到,系统跳转到相应的异常处理程序。异常处理程序可以是由操作系统提供的默认处理程序,也可以是用户定义的异常处理程序
3. 处理程序执行	异常处理程序负责处理非法访问。可能的处理方式包括终止相关进程、记录异常信息、向用户报告错误等
4. 异常返回	处理程序执行完成后,系统可能会恢复正常执行或采取其他适当的行动。可能的操作包括继续程序执行、终止进程,或采取更复杂的错误恢复策略

这种异常处理机制有助于防止非法访问导致系统崩溃或数据损坏,同时提供了对错误进行诊断和处理的机会。

2) 存储保护的实际应用

存储保护是确保数据存储的安全性和完整性的关键措施之一。存储保护的一些实际应用,如表 7.30 所示。

表 7.30 存储保护的实际应用

存储保护应用	描 述
访问控制和权限	操作系统通过设置文件和目录的访问权限,确保只有经过授权的用户或程序能够访问特定的存储区域。包括读、写、执行等权限的控制
加密	对存储在磁盘或其他媒体上的敏感数据进行加密,以保护数据的机密性。即使物理访问了存储介质,未经授权的用户也无法解读或篡改数据
备份和恢复	定期备份存储的数据,并实施恢复计划,以确保在数据损坏、丢失或被破坏时能够快速恢复
完整性检查	使用校验和、哈希函数或其他完整性检查机制,确保存储的数据没有被篡改。如果检测到数据的变化,系统可以采取相应的保护措施
网络传输安全	在数据传输过程中采用安全的传输协议和加密机制,以防止数据在传输过程中被截取或篡改
存储设备控制	控制物理存储设备的访问,防止未经授权的设备连接到系统。这可以通过硬件控制、设备白名单等方式实现,防范未经授权的访问

这些存储保护措施有助于确保存储空间中的数据在存储、传输和处理过程中得到有效的保护,提高整个系统的安全性。

7.2.5 内存的扩充和优化

1. 内存的扩充技术

尽管内存容量不断提高,但相比应用规模的增长来说,内存总是不够的。因此,内存扩充始终是存储管理的一个重要功能。

"扩充"存储器空间的基本思想是借用外存空间来扩展内存空间,方法是让程序的部分代码进入内存,其余驻留在外存,在需要时再调入内存。主要的实现方法有以下三种,分别是覆盖技术、交换技术和虚拟存储器。为了解决内存容量不足的问题,应提高系统对大型程序和多任务的支持能力。虚拟存储器在性能和用户友好性方面相对较优,成为现代计算机系统中常见的内存扩充技术。内存的扩充技术及其原理、优点和缺点,如表 7.31 所示。

表 7.31 内存的扩充技术及其原理、优点和缺点

技 术	原 理	优 点	缺 点
覆盖技术	将程序划分为多个模块,其中必要的模块常驻内存,其余模块在需要时从外存中调入内存,覆盖掉不使用的模块	可以在有限内存下运行大型程序,提高内存利用率	编程时需要对程序进行模块划分,并确定模块之间的覆盖关系,增加了编程的复杂度
交换技术	在多个程序并发执行时,将暂时不能执行的程序换到外存中,腾出内存空间运行其他程序	增加了可并发运行的程序数目,对用户的程序结构没有特殊要求	对整个进程进行换入、换出操作可能消耗大量 CPU 时间

续表

技术	原理	优点	缺点
虚拟存储器	将程序的部分代码调入内存,其余保留在外存,在需要时动态地调入内存。用户感知不到内存的实际大小	方便用户编程,存储扩充性能最好	虽然性能较好,但实现和维护较为复杂。用户可能不清楚实际内存大小

2. 内存的优化

内存优化的目的是在保证系统功能的前提下,以更高效、更经济、更稳定、更用户友好的方式使用和管理内存资源。这对于各类计算机系统,包括桌面应用、服务器、移动设备以及嵌入式系统等都是重要的。

内存优化使用的技术,如表 7.32 所示。这些技术的优点、缺点和选用情况,如表 7.33 所示。

表 7.32 内存优化使用的技术

技术	描述
分页技术	将物理内存和虚拟内存划分为固定大小的页面,通过分页表映射虚拟地址到物理地址,提高内存管理效率,同时为系统提供更灵活的内存扩充方式
内存映射文件	允许将文件映射到内存,使得文件的内容可以直接在内存中进行读写。对于处理大型文件或进行快速数据访问很有帮助
内存压缩	利用压缩算法对内存中的数据进行压缩,以在有限的物理内存中存储更多的数据。在需要访问被压缩的数据时,系统进行解压缩
内存层次结构	利用多层次的内存结构,包括高速缓存、主存和磁盘,以在不同速度和成本之间平衡内存需求。数据在这些层次间根据访问频率和优先级进行移动
内存管理单元(MMU)	MMU 是硬件组件,用于在物理内存和虚拟内存之间进行地址映射。它支持虚拟内存的实现,并为系统提供更大的地址空间
动态内存分配	程序在运行时通过动态内存分配函数(如 malloc、free)从堆中分配和释放内存,使程序能够根据需要动态地调整内存使用
内存共享	多个进程可以共享相同的内存区域,减少对物理内存的需求。在多任务处理和并发应用中很有用
内存保护技术	通过设置访问权限、使用硬件和操作系统提供的保护机制,确保不同程序或进程之间的内存互相隔离,提高系统的安全性

表 7.33 内存优化技术的优点、缺点和选用情况

内存优化技术	优点	缺点	选用情况
内存层次结构	提高了数据访问速度,降低了成本	需要智能的缓存算法,实现较为复杂	适用于需要平衡速度和成本的系统,如大型数据库系统
内存管理单元(MMU)	支持虚拟内存,提高了地址空间的灵活性	需要硬件支持,对硬件有一定要求	适用于需要大地址空间和虚拟内存的系统,如桌面操作系统

续表

内存优化技术	优 点	缺 点	选用情况
动态内存分配	灵活动态地管理内存,减少内存浪费	容易引发内存泄漏和内存溢出问题,需要谨慎使用	适用于需要灵活管理内存、动态分配的应用,如嵌入式系统
内存共享	提高内存利用率,减少对物理内存的需求	需要处理并发访问的同步问题,可能引入安全风险	适用于需要共享数据、减少内存占用的多任务应用
内存保护技术	提高系统的安全性,防止非法访问	需要额外的硬件和操作系统支持	适用于需要确保内存安全性的系统,如服务器和操作系统

7.3 多道程序并发与内存挑战

多道程序并发(Multiprogramming)是指在计算机系统中,同时存放多个程序在内存中,并使它们能够并发执行。这样可以更充分地利用CPU,提高系统的吞吐量。然而,多道程序并发也带来了一些内存挑战。

以下是多道程序并发的一些关键特点和优势,如表7.34所示。

表7.34 多道程序并发的关键特点和优势

特点/优势	描 述
并发执行	多道程序并发允许多个程序同时存在于内存中,并可以交替执行
提高系统吞吐量	通过允许多个程序并发执行,系统能够更有效地利用CPU,提高单位时间内完成的任务数量
减少响应时间	多道程序并发缩短了用户等待程序执行的响应时间。即使一个程序被阻塞,其他程序仍然可以继续执行
提高系统利用率	多道程序并发有助于提高系统资源的利用率,包括CPU、内存和其他设备
资源共享	多道程序并发允许多个程序共享系统资源,减少资源浪费,提高效率
系统稳定性	多道程序并发有助于提高系统的稳定性。即使某个程序出现错误,其他程序仍然可以继续执行,系统整体性能不会完全受到影响
适应性	多道程序并发使系统更具适应性,能够同时处理多个任务和用户请求
动态调度	系统需要实现动态调度算法,以确定何时切换执行的程序,以及如何分配资源
内存管理	合理的内存管理策略需要考虑多个程序在内存中的存储和调度
资源调配	系统需要合理地分配和调度CPU、I/O设备等资源,以满足不同程序的需求

多道程序并发会引发一系列内存挑战,主要涉及内存资源的有限性、共享与同步、内存保护、调度和管理等方面,如表7.35所示。

表 7.35　内存挑战

内存挑战	描述
内存空间管理	合理管理内存空间,确保每个程序得到足够的内存以保证正常执行。需要考虑程序的大小、运行时的动态变化等因素
内存保护	不同程序在内存中并发执行,需要保证它们彼此之间的数据不会相互干扰。内存保护机制需要防止程序越界访问其他程序的内存空间
地址空间冲突	不同程序可能使用相同的地址空间,需要进行地址重定位或采用地址空间布局随机化(ASLR)等技术,以避免地址空间的冲突
共享内存冲突和同步	多个程序需要访问相同的共享内存区域,需要采用适当的同步机制,如互斥锁、信号量等,以防止竞态条件和数据一致性问题
内存调度	内存中同时存在多个程序,需要进行合理的内存调度,包括加载程序到内存、将程序从内存卸载、进行程序切换等,以优化系统性能
内存碎片问题	多道程序并发可能导致内存碎片的产生,需要考虑如何减少碎片,包括外部碎片和内部碎片,以充分利用内存
页面置换	当物理内存有限时,可能需要进行页面置换,将某些页面从内存调出到磁盘上,以便为其他程序腾出空间。需要平衡性能和公平性
I/O 操作与内存	在多道程序并发中,需要合理处理 I/O 操作对内存的影响。例如,在一个程序等待 I/O 完成的时候切换到另一个程序,以充分利用 CPU 时间
内存有限性	系统需要为多个程序分配有限的内存空间,需要有效地管理有限的内存资源,以满足多个程序的需求,是一个挑战
内存泄漏	多道程序并发中,一个程序的内存泄漏可能影响其他程序的执行。需要实施合适的内存管理策略,及时释放不再使用的内存,以防止内存泄漏
竞态条件	多个程序并发访问共享资源时可能出现竞态条件,需要采用适当的同步和互斥机制,以防止竞态条件的发生
共享内存和同步	多个并发执行的程序可能需要共享内存区域,需要采用适当的同步机制,如互斥锁、信号量等。同步机制是确保多个程序正确访问共享内存的关键

针对多道程序并发引发的内存挑战,制定如下解决策略,如表 7.36 所示。

表 7.36　内存挑战的解决策略

内存挑战	解决策略
内存空间管理	采用动态内存分配和释放机制,根据程序的实际需求进行内存分配和回收
内存保护	利用硬件和操作系统提供的内存保护机制,通过设置访问权限位确保程序之间的内存互相隔离
地址空间冲突	使用地址空间布局随机化(ASLR)等技术,或者采用地址重定位,确保不同程序的地址空间不会冲突
共享内存冲突和同步	引入同步机制,如互斥锁、信号量等,确保多个程序访问共享内存区域时不会发生竞态条件,保持数据一致性
内存调度	采用合理的内存调度策略,包括加载和卸载程序、进行程序切换等,以提高系统性能和响应时间
内存碎片问题	优化内存分配和释放策略,采用动态存储分配算法,减少碎片的产生,提高内存的利用率

续表

内存挑战	解决策略
页面置换	使用页面置换算法,将不活跃的页面移到外存,腾出内存空间供其他程序使用,平衡系统的性能和公平性
I/O 操作与内存	采用合理的 I/O 操作管理策略,确保在等待 I/O 完成时能够切换到其他程序,充分利用 CPU 时间
内存有限性	有效地管理有限的内存资源,采用合适的内存分配和释放策略,以满足多个程序的需求,考虑使用虚拟内存进行内存扩充
内存泄漏	引入内存管理机制,监控程序的内存使用情况,及时释放不再使用的内存,防止内存泄漏对其他程序的影响
竞态条件	引入同步和互斥机制,如锁和信号量,确保多个程序并发访问共享资源时不会出现竞态条件,提高系统的稳定性

这些策略可以综合应用,以满足多道程序并发环境下的内存挑战,保障系统的性能、稳定性和数据一致性。

7.3.1 内存资源有限性

内存资源有限性是指计算机系统中可用的物理内存空间是有限的。这种有限性可能受到硬件限制、成本因素、技术水平等多方面的影响。由于内存资源的有限性,系统需要有效地管理和分配内存,以满足多个程序的需求,并提高系统的性能和稳定性。

针对内存资源有限性,可采取以下策略,如表 7.37 所示。

表 7.37 针对内存资源有限性的策略

策略	描述
内存分页和分段	将物理内存划分为小的页或段,提高内存管理效率,为多个程序提供适当的内存空间
虚拟内存	允许将部分程序或数据存储在磁盘上,进行数据交换,扩充可用的地址空间,减轻内存有限性的压力
页面置换	采用页面置换算法将不活跃的页面移到外存,腾出空间供其他程序使用
内存调度	采用合理的内存调度策略,包括加载和卸载程序、进行程序切换等,优化内存资源的使用
内存回收	引入内存回收机制,及时释放不再使用的内存,防止内存泄漏,提高内存的有效利用率
合理的内存管理策略	采用动态内存分配和释放机制,根据程序的实际需求进行内存管理,避免浪费和碎片问题
内存层次结构	利用多层次的内存结构,包括高速缓存、主存和磁盘,平衡不同速度和成本之间的内存需求
优化算法和数据结构	采用优化的算法和数据结构,降低程序对内存的需求,提高内存的利用效率
硬件升级	在条件允许的情况下,考虑硬件升级以增加物理内存的容量,减缓内存有限性对系统性能的影响

综合利用这些策略，系统可以更好地应对内存资源有限性，提高多道程序并发环境下的系统性能和稳定性。

1. 内存资源限制的原因

内存资源限制的原因可以有多方面的因素，包括硬件和软件层面。以下是一些常见的导致内存资源有限的原因，如表 7.38 所示。

表 7.38 内存资源限制的原因

原 因	描 述
物理内存限制	计算机硬件的物理内存容量有限，不同计算机系统有不同的硬件架构和物理内存上限
进程地址空间分配	操作系统为每个进程分配独立的虚拟地址空间，这限制了每个进程可用的内存范围
虚拟内存使用与管理	操作系统使用虚拟内存技术，可能受到硬盘空间或交换空间的限制
内存碎片	内存分配和释放导致碎片化，使得一些零散的内存块难以被有效利用
内存泄漏	由于程序错误或设计缺陷，未释放的内存会导致内存泄漏，最终耗尽可用内存
内存管理算法效率	不同的内存管理算法对内存的使用效率有影响，某些算法可能会导致内存浪费
多任务和并发访问	同时运行的多个进程或线程需要共享有限的内存资源，可能导致竞争和争用
内存保护和权限	操作系统通过权限设置来保护内存，某些内存区域可能对特定任务不可用

2. 内存资源竞争与冲突

内存资源竞争与冲突是在多任务或多线程环境下，由于对共享内存资源的并发访问而引发的问题。这种竞争和冲突可能导致程序行为的不确定性、数据损坏以及性能下降。以下是一些内存资源竞争和冲突的主要方面，如表 7.39 所示。

表 7.39 内存资源竞争与冲突

竞争条件	描 述	问 题
读-写冲突	多个任务/线程中，一个在写入内存，其他尝试读取相同内存位置	可能导致读取到不一致或过时的数据，破坏程序逻辑
写-写冲突	多个任务/线程中，两个或更多尝试写入相同内存位置	可能导致数据覆盖，使得其中一个写入的结果丢失
写-读冲突	一个任务/线程写入，另一个尝试读取相同内存位置	可能导致读取到不稳定或不完整的数据，影响程序正确性
并发数据结构冲突	多个任务/线程同时修改共享数据结构，如队列、链表等	可能导致数据结构损坏、丢失元素或产生不一致状态
竞争条件	多个任务/线程竞争同一资源，执行结果依赖执行顺序	引发难以预测的程序行为，可能导致不稳定性和错误

表 7.39 提供了对不同类型内存资源竞争与冲突的竞争条件的详细描述，以及由于这

些竞争条件可能引起的问题。在并发编程中,解决这些问题通常需要采用同步机制和适当的并发编程范例,以确保对共享资源的安全访问。

7.3.2 合理管理机制

内存管理机制是计算机系统中用于有效管理系统内存的一组策略和技术。这些机制旨在优化内存的使用,提高系统性能,确保程序能够得到足够的内存资源。

针对内存存在的挑战,可以采用一系列合理的内存管理机制来解决问题,提高系统的性能和稳定性,如表 7.40 所示。

表 7.40 合理内存管理机制

内存管理机制	合理性评价	适用使用情况
内存压缩技术	合理,可减小内存占用,提高可用内存空间	适用于内存有限的环境,对性能要求不是特别高的场景
虚拟内存的智能调整	合理,能够根据系统负载智能地调整虚拟内存大小	适用于系统负载变化较大,需要灵活适应不同工作负荷的环境
高效的内存回收和垃圾收集	合理,可及时释放不再使用的内存,提高内存利用率	适用于动态内存分配频繁,需要自动管理内存的应用场景
内存分页和分段的优化	合理,优化可减小内存碎片化,提高内存管理效率	适用于需要频繁分配和释放内存的应用,如动态数据结构的场景
内存层次结构的优化	合理,通过高速缓存技术提高数据访问速度	适用于对数据访问速度有较高要求的计算密集型应用场景
内存预取和惰性加载	合理,提前加载可能被访问的数据,降低访问延迟	适用于需要提高数据访问效率,避免不必要数据加载的场景
并发控制的优化	合理,通过精细的并发控制机制提高性能	适用于多任务/线程并发访问共享内存的场景,提高并发性能
内存分区策略	合理,根据应用需求划分内存区域,充分利用内存	适用于不同类型数据和应用场景的内存分配要求不同的情况
内存性能监控和调优工具	合理,通过实时监测和调整提高系统稳定性	适用于需要定期检查和优化内存使用情况的复杂应用系统
内存质量保障	合理,通过内存检测和容错机制提高可靠性	适用于对数据完整性要求较高的关键系统和应用场景

1. 存储管理器的任务

存储管理器是操作系统中负责管理计算机系统内存的一个关键组件。其主要任务是有效地分配和释放内存,以及维护对内存资源的跟踪,如表 7.41 所示。

表 7.41 存储管理器的任务及其优点和缺点

任　　务	描　　述	优　　点	缺　　点
内存分配和释放	动态地分配和释放内存空间给程序	提供灵活的内存管理	可能引发内存泄漏

续表

任务	描述	优点	缺点
地址转换	将逻辑地址映射到物理地址，维护地址空间的映射关系	支持虚拟内存技术	需要较多的硬件开销
内存保护	通过权限位限制对内存的访问，提高系统的安全性	增强系统的安全性	增加了内存访问的复杂性
内存分页和分段	实施内存分页和分段机制，简化内存管理	提高内存的利用率	可能引入额外的内存开销
虚拟内存管理	通过虚拟内存技术，扩展可用的地址空间，提高多任务处理能力	支持多任务处理	可能引入访问延迟
内存回收和垃圾收集	识别和回收不再使用的内存，防止内存泄漏	自动化内存管理	垃圾收集可能引起暂停，影响性能
内存映射	将文件或其他设备映射到进程的地址空间，简化文件操作	简化文件操作	可能引入磁盘访问延迟
内存缓存	通过管理高速缓存，加速对常用数据和指令的访问	提高数据访问速度	缓存一致性可能引起复杂性问题
内存性能监控	实时监测内存使用情况，发现和解决潜在的内存问题	提前发现并解决内存问题	增加了系统开销

2. 内存管理单元的功能

内存管理单元（Memory Management Unit，MMU）是计算机系统中的一个硬件组件，主要负责处理虚拟地址到物理地址的映射以及对内存的访问控制。MMU 在计算机系统中扮演着关键的角色，它通过管理地址映射、支持虚拟内存、提供内存保护等功能，有效地实现了对内存的灵活控制和管理。这有助于提高系统的性能、可用性和安全性。

MMU 的功能主要包括地址映射、虚拟内存支持、内存保护、内存分页、缓存控制、TLB 管理、地址转换的加速和处理缺页异常等，具体如表 7.42 所示。

表 7.42 内存管理单元（MMU）的功能

功能	描述
地址映射	将程序使用的虚拟地址映射到实际的物理地址
虚拟内存支持	支持虚拟内存技术，通过将部分程序或数据存储在硬盘上，扩展可用的地址空间
内存保护	通过权限位来限制对内存的访问，防止未经授权的访问和保护关键代码和数据
内存分页	实施内存分页机制，将内存划分为固定大小的页面，简化内存管理
缓存控制	管理高速缓存的使用，包括缓存的命中与失效，提高对内存的访问速度
TLB 管理	管理 TLB，存储虚拟地址到物理地址的映射
地址转换的加速	通过 TLB 等技术，加速虚拟地址到物理地址的转换过程，提高访存效率
处理缺页异常	当程序访问的页面不在内存中时，产生缺页异常，操作系统介入处理

7.4 存储管理任务与目标

存储管理在计算机系统中扮演着关键的角色,其任务和目标旨在有效地管理系统内存,提高系统性能、可用性和安全性,如表 7.43 和表 7.44 所示。

表 7.43 存储管理任务

存储管理任务	任务描述	相关目标
内存分配和释放	动态地分配和释放内存空间给程序	提高内存利用率,避免内存浪费
地址映射和转换	将程序使用的虚拟地址映射到实际的物理地址	提供透明的内存访问,确保程序正常运行
虚拟内存支持	支持虚拟内存技术,通过将部分程序或数据存储在硬盘上,扩展可用的地址空间	提高多任务处理支持,允许程序并发执行
内存保护	通过权限位限制对内存的访问,防止未经授权的访问和保护关键代码和数据	提高系统安全性和稳定性,隔离不同程序之间的内存
内存分页和分段	实施内存分页和分段机制,简化内存管理	提高内存利用率,降低内存碎片化
内存回收和垃圾收集	识别和回收不再使用的内存,防止内存泄漏	避免不必要的内存占用,提高内存利用率
缓存管理	管理高速缓存的使用,包括缓存的命中与失效	提高对内存的访问速度,加速程序执行
TLB 管理	管理 TLB 中的虚拟地址到物理地址的映射	提高地址转换的效率

表 7.44 存储管理目标

目标	目标描述
高效性	以最小的系统开销管理内存,确保内存的高效使用,提高系统性能
可用性	确保系统中的程序能够获得足够的内存,避免由于内存不足导致的系统崩溃或性能下降
安全性	通过权限控制和隔离机制,防止未经授权的访问,确保系统的安全性
透明性	提供透明的内存访问,使得程序员和应用程序无须关心具体的内存管理细节
可扩展性	支持系统的可扩展性,以适应不断增长的计算需求和新的硬件架构
稳定性	确保内存管理的稳定性,防止内存泄漏和其他可能导致系统不稳定的问题

7.4.1 多进程共存的需求

多进程共存的需求涉及满足同时运行多个独立任务的系统要求。多进程共存的需求涵盖了并发执行、隔离、通信、资源管理等多个方面,旨在创建一个稳定、高效、安全的系统环境,能够同时运行和管理多个任务。以下是多进程共存的一些关键需求,如表 7.45 所示。

表 7.45 多进程共存的需求

需 求	描 述
并发执行	支持多个进程在相同时间段内同时运行,提高系统整体性能和响应能力
独立地址空间	保障不同进程有独立的地址空间,确保它们之间的互不干扰,使用虚拟内存技术实现
进程隔离	确保不同进程之间的隔离,一个进程的错误或崩溃不应影响其他进程
资源共享	提供机制方便地共享资源,如文件、网络连接等,以促进进程之间的协作和数据交换
进程通信	提供通信机制,如管道、消息队列、共享内存等,以便进程之间进行有效的信息交流
调度和优先级	实现合理的调度策略,确保每个进程有机会获得CPU资源,并可能设置不同进程的优先级
内存管理	合理加载和管理不同进程的内存,确保系统的内存资源被有效利用,避免内存浪费
安全性	提供安全性机制,包括对系统资源的访问控制、身份验证等,以防范恶意进程对系统的攻击
可扩展性	具备良好的可扩展性,能够适应不断增长的任务和用户需求,而不影响整体性能

1. 进程内存需求分析

进程内存需求分析涉及理解一个进程在执行过程中所需的不同内存区域。进程的内存需求分析要考虑到程序的静态部分(代码段、数据段)、动态部分(堆、栈)以及可能的共享内存需求。系统需要确保为每个进程分配足够的内存,以支持其正常执行,并且需要有机制来动态地满足不同进程在运行时的变化的内存需求。

以下是对进程内存需求的一般分析,如表 7.46 所示。

表 7.46 进程内存需求分析

内 存 区 域	描 述	需 求
代码段(Text Segment)	包含程序的可执行指令,通常是只读的	足够的空间存放程序的机器指令
数据段(Data Segment)	存储全局变量、静态变量等数据	足够的空间存放程序中定义的全局和静态变量
堆(Heap)	用于动态内存分配,存放程序运行时动态申请的内存	根据程序运行时动态分配内存的需要,堆的大小可能会动态变化
栈(Stack)	存储函数调用和局部变量,以及函数用的上下文信息	足够的空间存放函数调用所需的栈帧和局部变量
堆栈之间的空间	用于管理堆和栈之间的未分配内存,以防止它们相互覆盖	足够的空间确保堆和栈的运行时不会发生冲突
共享内存区域	存储可能被多个进程共享的数据	足够的空间存放需要共享的数据结构,通常使用共享内存的机制

2. 进程状态对内存的影响

不同进程状态对内存有不同影响。运行状态下,进程需要占用内存执行代码和存储相关数据；就绪状态下，进程需要保持内存状态以备被调度执行；阻塞状态下，虽然不占用 CPU，但内存空间仍然被保留，以便等待事件完成后能够重新运行。进程状态对内存的影响，如表 7.47 所示。

表 7.47 进程状态对内存的影响

进程状态	描 述	内 存 影 响
运行状态	进程正在执行，使用 CPU 资源	占用 CPU 时间，需要足够的内存来执行代码段和存储相关数据
就绪状态	进程已经准备好执行，但还未获得 CPU 资源	就绪的进程需要保持其在内存中的状态，以便随时被调度执行
阻塞状态	进程因等待某个事件而暂时停止执行	阻塞的进程暂时不占用 CPU，但其内存空间仍然被保留，以确保等待事件完成后能够恢复到就绪状态

7.4.2 存储管理的任务

1. 安全性的考虑

在存储管理的任务中，安全性是至关重要的因素。以下是与安全性相关的考虑，如表 7.48 所示。

表 7.48 安全性的考虑

安全性考虑	描 述
内存保护	实施权限机制，限制对内存的访问。确保关键操作系统数据结构和代码不受未经授权的访问
隔离机制	通过虚拟内存技术和地址空间隔离，确保不同进程或程序之间的内存是相互隔离的，防止互相干扰
安全权限控制	控制程序或用户对内存区域的访问权限，确保只有授权的实体能够访问特定的内存区域
防范缓冲区溢出	实施有效的边界检查和内存访问控制，防止恶意代码通过缓冲区溢出来破坏内存
虚拟内存的安全性	如果使用虚拟内存技术，确保虚拟内存的映射是安全的，防止非法篡改，防范恶意软件的攻击

2. 高效性的目标

高效性的目标旨在提高计算机系统整体的性能和资源利用率，以确保系统在高负载和多任务环境中能够高效地运行，如表 7.49 所示。

表 7.49 高效性的目标

高效性目标	描 述
内存分配和释放的效率	动态分配和释放内存时要避免过多的内存碎片，提高内存利用率
地址映射和转换的速度	提供高效的地址映射和转换机制，以加速程序的访问速度

续表

高效性目标	描述
虚拟内存的优化	优化页面置换算法和页面访问策略,确保系统在有限的物理内存下能够支持多任务执行
缓存管理的优化	有效地管理高速缓存的使用,提高缓存的命中率,以提高对内存的访问速度
内存回收和垃圾收集的效率	高效的内存回收和垃圾收集机制,避免内存泄漏,减少垃圾收集的开销
快速的进程上下文切换	在多任务环境中,实现快速的进程上下文切换,确保系统对不同进程的响应能力

7.5 存储管理方案

存储管理是计算机系统中的关键组成部分,其目标是有效地管理系统的内存资源。有许多不同的存储管理方案,具体选择取决于系统的需求和特点。常见的存储管理方案包括单一连续内存管理、分区内存管理、页式内存管理、分段内存管理、段页式内存管理、虚拟内存管理,如表 7.50 所示。

表 7.50 存储管理方案的概念及其特点

存储管理方案	描述	优点	缺点
单一连续内存管理	所有程序共享同一块连续的物理内存空间	简单易实现	内存碎片化严重,限制了程序的大小
分区内存管理	物理内存被划分为多个固定大小的区域,每个区域分配给一个程序	减少了碎片化,允许多个程序同时运行	仍可能存在外部碎片
页式内存管理	物理内存和虚拟内存被划分为固定大小的页面,程序的地址空间也被划分为页面	减少了内存碎片,支持虚拟内存,便于实现页面置换	硬件开销较大
分段内存管理	程序的地址空间被划分为不同的段,每个段有不同的大小和属性	更好地支持动态数据结构,提高内存利用率	可能产生内部碎片
段页式内存管理	结合了分段和分页的特点,将地址空间划分为段,并将每个段划分为页面	综合了分段和分页的优点,提高了内存管理的灵活性	实现相对复杂
虚拟内存管理	将磁盘空间作为扩展的内存,通过将程序的部分加载到内存中,实现更大的地址空间	允许程序的地址空间超过物理内存大小,支持多任务	需要高效的页面置换算法,引入了 I/O 开销

7.5.1 分区存储管理

分区存储管理是一种将物理内存划分为若干个固定大小的区域,每个区域用于分配给一个进程或作为系统保留区域。这种管理方式有助于有效地利用内存资源,但也需要解决一些与分区相关的问题。

多道程序系统的出现要求内存中能同时容纳多个程序,分区管理方案因而诞生。分区分配是多道程序系统最早使用的一种管理方式,其思想是将内存划分为若干个分区,操作系统占用其中一个分区,其他分区由用户程序使用,每个分区容纳一个用户程序。

1. 分区分配策略

分区分配策略是在分区存储管理中确定如何将物理内存中的分区分配给进程的规则。以下是一些常见的分区分配策略,如表 7.51 所示。

表 7.51 分区分配策略

分配策略	描述	优点	缺点
首次适应	选择第一个足够大的分区分配给进程	简单易实现	可能导致外部碎片,选择的分区不一定是最优的
最佳适应	选择最小且足够大的分区分配给进程	减少外部碎片,更充分利用内存	实现相对复杂,可能需要搜索整个分区列表
最坏适应	选择最大的分区分配给进程	减少外部碎片,更容易维护大块空闲内存	可能导致内部碎片,不如最佳适应对内存利用率高
循环首次适应	类似于首次适应,但从上一次分配结束的地方开始搜索	避免了每次都从头开始搜索,减少搜索开销	仍可能导致外部碎片
快速适应	针对特定大小的分区维护一个空闲链表,以快速分配和释放	高效地处理特定大小的分区请求	对于其他大小的请求可能不够灵活

最初的分区划分方法是固定分区,即系统把内存静态地划分为若干个固定大小的分区。当一个进程被建立时,系统按其程序的大小为其分配一个足够大的分区。由于分区大小是预先划分好的,通常会大于程序的实际尺寸,因此分区内余下的空闲空间就被浪费掉了。如图 7.2(a)所示为固定分区的内存分配方式。

对固定分区分配策略进行改进就产生了可变分区分配。它的思想是：在程序调入内存时,按其实际大小动态地划分分区。这种量体裁衣的分配方式避免了分区内空间的浪费——设最初进入内存的是进程 1(64KB)、进程 2(160KB)和进程 3(224KB),系统为它们分配了合适的空间,如图 7.2(b)所示。

分区分配的主要问题是存储"碎片"。碎片是无法被利用的空闲存储空间。固定分区存在"内部碎片"问题,即遍布在各个分区内的零碎剩余空间。可变分区存在"外部碎片"问题,即随着进程不断地进入和退出系统,一段时间后,内存中的空闲分区会变得支离破碎,这些碎片空间的总和可能足够大,但因为不连续,所以不能被利用。图 7.2(c)描述了外部碎片的产生过程。

示例：在前面三个进程运行一段时间后,进程 2 运行结束退出,进程 4 进入内存,它的大小是 64KB;又一段时间后,进程 1 运行结束退出,进程 5 进入内存,它的大小是 54KB。当一个新的 300KB 的进程 6 想要进入系统运行时,内存中的空闲空间的总数虽然足够,但因为是碎片,所以系统暂时无法接纳这个作业。

示例说明：

（1）系统运行状态。
- 进程 1、进程 2 和进程 3 已经运行一段时间。
- 进程 2 运行结束退出，释放其占用的内存。
- 进程 4 进入内存，大小为 64KB。
- 一段时间后，进程 1 运行结束退出，释放其占用的内存。
- 进程 5 进入内存，大小为 54KB。

（2）内存状态。

此时，内存中可能存在碎片，即非连续的小块空闲内存。

空闲内存可能被分割成多个小块，其中一些小块可能太小，无法满足大进程的内存需求。

（3）新进程 6 进入。

进程 6 的大小为 300KB，内存总的空闲空间足够容纳它。

但由于内存中的空闲空间被分割成碎片，系统无法找到一个足够大的、连续的内存块来容纳进程 6。

（4）碎片问题。

系统暂时无法接纳进程 6，即使总的空闲空间足够，因为这些空闲空间是分散的，无法提供一个连续的内存块。

解决外部碎片问题的一个有效方法是存储紧缩技术。存储紧缩的思想是采用动态地址变换，使程序在内存中可以移动。当内存出现碎片现象时，系统将暂停所有进程的运行，将各个进程的分区向内存一端移动，从而将碎片合并成一个连续的存储空间。紧缩完成后，程序继续运行。例如，图 7.2(c)紧缩后的结果如图 7.2(d)所示。这种采用可变分区＋存储紧缩技术的存储管理方案称为可重定向分区管理，在早期的操作系统中曾广泛应用。

图 7.2　分区分配及存储变化图

2. 动态地址变换过程

动态地址变换是指在计算机系统中，通过内存管理单元（MMU）将程序中的逻辑地址（也称虚拟地址）转换为物理地址的过程。这个过程通常涉及分页或分段技术，以及相应的地址映射机制。下面是一个描述动态地址变换过程的一般性步骤,如表7.52所示。

表 7.52 动态地址变换过程

步　骤	描　述
1. 程序执行	程序被加载到内存并开始执行,生成逻辑地址
2. 逻辑地址空间	逻辑地址空间被划分为单元,如页或段,通常包括页号/段号和偏移量
3. 逻辑地址到物理地址映射	使用 MMU 和页表或段表进行逻辑地址到物理地址的映射
4. 查找映射关系	当程序访问地址时,MMU 查找映射关系。如果不存在,产生地址错误
5. 判断是否有效	检查映射关系是否存在,确定地址的有效性
6. 计算物理地址	如果映射关系存在,MMU 计算物理地址,结合页号/段号和偏移量
7. 内存访问	使用计算得到的物理地址从内存中读取或写入数据
8. 地址保护	MMU 负责地址保护,确保程序只能访问授权的地址范围

这个过程保证了程序的逻辑地址空间与物理内存之间的有效映射,使得程序可以在虚拟地址的层面上进行操作,而无须关心物理内存的实际布局。这种动态地址变换的机制为操作系统提供了对内存的灵活控制,并允许多个程序同时共享物理内存,提高了系统的效率和安全性。

简单分区采用静态地址变换方式,程序装入内存后就不能再移动了。因为程序移动后,指令和数据的存放地址变了,而指令中的操作数地址却没有相对地变化,导致指令不能正确地寻址。为了使程序在内存中可以移动,就必须采用动态地址变换。可重定位分区的动态地址变换过程如图 7.3 所示。

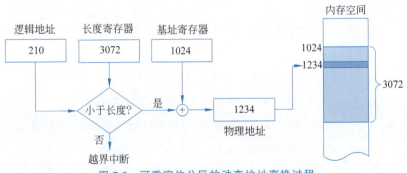

图 7.3　可重定位分区的动态地址变换过程

CPU 中设置了一对表示程序存储空间界限的寄存器,长度寄存器中存放的是程序的长度,基址寄存器中存放的是程序所占内存空间的起始地址。每个进程的 PCB 中都有一对相应的寄存器值,当进程得到 CPU 准备运行时,现场恢复操作会将这两个值装入寄存器中。当 CPU 取到一条指令时,硬件地址变换机构将逻辑地址与基址寄存器内容相加就可得到实际内存地址。

每次存储紧缩完成后,系统根据程序的新位置更新各个进程的基址值。这样,当程序重新运行时,CPU 将按新的基址来做地址转换,程序的运行不会受到任何影响。

3. 分区的保护与扩充

进程只能在自己的分区内活动。存储保护的方式是上下界地址保护，即进程运行时，它的空间上下界地址被加载到 CPU 的界限（或基址/长度）寄存器中。如果进程试图访问超越分区上下界的地址，则会引起地址越界中断，使进程结束。

在分区管理中，用户程序的大小受可用分区大小的限制。可以使用覆盖或交换技术来实现内存扩充。

7.5.2 页式存储管理

页式存储管理是一种用于将程序的逻辑地址空间映射到物理内存的高效方法。在页式存储管理中，逻辑地址和物理地址被划分为相等大小的固定块，称为页（Page）。

页式存储管理的主要特点和相关概念，如表 7.53 所示。

表 7.53　页式存储管理的主要特点和相关概念

特点/概念	描 述
页面划分	逻辑地址和物理地址被划分为相等大小的页面。每个页面的大小通常是 2 的幂次方，如 4KB 或 8KB
逻辑页号和物理页框号	逻辑地址由逻辑页号和页内偏移组成，物理地址由物理页框号和偏移组成
页表	用于记录逻辑页号与物理页框号之间映射关系的数据结构。每个进程都有自己的页表
地址变换	通过页表，系统可以将逻辑地址转换为对应的物理地址
快速页面交换	页面的固定大小方便进行页面的交换，即将一个页面从磁盘装入空闲的物理页框中
内存保护	通过设置权限位，提供对页面的保护，防止非法访问
工作流程	
逻辑地址生成	当程序访问逻辑地址时，该地址被分为逻辑页号和页内偏移
页表查询	通过进程的页表查询逻辑页号对应的物理页框号
物理地址生成	将查询得到的物理页框号和页内偏移合并，得到最终的物理地址
内存访问	使用最终的物理地址从内存中读取或写入数据
缺页异常	如果逻辑页号对应的页面不在物理内存中，将触发缺页异常。此时，系统需要将缺失的页面从磁盘读取到内存中，并更新页表

产生碎片问题的根源在于程序要求连续的存储空间，而解决这一问题的根本措施就是突破这一限制，使程序代码可以分散地存放在不同的存储空间中。分散存储使得内存中每一个空闲的区域都可以被程序利用，这就是页式存储分配的基本思想。

1. 分页的概念

分页（Paging）的概念是：将程序的逻辑地址空间分成若干大小相等的片段，称为页面用 0、1、2、…序号表示;同时,把内存空间也按同样大小分为若干区域,称为块,或页帧,也用 0、1、2、…序号表示。

经过分页后,程序的逻辑地址可看成由两部分组成,即页号+页内位移。对 x86 体系结构来说,逻辑地址为 32 位,页面大小为 4KB,则逻辑地址的高 20 位为页号,低 12 位为页内位移,如图 7.4 所示。例如,有一个逻辑地址为十六进制 0001527A,则其页号为十六进制 0X15,页内位移为十六进制 0X27A。

图 7.4　页式存储的逻辑地址结构

2. 页式分配思想

页式分配思想是以页为单位为程序分配内存,每个内存块装一页。一个进程的映像的各个页面可分散存放在不相邻的内存块中,用页表记录页号与内存块号之间的映射关系。图 7.5 描述了这种分配方式。

页表是进程的一个重要资源,它记录了进程的页面与块号的对应关系。

示例:在图 7.5 中,进程 A 的程序代码被划分为 4 页,分别加载到内存的第 10、11、4 和 6 块中,进程 B 的程序代码被划分为 3 页,分别加载到内存的第 8、9 和 12 块中,它们的页表如图 7.5 所示。虽然它们都不是连续存放的,但通过页表可以得到分散的各块的逻辑顺序。

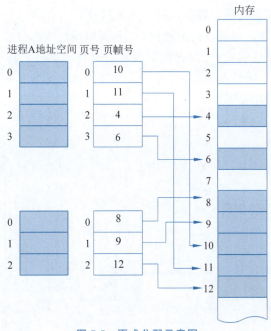

图 7.5　页式分配示意图

3. 页面的分配与释放

系统设有一个内存块表,记录系统内所有物理内存块的分配和使用状况。内存块表可采用位示图的方式或空闲块链表方式表示。位示图用一系列的二进制位来描述各个内存块的状态,每个位对应一个内存块,0 表示空闲,1 表示占用。空闲链是用拉链的方式来组织空闲的内存块的。系统根据内存块表进行存储分配和释放,每次分配和释放操作后都要相应地修改此表。

不考虑虚拟存储技术时,页式的分配和释放算法都比较简单。当进程建立时,系统根据进程映像的大小查找内存块表,若有足够的空闲块则为进程分配块,为其建立页表并将页表信息填入 PCB 中。若没有足够的空闲块,则拒绝进程装入。进程结束时,系统将进程占用的内存块回收,并撤销进程的页表。

4. 页式地址变换

页式系统采用动态地址变换方式,通过页表进行地址变换。每个进程有一个页表。用逻辑地址的页号查找页表中对应的表项即可获得该页表所在的内存的块号。页表通常存放在内存中,页表的长度和内存地址等信息记录在进程的 PCB 中。另外,在 CPU 中设有一个页表寄存器,用来存放正在执行的进程的页表长度和内存地址。当进程进入 CPU 执行时,进程的页表信息被填入页表寄存器,CPU 根据页表寄存器的值即可找到该进程的页表。

当 CPU 执行到一条需要访问内存的指令时,指令操作数的逻辑地址被装入逻辑地址寄存器,分页地址转换机构会自动地进行地址转换,形成实际的内存地址。CPU 随后对此地址进行访问操作。地址转换的过程是:将逻辑地址按位分成页号和页内位移两部分,再以页号为索引去检索页表,得到该页号对应的物理块号。将页内位移作为块内位移与块号拼接即得到实际的内存地址。图 7.6 描述了这一地址变换过程。

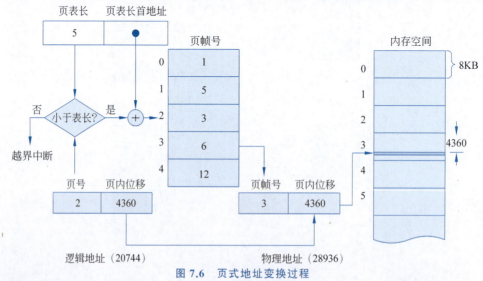

图 7.6 页式地址变换过程

示例:设系统的页面大小为 8KB,CPU 的当前指令要访问的逻辑地址为 20744,则该地址对应的页号为 2(20744/8K 的商,1K=1024),页内位移为 4360(20744/8K 的余数)。经查页表后,页号 2 变换为块号 3,块内位移为 4360 拼接,得到实际地址为 28936(3×8K+4360)。

其详细过程和步骤如下。

步骤 1:系统配置。

  页面大小:8KB

  逻辑地址:20744

步骤 2:逻辑地址解析。

  逻辑地址划分为逻辑页号和页内位移。

  逻辑页号 = 20744 / 8KB = 2

  页内位移 = 20744 % 8KB = 4360

步骤 3:页表查询。

  通过页表查询逻辑页号 2 对应的物理块号和块内位移。

  假设页表中存储的映射关系为:页号 2 -> 块号 3。

步骤 4:实际地址计算。

  物理块号 = 页表中查询到的块号 = 3

  物理地址 = (物理块号×页面大小) + 页内位移

  物理地址 = (3×8KB) + 4360 = 28936

步骤 5:CPU 访问内存。

  要两次访问内存:

    第一次:查找页表,访问内存中的页表项。

    第二次:根据页表项中的物理块号和页内位移,访问实际的内存单元。

步骤 6:引入快表技术。

  为了加速地址转换,系统使用快表技术,将常用的页表项保存在 CPU 内部的高速缓存中,称为快表。

  当进行地址转换时,先查找快表。如果找到对应的页表项,直接进行地址转换。

  如果未找到,再去内存查找页表,并将查找到的页表项登记到快表中,以便下次更快地访问。

结果:最终的实际地址为 28936。

页表存储在内存中。CPU 为了访问一个内存单元需要两次访问内存,第一次是查页表,第二次完成对内存单元的读/写操作。这显然降低了带有访问内存操作的指令的执行速度。为缩短查页表的时间,系统通常使用快表技术,就是将一些常用的页表表项保存在 CPU 内部的高速缓存中。存在高速缓存中的页表称为快表,快表的访问速度比内存页表的访问速度要高得多。当进行地址转换时,先用页号去查快表,查到则直接进行地址转换,未查到时则去内存查页表,再进行地址转换,同时将此页对应的页表项登记到快表中。

7.5.3 段式存储管理

段式存储管理是一种内存管理机制,其中程序的地址空间被划分为若干个逻辑段。每个段可以包含代码、数据或堆栈等相关的逻辑单元。每个段的大小可以根据程序的需要而动态变化,这使得段式存储管理比较灵活。以下是段式存储管理的主要特点,如表 7.54 所示。

表 7.54 段式存储管理的主要特点

功能特点	描述
划分为不同段	内存被划分为多个段,每个段有自己的地址空间
支持动态增长	段式存储管理允许每个段的大小可以动态增长,这有助于适应程序的运行时需求
提高内存利用率	段式存储管理可以更有效地利用内存,因为每个段的大小可以根据需要进行调整,避免了固定大小的分区可能导致的内存浪费
逻辑结构清晰	通过按照逻辑结构划分内存,段式存储管理使得程序的逻辑结构更加清晰明了
共享与保护	不同的段可以设置不同的访问权限,从而实现对内存的共享和保护
简化地址转换	段式存储管理简化了地址转换过程
更好地支持多道程序设计	段式存储管理有助于更好地支持多道程序设计

在分区和页式存储管理中,程序的地址空间是一维连续的。然而,从用户的观点来看,一维的程序结构有时并不理想。例如,按模块化设计准则,一个应用程序通常划分为一个主模块、若干个子模块和数据模块等。划分模块的好处是可以分别编写和编译源程序,并且可以实现代码共享、动态链接等编程技术。段式存储分配就是为了适应用户对程序结构的需求而设计的存储管理方案。

1. 段的概念

在段式存储管理系统中,程序的地址空间由若干个大小不等的段组成。段(Segment)是逻辑上完整的信息单位,划分段的依据是信息的逻辑完整性以及共享和保护等需要。分段后,程序的逻辑地址空间是一个二维空间,其逻辑地址由段号和段内位移两部分组成。

分段与分页的区别在于:段是信息的逻辑单位,长度不固定,由用户进行划分;页是信息的物理单位,长度固定,由系统进行划分,用户不可见。另外,页式的地址空间是一维的,段式的地址空间是二维的。

2. 段式分配思想

段式分配策略是以段为单位分配内存,每个段分配一个连续的分区。段与段间可以不相邻接,用段表描述进程的各段在内存中的存储位置。段表中包括段长和段起始地址等信息。图 7.7 描述了段式存储的分配方式。

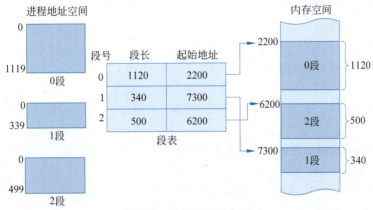

图 7.7　段式分配示意图

3. 段的分配与释放

段式分配对内存空间的管理类似于可重定位分区的管理方法。当进程建立时,系统为进程的各段分配一个连续的存储区,并为它建立段表。进程结束后,系统回收段所占用的分区,并撤销段表。进程在运行过程中也可以动态地请求分配或释放某个段。

4. 段式地址变换

当进程开始执行时,进程的段表信息被填入 CPU 中的段表寄存器。根据段表寄存器的值,CPU 可以找到该进程的段表。当 CPU 执行到一条要访问某逻辑地址的指令时,以逻辑地址中的段号为索引去检索段表,得到该段在内存的起始地址,与逻辑地址中的段内位移相加就可得到实际的内存地址。图 7.8 描述了这一地址变换过程。

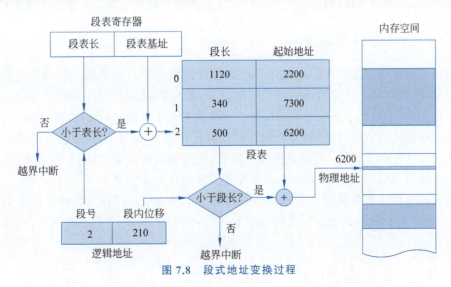

图 7.8　段式地址变换过程

示例:设 CPU 的当前指令要访问的逻辑地址为 2 段的 210 位移处。经查段表后,获得 2 段的起始地址为 6200，将其与段内位移 210 相加，得到实际地址为 6410。

下面是本示例的过程解释。

（1）逻辑地址解析。

逻辑地址分为两部分：段号和段内位移。

逻辑地址：2 段的 210 位移。

段号：2

段内位移：210

（2）段表查询。

通过段表查询，得知 2 段的起始地址为 6200。

（3）实际地址计算。

实际地址 ＝ 段起始地址 ＋ 段内位移

实际地址 ＝ 6200 ＋ 210 ＝ 6410

5. 段式存储的共享、保护与扩充

段式存储允许以段为单位的存储共享。段的共享就是内存中只保留该段的一个副本，供多个进程使用。当进程需要共享内存中的某段程序或数据时，只要在进程的段表中填入共享段的信息，并置以适当的读/写控制权，就可以访问该段了。

当 CPU 访问某逻辑地址时，硬件自动把段号与段表长度进行比较，同时还要将段内地址与段表中该段长度进行比较，如果访问地址合法则进行地址转换，否则产生地址越界中断信号。对共享段还要检验进程的访问权限，权限匹配则可进行访问，否则产生读/写保护中断。

段式存储空间的扩充采用段式虚拟存储器技术，在此不做介绍。

段式管理的特点是便于程序模块化处理，可以充分实现分段共享和保护。但由于段需要连续存储，可能出现碎片问题。另外，段式管理需要硬件具备段式地址变换机构。

7.5.4 段页式存储管理

段页式存储管理是页式和段式两种存储管理方案相结合的产物。它的分配思想是段式划分，页式存储。即把程序的各段按页式分配方式存储在内存的块中，每段一个页表。另设一个段表，指示各段的页表位置。这样就实现了程序的不连续存放。

采用段页式方式时，程序的逻辑地址可以看作由三部分组成的，即段号＋页号＋页内地址。地址变换过程是：先根据段号查段表，获得该段的页表，再用页号查页表，得到实际内存块号，最后与页内地址合并即可得到实际内存地址。

段页式存储管理具备了页式和段式两种存储管理方式的优点，存储空间的利用率高，并能满足各种应用要求。但这种管理技术过于复杂，软硬件开销也很大，因此较少使用。

7.6 虚拟存储管理

虚拟存储管理是一种计算机内存管理技术,通过将部分程序或数据存储在磁盘上,从而扩展了计算机的主存容量。即使程序的大小超过了物理内存的容量,系统仍然能够正常运行。虚拟存储管理在提高系统的灵活性和性能方面具有重要作用,但也引入了一些复杂性,如页面错误处理、页面置换策略的选择等。

以下是虚拟存储管理的主要特点。

(1)地址空间分为虚拟和实际:程序员和操作系统视图中的地址是虚拟的,而物理内存中的实际数据是由操作系统进行管理的。这种分离使得程序能够使用比实际物理内存更大的虚拟地址空间。

(2)分页或分段机制:虚拟存储管理通常采用分页或分段的机制,将程序或数据分成较小的块,只有在需要时才将这些块加载到物理内存中。这有助于更有效地利用有限的物理内存。

(3)懒加载(Demand Paging):系统只在需要访问某个虚拟页面时才将其加载到物理内存中。这种懒加载的方式减少了启动时间和内存占用,提高了系统的效率。

(4)页面置换:当物理内存不足时,操作系统需要选择将哪些页面从内存中移出,以便为新的页面腾出空间。这就涉及页面置换算法,常见的算法有最优页面置换、先进先出(FIFO)、最近最少使用(LRU)等。

(5)辅助存储设备:虚拟存储管理依赖于辅助存储设备(通常是硬盘),用于存储那些当前不在物理内存中的页面。这使得系统可以运行比物理内存更大的程序。

(6)共享与保护:虚拟存储系统通常具有机制来实现内存的共享和保护。多个进程可以共享同一块虚拟内存区域,同时通过访问控制权限可以保护各个进程的私有数据。

(7)更好的响应时间:通过虚拟存储管理,系统可以更灵活地响应用户程序的需求,即使程序的整个代码和数据空间不能一次性装入内存,也能够部分运行。

7.6.1 虚拟存储技术

1. 程序的局部性原理

在进程的执行过程中,CPU 不是随机访问整个程序或数据范围的,而是在一个时间段中只集中地访问程序或数据的某一个部分。进程的这种访问特性称为局部性原理。局部性原理表明,在进程运行的每个较短的时间段中,进程的地址空间中只有部分空间是活动的(即被CPU 访问的),其余的空间则处于不活动的状态。这些不活动的代码可能在较长的时间内不会被用到(如初始化和结束处理),甚至在整个运行期间都可能不会被用到(如出错处理)。它们完全可以不在内存中驻留,只当被用到时再调入内存,这就是虚拟存储器的思想。

2. 虚拟存储器原理

虚拟存储器的原理是用外存模拟内存,实现内存空间的扩充。做法是:在外存开辟一个存储空间,称为交换区。进程启动时,只有部分程序代码进入内存,其余驻留在外存交换区中,在需要时调入内存。

与覆盖技术的不同之处在于,覆盖是用户有意识地进行的,用户所看到的地址空间还是实际大小的空间;而在虚拟存储技术中,内存与交换空间之间的交换完全由系统动态地完成,应用程序并不会察觉,因而应用程序看到的是一个比实际内存大得多的"虚拟内存"。

与交换技术的不同之处在于,交换是对整个进程进行的,进程映像的大小仍要受实际内存的限制;而在虚拟存储中,进程的逻辑地址空间可以超越实际内存容量的限制。因此,虚拟存储管理是实现内存扩展的最有效的手段。

但是,读/写硬盘的速度比读/写内存要慢得多,因此访问虚拟存储器的速度比访问真正内存的速度要慢,所以这是一个以时间换取空间的技术。另外,虚拟空间的容量也是有限制的。一般来说,虚拟存储器的容量是实际内存容量与外存交换空间容量之和,这与具体的系统设置有关。但虚存容量最终要受地址寄存器位数的限制。对于 32 位计算机来说,32 位可以表示的数字范围是 4G,因此它的虚存空间的上限就是 4GB。

3. 虚拟存储器的实现技术

虚拟存储器的实现技术主要有页式虚拟存储、段式虚拟存储、段页式虚拟存储和段式页式虚拟存储,以页式虚存最为常用。它们之间的比较,如表 7.55 所示。

表 7.55 虚拟存储器各实现技术之间的比较

特 性	页式虚拟存储	段式虚拟存储	段页式虚拟存储	段式页式虚拟存储
单位	页面	段	页面和段	页面和段
地址空间划分	分为页面	分为段	分为段和页面	分为段和页面
内部碎片	会有页面内部碎片	段内部没有碎片	页面和段内都有碎片	页面和段内都有碎片
外部碎片	会有页面外部碎片	段外部没有碎片	页面和段外都有碎片	页面和段外都有碎片
存储管理	简单,页表管理	简单,段表管理	复杂,需要页表和段表管理	复杂,需要页表和段表管理
数据结构	页表	段表	页表和段表	页表和段表
访问控制	针对页面的权限	针对段的权限	针对页和段的权限	针对页和段的权限
管理灵活性	高,易于管理和调整	中,调整段大小较难	中高,需要同时调整页和段	中高,需要同时调整页和段
性能	高,适用于大型程序	低,可能会浪费空间	中高,适用于大型程序	中高,适用于大型程序

7.6.2 页式虚拟存储器原理

页式虚拟存储器的思想就是在页式存储管理基础上加入以页为单位的内外存空间的交换来实现存储空间扩充功能。这种存储管理方案称为请求页式存储管理。

1. 请求页式管理

在请求页式管理系统中,最初只将过程映像的若干页面调入内存,其余的页面保存在外存的交换区中。当程序运行中访问的页面不在内存时,则产生缺页中断。系统响应此中断,将缺页从外存交换区中调入内存。

请求页式的页表中除了内存块号外还增加了一些信息字段,设置这些信息是为了实施页面的管理和调度,如地址变换、缺页处理、页面淘汰以及页面保护等。实际系统的页表结构会有所不同,这取决于系统的页面管理和调度策略。如图 7.9 所示是一种典型的请求页式的页表结构。其中,"状态位"表示该页当前是否在内存;"修改位"表示该页装入内存后是否被修改过;"访问位"表示该页最近是否被访问过;"权限位"表示进程对此页的读/写权限;"外存地址"为该页面在外存交换区中的存储地址。

	页号	页帧号	状态位	修改位	访问位	权限位	外存地址
请求页式页表	P0	F0	1	0	1	RW	Addr0
	P1	F1	0	—	0	R	Addr1
	P2	—	1	1	1	RW	Addr2
	P3	F3	1	0	0	R	Addr3
	...	...	...	...	...	...	...
例子:	1	—	0	—	—	RW	2000

解释:页号1的页面不在内存中,因此页帧号为空,该页具有读写权限,其外存地址为2000。

图 7.9 请求页式页表

2. 地址变换过程

请求页式的地址变换过程增加了对缺页故障的检测。当要访问的页面对应的页表项的状态位为 N 时,硬件地址变换机构会立即产生一个缺页中断信号。CPU 响应此中断后,将原进程阻塞,转去执行中断处理程序。缺页中断的处理程序负责将缺页调入内存,并相应地修改进程的页表。中断返回后,原进程就可以重新进行地址变换,继续运行下去了。

示例:如图 7.10 所示是一个地址变换过程的实例,设系统的页面大小为 4KB,CPU 的当前指令要访问的逻辑地址为 0x3080,则该地址对应的页号为 3,页内位移为 0x80。设进程当前的页表为图中左面的页表。由于 3 号页面当前不在内存,故引起缺页中断,进程被阻塞。CPU 开始执行缺页中断处理程序,调度页面。中断处理的结果是 2 号页面被淘汰,3 号页面被调入,覆盖了 2 号页面。修改后的页表为图中右面的页表。中断返回后原进程被唤醒,进入就绪状态。当再次运行时,重新执行上次那条指令,并成功地将逻辑地址 0x3080 变换为 0x9080。实例变换过程如下。

(1) 初始状态。

① 页面大小为 4KB。
② CPU 要访问的逻辑地址为 0x3080。
③ 逻辑地址 0x3080 对应的页号为 3,页内位移为 0x80。

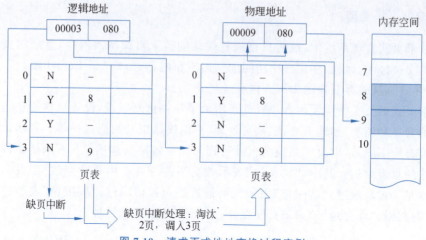

图 7.10 请求页式地址变换过程实例

（2）初始页表。

左面的页表显示了当前进程的页表状态。

```
页号    | 物理页框号
------------------
0       | 5
1       | 2
2       | 1
3       | 4
```

（3）缺页中断处理。

① 3号页面不在内存，引起缺页中断，进程被阻塞。

② CPU启动缺页中断处理程序。

（4）页面调度。

2号页面被淘汰，3号页面被调入，覆盖了2号页面。

修改后的页表如下。

```
页号    | 物理页框号
------------------
0       | 5
1       | 2
2       | （被淘汰）
3       | 4
```

（5）中断返回。

原进程被唤醒，进入就绪状态。

（6）重新执行指令。

当再次运行时，重新执行上次的指令（访问逻辑地址 0x3080）。

(7) 地址变换成功。

逻辑地址 0x3080 经过修改后的页表变换为物理地址 0x9080。

3. 缺页中断的处理

缺页中断后,CPU 暂停原进程的运行,转去执行缺页中断的处理程序。缺页中断处理程序的任务是将进程请求的页面调入内存。它先查到该页在外存的位置,如果内存中还有空闲块则将缺页直接调入。如果没有空闲块就需要选择淘汰一个已在内存的页面,再将缺页调入,覆盖被淘汰的页面。在覆盖被淘汰的页面前,先检查该页在内存驻留期间是否曾被修改过(页表中的修改位为 1)。如果被修改过,则要将其写回外存交换空间,以保持内外存数据的一致性。缺页调入后,还要相应地修改进程页表和系统的内存分配表。缺页中断处理完成后,原进程从等待状态中被唤醒,进入就绪状态,准备重新运行。图 7.11 描述了缺页中断的处理过程。

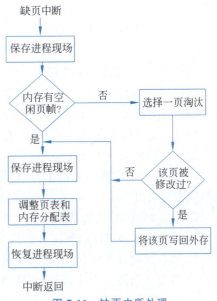

图 7.11 缺页中断处理

4. 页面淘汰算法

在页式虚拟存储系统中,页面淘汰算法是用来确定哪一页被替换出去的策略。在缺页中断处理中,页面淘汰算法对系统的性能来说至关重要。如果淘汰算法不当,系统有时会产生"抖动"现象,即刚调出的页很快又被访问到,马上又被调入。抖动的系统处于频繁的页交换状态,CPU 的大量时间都花在处理缺页中断上,故系统效率大幅度降低。

理论上讲,最优的算法应是淘汰以后不再访问或很久以后才会访问的页面,然而最优的算法是无法确定的。实际常用的是估计的方法,即优先淘汰那些估计最近不太可能被用到的页面。常用页面淘汰算法有以下几种,如表 7.56 所示。

表 7.56 页面淘汰算法

算法名称	描述	优点	缺点
先进先出 (FIFO)	页面被淘汰的顺序与它们最先进入内存的顺序相同	简单易实现,公平性较好	没有考虑页面的访问频率和重要性,可能导致性能下降
最近最久 未使用 (LRU)	根据页面的使用历史,最长时间未被使用的页面被淘汰	考虑了页面的使用模式,具有相对较好的性能	实现相对复杂,需要维护访问历史信息,可能会增加开销
时钟置换 (Clock)	使用一个类似于时钟的数据结构来表示页面的使用情况,通过定期扫描找到最早未被访问的页面	比 LRU 简单,性能较好	对某些访问模式可能不敏感,可能无法适应某些工作负载

续表

算法名称	描 述	优 点	缺 点
最不常用（LFU）	根据页面的访问频率，选择访问频率最低的页面淘汰	能够较好地适应一些访问频率不均匀的工作负载	对于某些工作负载，可能过于敏感，导致不必要的页面置换
最佳（OPT）	理论上，选择使得未来最长时间内不被访问的页面淘汰	理论上具有最佳的性能，最小化页缺页次数	实际上难以实现，需要未来访问模式的信息

（1）先进先出法（First-In First-Out，FIFO）。

FIFO 算法的思想是优先淘汰最先进入内存的页面，即在内存中驻留时间最久的页面。不过在有些时候，页面调入的先后并不能反映页面的使用情况。最先进入内存执行的代码可能也是最常用到的，如程序的主控部分。因此，FIFO 算法性能比较差，通常还要附加其他的判断来优化此算法。

FIFO 算法的实现比较简单，只要用一个队列记录页面进入内存的先后顺序，淘汰时选择队头的页面即可。

以下是 FIFO 算法的基本思想和步骤。

① 维护一个 FIFO 队列来存储内存中的页面。

② 当有页面缺失时，选择队列中最早进入内存的页面进行淘汰。

③ 将新页面调入内存，添加到队列的末尾。

（2）最近最少使用法（Least Recently Used，LRU）。

LRU 算法是一种基于页面访问模式的页面淘汰算法，它选择最近最久未被使用的页面进行淘汰。LRU 算法的核心思想是基于最近的访问历史来判断页面的使用情况，以最小化未来的缺页次数。

LRU 算法不是简单地以页面进入内存的先后顺序为依据，而是根据页面调入内存后的使用情况进行决策的。由于无法预测各页面将来的使用情况，只能利用"最近的过去"作为"最近的将来"的近似。因此，LRU 算法选择淘汰在最近期间最久未被访问的页面予以淘汰。

LRU 算法有多种实现和变种，其基本思想是在页表中设置一个访问字段，记录页面在最近时间段内被访问的次数或自上次访问以来所经历的时间，当须淘汰一个页面时，选择现有页面中访问时间值最早的予以淘汰。

实际运用证明 LRU 算法的性能相当好，它产生的缺页中断次数已很接近理想算法。但 LRU 算法实现起来不太容易，需要增加硬件或软件的开销。与之相比，FIFO 算法性能尽管不是最好，却更容易实现。

以下是 LRU 算法的基本思想和实现方式。

① 维护一个访问顺序队列，最近访问的页面排在队列的前面，而最久未被访问的页面排在队列的末尾。

② 当有页面缺失时，选择队列末尾的页面进行淘汰。

③ 将缺失的页面调入内存，并将其移到队列的前面。

为了实现 LRU 算法，通常会采用一些数据结构来记录页面的访问顺序。常见的实现方式如下。

① 双向链表：记录页面的访问顺序，新的页面插入链表头，最近访问的页面总是在链表头。

② 散列表（Hash Map）：以页面为键，记录页面的访问时间戳，用于快速判断页面的使用情况。

(3) 最少使用频率法（Least Frequently Used，LFU）。

LFU 是一种页面淘汰算法，它选择最少被访问的页面进行淘汰。LFU 算法认为访问频率最低的页面可能是长时间内不再被使用的，因此选择频率最低的页面进行淘汰。

LFU 算法是 LRU 的一个近似算法。它选择淘汰最近时期使用频率最少的页面。实现时需要为每个页面设置一个访问记数器（也可以用移位寄存器实现），用来记录该页面被访问的频率，需要淘汰页面时，选择记数值最小的页面淘汰。

应当指出的是，无论哪种算法都不可能完全避免抖动发生。产生抖动的原因一是页面调度不当，另一个就是实际内存过小。对系统来说，应当尽量优化淘汰算法，减少抖动发生；而对用户来说，加大物理内存是解决抖动的最有效方法。

以下是 LFU 算法的基本思想和实现方式。

① 维护一个计数器或计数表，记录每个页面被访问的次数。

② 当有页面缺失时，选择访问频率最低的页面进行淘汰。

③ 将缺失的页面调入内存，并将其访问次数初始化为 1。

(4) 最佳（OPT）算法。

OPT 算法是一种理论上最优的页面淘汰算法。该算法选择下一次访问时间最长的页进行淘汰，以最小化未来的缺页次数。虽然 OPT 算法在理论上提供了最佳的性能，但由于它需要未来的页面访问模式信息，实际上是无法实现的。

虽然 OPT 算法无法在实际系统中使用，但它仍然在研究中被用作比较其他页面淘汰算法性能的标准。其他算法的性能往往与 OPT 算法的性能进行比较，以评估它们在缺页次数上的相对效率。

OPT 算法的步骤如下。

当发生页面置换（缺页中断）时，选择下一次访问时间最长的页进行淘汰。

为了实现 OPT 算法，需要知道每个页面在未来的访问情况。然而，由于无法预知未来的访问模式，因此 OPT 算法通常被用作其他算法的性能上界参考。

(5) 时钟（Clock）算法。

Clock 算法是一种用于页面置换的简单而有效的算法。它是对 FIFO 算法的改进，通过引入一个时钟指针（Clock Hand）来判断页面最近是否被访问过。时钟算法通常用于硬件实现，以减少实现的复杂性。

以下是时钟算法的基本思想和步骤。

① 使用一个环形缓冲区来存储内存中的页面，每个页面关联一个访问位（也称为引用位）。

② 时钟指针指向环形缓冲区的某个位置，表示当前扫描到的页面。

③ 当有页面缺失时,扫描时钟指针所指的页面。
- 如果访问位为 0(未被访问),则选择该页面进行淘汰。
- 如果访问位为 1(已被访问),将访问位置为 0,时钟指针继续向前移动,继续扫描。

④ 将新页面调入内存,并将其访问位置为 1。

(6) 最不经常使用 NFU 算法。

最不经常使用 NFU 算法是一种缓存替换策略,它用于决定在缓存空间有限的情况下,哪些数据应该被保留,哪些数据应该被替换。NFU 算法通过跟踪每个缓存项的使用频率来做出替换决策,它倾向于替换那些使用频率最低的数据项。

NFU 算法的核心原理是基于一个简单的计数器来记录每个缓存项被访问的频率。这个计数器会在每次缓存项被访问时更新,并且在一定时间间隔后对所有计数器进行调整,以保持算法对访问模式变化的敏感性。以下是最不经常使用 NFU 算法的基本思想和步骤。

① 初始化计数器:为每个缓存槽分配一个计数器,初始值设为 0。

② 访问时更新计数器:每次数据项被访问,其计数器加 1。

③ 周期性调整计数器:在每个时钟周期或固定间隔,将计数器值右移一位(或其他减少方式)。

④ 替换决策:缓存满时,替换计数器值最小的数据项。

(7) 工作集(Working Set)算法。

Working Set 算法是一种基于进程的工作集大小来选择淘汰页面的页面置换算法。工作集定义了一个进程在一定时间窗口内访问的所有页面,而工作集算法尝试保持这个窗口内的页面在内存中,从而减少缺页次数。

以下是工作集算法的基本思想和步骤。

① 定义工作集窗口大小,表示一定时间内进程的工作集。

② 维护一个时钟(或计数器),记录页面最近一次访问的时间。

③ 当有页面缺失时,扫描内存中的页面,并查看它们是否在当前的工作集窗口内。
- 如果在窗口内,选择一个不在工作集窗口内的页面进行淘汰。
- 如果不在窗口内,保留该页面,并将其访问时间更新。

总的来说,请求页式存储管理实现了虚拟存储器,因而可以容纳更大或更多的进程,提高了系统的整体性能。但是,空间性能的提升是以牺牲时间性能为代价的,过度扩展有可能产生抖动,应权衡考虑。一般来说,外存交换空间为实际内存空间的 1~2 倍比较合适。

7.7 Linux 的存储管理

7.7.1 x86 架构的内存访问机制

1. x86 的内在寻址模式

1) x86 32 位模式

x86 32 位系统使用 32 根地址线,可寻址空间达 4GB。因此,启用了物理地址扩展

(PAE)后,使用 36 根地址线,可寻址空间是 64GB。本章只对未启用 PAE 的传统 x86——32 位系统架构进行讲解。

2) x86 64 位模式

x86 64 位系统是基于 64 位架构的 x86 指令集的计算机系统。相比于 32 位系统,64 位系统在处理器架构上有了重大的改进。以下是一些关键的特点。

(1) 寻址空间:x86 64 位系统的地址总线宽度为 64 位,因此可以寻址的内存空间相对于 32 位系统大得多。理论上,64 位系统可以寻址的物理内存空间达到 18.4 million TB(1 TB = 1024 GB),这远远超过了 32 位系统的 4 GB 限制。

(2) 寄存器:64 位系统具有更多的通用寄存器,这意味着更多的数据可以在寄存器中直接进行操作,而不需要频繁地从内存中加载和存储数据。这有助于提高性能。

(3) 性能提升:64 位系统支持更多的内存,能够处理更大的数据块,从而提高了处理大型数据集和复杂计算的效率。

(4) 扩展指令集:64 位系统引入了一些新的指令,以支持更复杂的操作和优化。这些指令扩展了处理器的功能,提高了性能。

(5) 兼容性:大多数现代计算机硬件和操作系统都支持 x86 64 位架构,这使得 64 位系统具有更广泛的兼容性。

x86 的 32 位模式和 64 位模式之间的区别,如表 7.57 所示。

表 7.57　x86 的 32 位模式和 64 位模式的比较

特　　性	32 位模式	64 位模式
寻址位数	32 位	64 位
寻址空间大小	最大 4 GB	最大 18.4 million TB(理论上)
通用寄存器数量	较少(如 EAX、EBX、ECX 等)	更多(如 RAX、RBX、RCX 等)
寄存器大小	32 位	64 位
指令集	x86 指令集	x86-64 指令集
管理机制	段式管理机制	段式管理机制(仍存在)＋ 页式管理机制
扩展指令集(SSE,AVX 等)	支持较少	支持更多,更高级别的 SIMD 指令集
兼容性	较好,支持 32 位软件	支持 32 位和 64 位软件,但需 64 位操作系统

3) x86 的寻址模式

x86 架构在不同的寻址模式下提供了不同的内存管理和地址生成机制。x86 架构中的三种寻址模式:实模式、保护模式和长模式。实模式是早期的寻址模式,采用物理地址进行寻址,没有分段保护机制。保护模式引入了分段和分页机制,使用虚拟地址,提供更多的内存保护和多任务支持。长模式是 64 位模式,支持更大的寻址空间和更多的寄存器。它们之间的比较,如表 7.58 所示。

表 7.58 x86 的寻址模式

寻址模式	内存寻址	寄存器	指令集	特权级别	特点
实模式	物理地址直接寻址	16 位通用寄存器（如 AX、BX 等）	x86 指令集	单一特权级别	1 MB 内存寻址，缺乏内存保护和多任务支持
保护模式	虚拟地址通过段描述符和分页机制映射	32 位通用寄存器（如 EAX、EBX 等）	x86 指令集	4 个特权级别（Ring 0～3）	内存保护、虚拟内存、多任务支持，更复杂的寻址模式
长模式	虚拟地址通过分页机制映射	64 位通用寄存器（如 RAX、RBX 等）	x86-64 指令集	4 个特权级别（Ring 0～3）	64 位寻址空间，更多寄存器，更先进的指令集，更高性能特性

（1）实模式（Real Mode）。

描述：实模式是 x86 架构最早的寻址模式，用于向后兼容早期的 x86 处理器。在实模式下，CPU 使用物理地址直接寻址，地址总线宽度为 20 位，可以寻址最多 1 MB 的内存。

特点：没有内存保护机制，段寄存器和偏移量一起形成物理地址，只有一个处理器特权级别。

（2）保护模式（Protected Mode）。

描述：保护模式是 x86 处理器在 80386 以及之后版本引入的寻址模式。它提供了内存保护、虚拟内存、多任务支持以及更大的地址空间。

特点：使用分段机制和分页机制，具备多个特权级别（Ring 0～3）以实现更严格的访问控制。虚拟地址通过段选择符和偏移量生成。

（3）长模式（Long Mode）。

描述：长模式是 x86-64 处理器引入的寻址模式，也称为 64 位模式。它扩展了保护模式，提供了 64 位寻址空间和更多的寄存器。

特点：可以寻址的内存空间大大增加，支持 64 位寄存器（如 RAX、RBX 等），使用更先进的指令集。分为 64 位模式和兼容模式（32 位）。

4）x86 管理机制

x86 管理机制采用段式管理机制和页式管理机制，如表 7.59 所示。

表 7.59 x86 管理机制

特征	段式管理机制	页式管理机制
描述	将内存划分为不同的段，每个段有独立的描述符	将内存划分为固定大小的页框，使用页表进行虚拟到物理地址映射
存储位置	段描述符存储在全局描述符表（GDT）或局部描述符表（LDT）	页表存储在内存中，由操作系统维护
选择子	使用选择子来选择段，通过段寄存器进行段切换	通过虚拟地址的页目录和页表索引进行页面选择

续表

特 征	段式管理机制	页式管理机制
特权级别	在保护模式下引入了4个特权级别（Ring 0~3）	特权级别由分页机制和分页表控制,同样有4个特权级别
内存保护	提供基本的内存保护,通过段描述符的属性进行控制	提供更细粒度的内存保护,通过分页表的权限位进行控制
内存空间划分	通过段描述符限制每个段的大小和属性	内存划分为4KB的页框,可以更灵活地分配和管理内存空间
应用场景	实模式和保护模式下使用,提供向后兼容性	保护模式和长模式下使用,提供更高级别的内存管理和保护
优点	简单、向后兼容	灵活、更好的内存保护和管理
缺点	复杂、限制较多	需要更多的管理和维护

x86 架构最初采用了段式管理机制。在这种机制下,内存被划分为多个段,每个段负责不同的任务,如代码段、数据段等。段的大小和位置是由描述符表中的描述符决定的。这种管理机制提供了一定的灵活性,但也容易导致一些复杂的管理和维护问题。

在段式管理的基础上还可以选择启用页式管理机制。当CPU中的控制寄存器CR0的PG位为1时启用分页机制,为0时则不启用。运行Linux系统需要启动分页机制。

每个段描述符包括有关段的信息,如基地址、段限制、访问权限等。段寻址的过程涉及使用段选择子(Segment Selector)来选择描述符表中的一个段描述符,以确定访问的段。然后,通过该段描述符中的信息计算物理地址。

然而,这种段式管理机制相对较复杂,容易引起一些维护和管理上的问题。因此,后来引入了页式管理机制,使得内存管理更为简单和灵活。在现代的x86系统中,虽然段式管理机制仍然存在,但通常会和页式管理机制结合使用。页式管理通常通过在CR0寄存器中设置PG位来启用。

在Linux系统中,它通常需要启用页式管理机制。启用分页机制后,操作系统可以更灵活地管理内存,实现虚拟内存的概念,使得每个进程都有独立的虚拟地址空间,提高了系统的稳定性和安全性。在x86架构中,Linux会利用分页机制来实现虚拟内存管理,将进程的虚拟地址空间映射到物理内存。

5) x86 的地址类型及转换关系

x86 的地址类型分为三种:逻辑地址、线性地址和物理地址,它们的转换关系如表7.60所示。

表 7.60 x86 的地址类型及转换关系

地址类型	寻址模式	空间范围	转换关系
逻辑地址	保护模式、长模式	进程的虚拟地址空间	逻辑地址是相对于进程的虚拟地址空间的地址,由应用程序生成
线性地址	保护模式、长模式	0~4 GB(32位模式);大于4 GB(64位模式)	通过分段机制,逻辑地址通过选择子和段描述符转换为线性地址

续表

地址类型	寻址模式	空间范围	转换关系
物理地址	保护模式、长模式	系统内存的实际物理地址	通过分页机制,线性地址通过页表转换为对应的物理地址

这个地址转换过程有助于提供虚拟内存、内存保护以及对物理内存的高效管理,如图 7.12 所示。

$$\text{逻辑地址} \xrightarrow{\text{分段}} \text{线性地址} \xrightarrow{\text{分页}} \text{物理地址}$$

图 7.12 逻辑地址、线性地址和物理地址的转换关系

逻辑地址也称为虚拟地址,是机器指令中使用的地址。由 x86 采用段式管理,所以它的逻辑地址是二维的,由段和段内位移表示。线性地址是逻辑地址经过 x86 分段机构处理后得到的一维地址。物理地址是线性地址经过页式变换得到的实际内存地址,这个地址将被送到地址总线上,定位实际要访问的内存单元。

实现地址变换的硬件是 CPU 中的内存管理单元(Memory Management Unit, MMU),当 CPU 执行到一条需要访问内存的指令时,CPU 的执行单元(Execution Unit, EU)会发出一个虚拟地址。这个虚拟地址被 MMU 截获,经过段式和页式变换后将其转为物理地址。

2. x86 的段式地址变换

x86 的段式地址变换是指在实模式和保护模式下,通过段选择子和段描述符来将逻辑地址转换为线性地址。这个过程涉及以下步骤。

步骤 1:逻辑地址的生成。

在程序执行过程中,CPU 产生逻辑地址。逻辑地址通常以段选择子和偏移量的形式表示。例如,实模式下的逻辑地址可以用两个 16 位的值表示,即段选择子和偏移量。

步骤 2:段选择子和段描述符。

CPU 使用逻辑地址中的段选择子,从全局描述符表(GDT)或局部描述符表(LDT)中找到相应的段描述符。段描述符包含有关段的信息,如基址、限制、特权级别和访问权限。

步骤 3:线性地址的生成。

通过将段描述符中的基址与逻辑地址中的偏移量相加,得到线性地址。线性地址是一个 32 位的值,在 32 位模式的保护模式下,它可以直接用作物理地址。在 64 位模式下的长模式,线性地址被扩展为 64 位。

步骤 4:地址变换流程。

逻辑地址转换为线性地址的过程可以简化为以下公式。

线性地址=基址+偏移量

这个过程通过硬件自动完成,不需要程序员手动进行。段选择子的选择和段描述符的加载是由操作系统负责的。

在实模式下,段式地址变换相对简单,没有内存保护和虚拟内存的概念。在保护模式下,段式地址变换更加灵活,通过分段机制实现了更好的内存保护和多任务支持。在长模式下,仍然存在段式地址变换,但它的作用相对较小,更多的内存管理工作通过页式管理机制来完成。

x86 系统的内存空间被按类划分为若干的段,包括代码段、数据段、栈段等。每个段由一个段描述符来描述。段描述符中记录了该段的基址、长度和访问权限等属性。各段的段描述符连续存入,形成段描述符表(GDT 和 LDT)。

在 CPU 执行单元中设有几个段寄存器,其中存放的是段描述符的索引项。主要的段寄存器是 cs、ds 和 ss,分别用于检索代码段、数据段和栈段的段描述符。地址变换过程是:根据指令类型确定其对应的段(如跳转类指令用 cs 段,读写类指令用 ds 段等),再通过对应的段寄存器在段描述符表中选出段描述符。将指令给出的地址作为偏移值,对照段描述符进行越界和越权检查;检查通过后,将偏移值与段描述符中的段基址相加,形成线性地址。

3. x86 的分页地址变换

下面以 x86 系统的 32 位模式为例,讲述 x86 的分页地址变换。

设有一个线性地址为 0x01234567,现在来描述这个地址在 x86(32 位模式)下的分页地址变换过程。

为简化说明,以下是一些假设和示例数据。

  页面大小:4KB。
  页目录项和页表项大小:4B。
  页目录表和页表的项数:1K 项。
  线性地址:0x01234567。

以下是地址变换过程。

步骤 1:分解线性地址。
  线性地址:0x01234567。
  高 10 位(页目录号):0x001。
  中间 10 位(页表号):0x234。
  低 12 位(页内位移):0x567。

步骤 2:加载页目录地址到 CR3 寄存器。
  当进程运行时,页目录地址加载到 CPU 的 CR3 控制寄存器中。

步骤 3:通过页目录号查找页目录表。
  从 CR3 中获取页目录地址,加上页目录号(0x001×4),得到页目录表项的地址。
  读取页目录表项,获取页表的地址。

步骤 4:通过页表号查找页表。
  从页目录表项中获取页表的地址,加上页表号(0x234×4),得到页表项的地址。
  读取页表项,获取页帧号。

步骤 5:构建物理地址。

将页帧号左移12位,与页内位移相加,得到物理地址。
物理地址 =(页帧号 << 12)+ 页内位移

步骤6:TLB 的使用。

在进行地址映射时,MMU 会优先在 TLB 中查找页表项。

如果 TLB 中存在该页表项(命中),则直接形成物理地址。

如果 TLB 中未命中,从内存页表中查找,并将找到的页表项加载到 TLB 中。

通过上述过程,可以将线性地址 0x01234567 映射到物理地址,同时利用 TLB 技术提高地址变换的效率。在整个过程中,硬件会根据标志位 P、R/W、A 等进行页故障的判断和处理。

上述示例中,可使用 Linux 的 Shell 脚本进行执行,最终得出物理地址 0x00000567。编写脚本代码并保存为 Paging_Address_Translation.sh,具体代码如下。

```bash
#!/bin/bash
# 页面大小为 4KB
PAGE_SIZE=4096
# 页目录项和页表项大小为 4B
ENTRY_SIZE=4
# 页目录和页表的项数为 1K
NUM_ENTRIES=1024
# 模拟线性地址
LINEAR_ADDRESS=0x01234567
echo "步骤 1. 分解线性地址:"
echo "线性地址: $LINEAR_ADDRESS"
echo "高 10 位(页目录号): $((($LINEAR_ADDRESS >> 22) & 0x3FF))"
echo "中间 10 位(页表号): $((($LINEAR_ADDRESS >> 12) & 0x3FF))"
echo "低 12 位(页内位移): $(($LINEAR_ADDRESS & 0xFFF))"
echo ""
echo "步骤 2. 加载页目录地址到 CR3 寄存器:"
echo "当进程运行时,页目录地址加载到 CPU 的 CR3 控制寄存器中。"
echo ""
echo "步骤 3. 通过页目录号查找页目录表:"
PAGE_DIRECTORY_NUMBER=$((($LINEAR_ADDRESS >> 22) & 0x3FF))
PAGE_DIRECTORY_ENTRY_ADDRESS=$((PAGE_DIRECTORY_NUMBER * ENTRY_SIZE))
PAGE_DIRECTORY_ENTRY_VALUE=$(printf "0x%08X\n" $((PAGE_DIRECTORY_ENTRY_ADDRESS)))
echo "从 CR3 中获取页目录地址,加上页目录号($PAGE_DIRECTORY_NUMBER * $ENTRY_SIZE),得到页目录表项的地址。"
echo "读取页目录表项,获取页表的地址。"
echo "页目录表项地址: $PAGE_DIRECTORY_ENTRY_VALUE"
echo ""
echo "步骤 4. 通过页表号查找页表:"
PAGE_TABLE_NUMBER=$((($LINEAR_ADDRESS >> 12) & 0x3FF))
PAGE_TABLE_ENTRY_ADDRESS=$((PAGE_DIRECTORY_ENTRY_VALUE + PAGE_TABLE_NUMBER * ENTRY_SIZE))
PAGE_TABLE_ENTRY_VALUE=$(printf "0x%08X\n" $((PAGE_TABLE_ENTRY_ADDRESS)))
echo "从页目录表项中获取页表的地址,加上页表号($PAGE_TABLE_NUMBER * $ENTRY_SIZE),得到页表项的地址。"
echo "读取页表项,获取页帧号。"
```

```
echo "页表项地址：$PAGE_TABLE_ENTRY_VALUE"
echo ""
echo "步骤 5.构建物理地址："
PAGE_FRAME_NUMBER=$(($PAGE_TABLE_ENTRY_VALUE & 0xFFFFF000))
PAGE_OFFSET=$(($LINEAR_ADDRESS & 0xFFF))
PHYSICAL_ADDRESS=$((($PAGE_FRAME_NUMBER << 12) + $PAGE_OFFSET))
echo "将页帧号左移 12 位，与页内位移相加，得到物理地址。"
echo "物理地址 = ($PAGE_FRAME_NUMBER << 12) + $PAGE_OFFSET"
echo "物理地址：0x$(printf "%08X" $PHYSICAL_ADDRESS)"
echo ""
echo "步骤 6.TLB 的使用："
echo "在进行地址映射时，MMU 会优先在 TLB 中查找页表项。"
echo "如果 TLB 中存在该页表项（命中），则直接形成物理地址。"
echo "如果 TLB 中未命中，从内存页表中查找，并将找到的页表项加载到 TLB 中。"
echo ""
echo "通过上述过程，可以将线性地址 $LINEAR_ADDRESS 映射到物理地址 $PHYSICAL_
ADDRESS，同时利用 TLB 技术提高地址变换的效率。在整个过程中，硬件会根据标志位 P、R/W、A
等进行页故障的判断和处理。"
```

具体操作和执行结果，执行结果得出物理地址为 0x00000567，如图 7.13 所示。

```
[root@localhost ~]#touch Paging_Address_Translation.sh
[root@localhost ~]#vi Paging_Address_Translation.sh
[root@localhost ~]#chmod +x Paging_Address_Translation.sh
[root@localhost ~]#./Paging_Address_Translation.sh
```

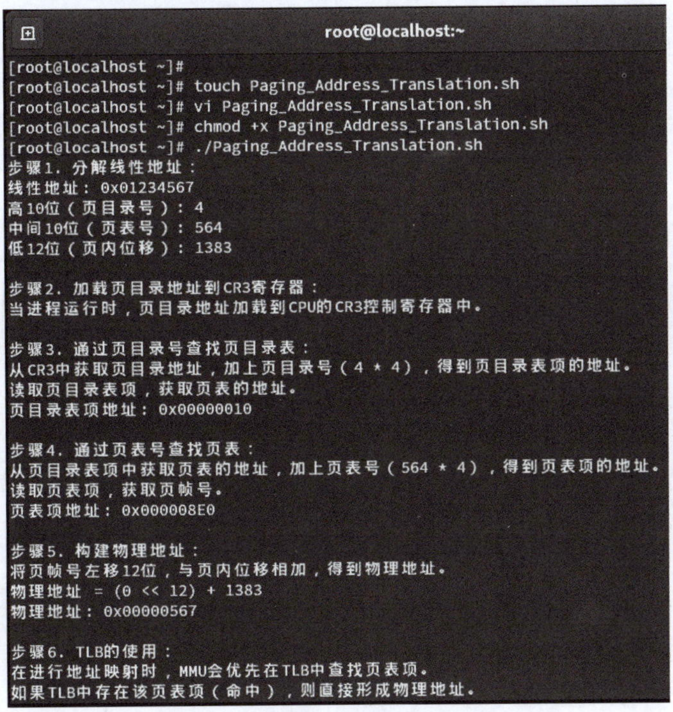

图 7.13　x86 的分页地址变换

下面是详细的示例说明。

x86 系统的页面大小为 4KB。页表项中除页帧外还包含一些标志位，描述页的属性。主要的标志位有"存在位 P"（Present）、"读写位 R/W"（Read/Write）、"访问位 A"（Accessed）和"修改位 D"（Dirty）。系统能够识别这些标志位并根据访问情况做出反应。例如，读一个页后会设置它的 A 位；写一个页后会设置它的 D 位；访问一个 P 位为 0 的页将引起缺页中断；写一个 R/W 位为 0 的页将引起保护中断。因此，访问页而引起的中断称为"页故障"。

线性地址的长度是 32 位，可表达的地址空间是 4GB，也就是 1M 个页面。如果用一个线性页表描述，表的长度将达到 1M 项，占据 4GB 空间（每个表项长为 4B），如此大的页表检索起来显然是低效的，而且对小尺寸的进程来说也十分浪费。为解决这个问题，x86 系统采用二级分页机制。二级分页的方法是把所有页表项按 1K 为单位划分为若干个（1～1K 个）页表，每个页表的大小为 1K×4＝4K，正好占据一个页帧。另设一个项目录表来记录各个页表的位置，即页表的页帧号。页目录表的项数是 1K 也占一个页帧。可以看出，二级页表占用的总空间范围从 8KB 到约 4MB，可描述 4MB～4GB 的地址空间。

采用二级分页时，线性地址由三个部分组成，分别为页目录号、页表号和页内位移。在 32 位地址中，高 10 位和中间 10 位分别是页目录号和页表号，寻址范围都是 1K；低 12 位为页内位移，寻址范围为 4K。二级分页的地址划分及地址变换过程如图 7.14 所示。

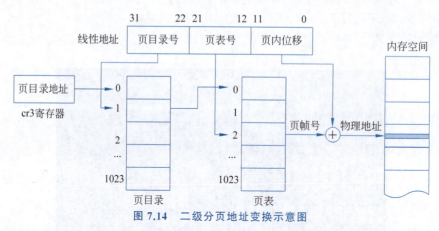

图 7.14　二级分页地址变换示意图

当进程运行时，其页目录地址加载到 CPU 的 cr3 控制寄存器中，地址变换的过程是：先通过页目录号查找页目录表，得到页表地址，再根据页表号查找页表，得到页帧号，页帧号与页内位移相拼得到物理地址。

页目录和页表存放在内存中，要访问内存中的某一单元需要三次访问内存。第 1 次是查页目录表，第 2 次是查页表，第 3 次是完成对内存单元的读写操作。这样会降低指令的执行速度。为缩短查页表的时间，x86 系统采用了快表技术，在 CPU 中设置页表高速缓存，也称为快表。TLB 中存放了常用的页表条目，它的访问速度比内存页表要高得多。在地址映射时，MMU 会优先在 TLB 中查找页表项，如果命中则立即形成物理地址，否则就从内存页表中查找，并将找到的页表项加载到 TLB 中。

7.7.2 Linux 的内存管理方案

1. Linux 的地址变换

Linux 使用分页机制进行地址变换,其中包括逻辑地址到线性地址的映射和线性地址到物理地址的映射。这个过程主要涉及页表的使用。

以下是 Linux 地址变换的一般过程。

1) 逻辑地址到线性地址的映射

逻辑地址:程序中使用的地址,由程序员定义。

线性地址:通过分段机制,逻辑地址被映射为线性地址。Linux 使用段式内存管理机制,通过 GDT(Global Descriptor Table)和 LDT(Local Descriptor Table)来实现逻辑地址到线性地址的映射。

2) 线性地址到物理地址的映射

线性地址:由分段机制映射得到的地址。

物理地址:实际在物理内存中的地址。

页表:Linux 使用页表进行线性地址到物理地址的映射。在 x86 架构中,使用两级页表(Page Directory 和 Page Table)或更多级别的页表来实现。

3) TLB 的使用

TLB:一个硬件缓存,存储了常用的页表项,用于提高地址变换的速度。如果 TLB 中存在映射关系,可以避免访问内存中的页表,提高效率。

4) 页故障处理

如果在进行地址变换时发现所需的页表项不在 TLB 中,或者页表项的 P 位(Present 位)为 0,就会引发页故障。

操作系统会处理页故障,可能会将所需的页表项加载到 TLB 中,或者从磁盘加载缺失的页面到内存中。

Linux 的地址变换涉及逻辑地址到线性地址的分段映射,以及线性地址到物理地址的分页映射。这个过程是通过硬件支持和操作系统内核的管理来完成的。

Linux 系统采用请求页式存储管理。在大多数硬件平台上(如 RISC 处理器),页式管理都能很好地工作。这些平台与 x386 系列平台不同,它们采用的是分页机制,基本上不支持分段功能。但是,x86 体系结构在发展之初因受到 PC 内存资源的限制使用了分段的机制,即线性地址=段基址+段内位移。为了适应这种分段机制,Linux 利用了共享 0 基址段的方式,使 x86 的段式映射实际上不起作用。对于 Linux 来说,虚拟地址与线性地址是一样的,只需进行页式映射即可得到物理内存地址。

x86 上的 Linux 进程需要使用多个段,主要分别用于用户态与核心态的代码段、数据段和栈段。虽然这些段的基址都设为 0,起不到段映射的作用,但却可以起到段保护的作用。每个段除了基址外还有"存取权限"和"特权级别"设置。代码段和数据段的存取权限不同,可以限制进程对不同内存区的访问操作。用户态的段与核心态的段的特权级不同,在进程运行模式切换时段寄存器也切换,从而使进程获得或失去内存访问特权。

2. Linux 多级分页机制

Linux 采用了多级分页机制来进行虚拟地址到物理地址的映射。这个多级分页机制使得系统能够有效地管理大型地址空间，提高了地址转换的效率，如表 7.61 所示。

表 7.61　Linux 多级分页机制

名称	描述
逻辑地址空间	在 Linux 中，逻辑地址空间是一个连续的虚拟地址范围，通常是 4GB（32 位系统）或更大（64 位系统）
多级分页表	Linux 使用了两级或三级的页表结构。每一级的页表都是一个树形结构，每个节点都包含一个页表项。每个页表项用于描述一块虚拟地址范围到物理地址的映射
页目录表（Page Directory）	在两级分页结构中，第一级是页目录表。在三级分页结构中，还有一个中间级的页表。页目录表包含指向页表的指针，每个指针指向一个页表
页表（Page Table）	页表包含一系列页表项，每个页表项描述了一个小的虚拟地址范围到物理地址的映射。每个页表项通常占用 4B，包含有关映射的信息，如存在位（Present）、读写位（Read/Write）、用户/内核模式位等
页帧（Page Frame）	物理内存被分割成页面，每个页面的大小通常是 4KB。每个页表项描述了一个虚拟页面到物理页面的映射
逻辑地址到物理地址的映射	逻辑地址的高位用于索引页目录表，接着是索引页表，最后是页内偏移。逻辑地址通过多级页表的层层索引，最终得到对应的物理地址

对于 32 位系统来说，二级分页已足够了，但 64 位系统需要更多分级的分页机制。为此，Linux 2.6 后的新内核采用了四级分页的页表模型，四级页表分别是页全局目录、页上级目录、页中间目录和页表。在这种分页机制下，一个完整的线性地址也相应地分为 5 部分。图 7.15 说明了四级分页的线性划分及地址变换过程。

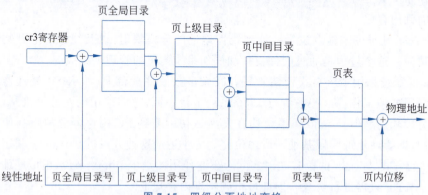

图 7.15　四级分页地址变换

例如，x86-64 系统采用四级页，启用了 PAE 的 x86-32 系统采用了三级页表，普通的 x86-32 系统采用二级页表。

为适应 x86 平台的二级页表硬件结构，Linux 系统采用了一种简单的结构映射策略，就是将线性地址中的页全局目录号和页表号对应于 x86 的页目录和页表，取消页上级目录号和页中间目录号字段,并把它们都看作 0。从结构上看,页上级目录和页中间目录都只含有一个表项(0 号)的目录,也就是说,失去了目录索引的功能。它们的作用只是将页全局目录的索引直接传递到页表,形成实质上的二级分页。这种做法既保持了平台的兼容性,又兼顾了寻址特性和效率。

示例:下面是一个简单的 Shell 脚本示例,演示了如何通过多级分页机制进行逻辑地址到物理地址的映射。请注意,这只是一个概念性的示例,实际的地址变换由硬件和操作系统内核完成。编写 Shell 脚本,并保存为如下脚本。

```bash
#!/bin/bash
#假设页表项大小为 4B,页面大小为 4KB
PAGE_SIZE=4096
PAGE_TABLE_ENTRY_SIZE=4
#逻辑地址
logical_address=0x01234567
#分解逻辑地址
page_directory_index=$((logical_address >> 22))
page_table_index=$(( (logical_address >> 12) & 0x3FF ))
page_offset=$((logical_address & 0xFFF))
#加载页目录地址到 CR3 寄存器
page_directory_address=0x80000000   #页目录的虚拟地址
cr3=$page_directory_address
#通过页目录号查找页目录表
page_directory_entry_address=$(( page_directory_address + page_directory_index * PAGE_TABLE_ENTRY_SIZE ))
page_directory_entry=$(dd if=/dev/mem bs=1 skip=$page_directory_entry_address count=$PAGE_TABLE_ENTRY_SIZE status=none | od -An -t x4)
#获取页表的地址
page_table_address=$(( $page_directory_entry & 0xFFFFF000 ))
#通过页表号查找页表
page_table_entry_address=$(( page_table_address + page_table_index * PAGE_TABLE_ENTRY_SIZE ))
page_table_entry=$(dd if=/dev/mem bs=1 skip=$page_table_entry_address count=$PAGE_TABLE_ENTRY_SIZE status=none | od -An -t x4)
#获取页帧号
page_frame_number=$(( $page_table_entry & 0xFFFFF000 ))
#构建物理地址
physical_address=$(( page_frame_number + page_offset ))
echo "Logical Address: 0x$logical_address"
echo "Physical Address: 0x$physical_address"
```

执行结果,Physical Address(物理地址)为 0x1383,如图 7.16 所示。

```
[root@localhost ~]#vi Multi_level_paging_mechanism.sh
[root@localhost ~]#chmod +x Multi_level_paging_mechanism.sh
[root@localhost ~]#./Multi_level_paging_mechanism.sh
```

```
[root@localhost ~]# vi Multi_level_paging_mechanism.sh
[root@localhost ~]# chmod +x Multi_level_paging_mechanism.sh
[root@localhost ~]# ./Multi_level_paging_mechanism.sh
Logical Address: 0x0x01234567
Physical Address: 0x1383
[root@localhost ~]#
```

图 7.16　Linux 多级分页机制

3. Linux 的虚存实现方式

Linux 通过页面交换来实现虚存,所有的页入和页出交换操作都是由内核透明地实现的。在建立进程时,整个进程映像并没有全部装入物理内存,而是链接到进程的地址空间中,在运行过程中,系统为进程按需动态调页。

由于页面交换程序的执行在时间上有较大的不确定性,影响系统的实时响应性能,故在实时系统中不宜采用。为此 Linux 提供了系统调用 swapon() 和 swapoff() 来开启或关闭交换机制,默认是开启的。2.6 版的内核还允许编译无虚存的系统。关闭虚存或无虚存系统的实时性高,但要求有足够的内存来保证任务的执行。

1) 页面交换

Linux 通过页面交换(Page Swapping)来实现虚拟内存。这意味着系统可以将不常用的页面从物理内存交换到磁盘上的交换空间,并在需要时将其换回到物理内存。这种机制允许操作系统支持更大的地址空间,而不受物理内存大小的限制。

2) 按需动态调页

在进程创建时,并非所有的程序和数据都会立即加载到物理内存中。相反,系统会根据需要动态调入页面,以满足进程的运行需求。这种按需调页的机制有助于提高内存利用率。

3) swapon() 和 swapoff() 系统调用

这两个系统调用用于开启或关闭交换机制。通过 swapon(),可以将交换分区或交换文件添加到系统中,而 swapoff() 则用于移除交换。这使得管理员可以配置系统的虚拟内存设置。

4) 实时系统考虑

考虑到实时系统的性能要求,Linux 提供了关闭虚拟内存的选项,或者在一些实时应用场景下可能会选择无虚存系统。关闭虚拟内存或选择无虚存系统可以提高实时性能,但需要足够的物理内存来满足任务的执行需求。

7.7.3　进程地址空间的管理

1. 进程的地址空间

进程的地址空间是进程可以使用的全部线性地址的集合,因此也称为线性地址空间或虚拟地址空间。进程地址空间是进程看待内存空间的一个抽象视图,它屏蔽了物理存储器的实际大小和分布细节,使进程得以在一个看似连续且足够大的存储空间中存放进程映像。

在 32 位的 x86 平台上，每个 Linux 进程拥有 4GB 的地址空间。这 4GB 的空间分为两部分：最高 1GB 供内核使用，称为"内核空间"；较低的 3GB 供用户进程使用，称为"用户空间"。因为每个进程都可以通过系统调用执行内核代码，因此，内核空间由系统内的所有进程共享，而用户空间则是进程的私有空间。

2. 地址空间的结构

3GB 是用户空间的上限，实际的进程映像只会占用其中的部分地址，为方便管理访问控制，进程的映像划分为不同类型的若干个片段，每个片段占用地址空间中的一个区间。这些被映像占用的地址区间称为虚存区(Virtual Memory Area)。根据映像不同，虚存区分为以下几种。

(1) 代码区(text)：用于容纳程序代码。通常是只读的，防止程序在运行时修改自身的指令。

(2) 数据区(data)：用于容纳已被初始化的全局变量，包括静态全局变量和常量。

(3) BSS 区(bss)：用于容纳未初始化全局变量。这个区域的内容在程序加载时被初始化为零。

(4) 堆(heap)：用于动态存储分配的区域。堆的大小可以根据应用程序的需求动态增加或减小。

(5) 栈(stack)：用于容纳局部变量、函数参数、返回地址和返回值等动态数据。栈是一个后进先出(LIFO)的数据结构，栈帧用于保存每次函数调用的局部变量等信息。

用虚存区的概念来讲，一个进程的实际地址空间是由分布在整个地址空间中的多个虚存区组成的。每个虚存区中的映像都是同一类型的映像，拥有一致的属性和操作，因而可以作为单独的内存对象来管理，独立地设置各自的存取权限和共享特性。例如，代码区允许读和执行；数据区可以是只读的或读写的；共享代码区允许多进程共享等。

如图 7.17 所示是一个小进程的地址空间。由于只是为了示意，这个程序没有采用动态库，因此结构构成很简单，实际的进程结构要复杂些。用 pmap 命令可以查看一个进程所拥有的所有虚存区。命令是：pmap 进程号。

图 7.17 显示了该进程拥有 5 个虚存区，分布在进程的用户空间中。图中未覆盖的空白区是没有占用的空地址，是进程不可用的。虚存区是进程创建时建立的，不过进程可以在需要时动态地添加或删除虚存区，从而改变自己的可用地址空间。

说明：虚存区只是进程的观点，并非实际内存布局。虚存区的意义在于，能够在一维的线性地址空间中，通过划分虚存来实现代码的分段共享与保护。因此说，Linux 虽然采用的是页式存储方案，却具备了段式存储方案的模块化管理的优势，而且管理上要简单得多。因为段式管理中需要为一个进程分配多个地址空间。

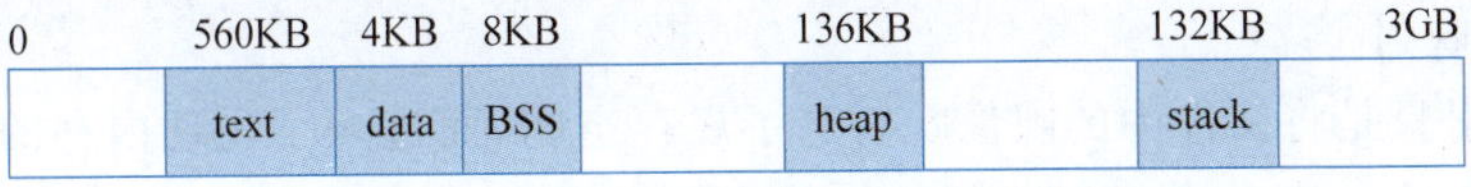

0	560KB	4KB	8KB	136KB	132KB	3GB
	text	data	BSS	heap	stack	

图 7.17　Linux 进程地址空间的结构图

3. 地址空间的映射

由虚存区构成的地址空间是一个虚拟空间的概念,是进程可用的地址编号的范围,并不存在实际的存储单元。进程映像因使用这些地址而"位于"地址空间中,而不是存储在其中。进程映像只能存放在物理存储空间中,如硬盘或物理内存,因此必须在虚存区的地址与物理存储空间的地址之间建立起联系,这种联系就称为地址空间映射。只有建立起映射关系,进程映像才能够真正被使用。

进程地址空间的映射方式,如图7.18所示。对地址空间需要建立两方面的映射,一是虚存到文件的映射,叫文件映射;二是虚存到实存的映射,叫页表映射。

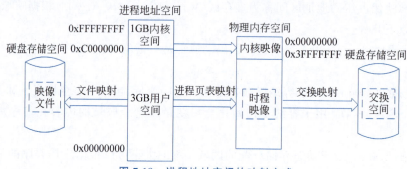

图 7.18 进程地址空间的映射方式

1) 文件映射

进程的静态映像以映像文件(即可执行文件)的形式驻留在硬盘存储空间。在进程创建时需要为其构建地址空间,方法是映像文件中相应部分的内容构建虚存区。当然映像不是被调入虚存区,而是在映像文件与虚存区之间建立地址映射,这就是文件映射。如同C语言用指针引用目标变量一样,进程通过虚存区来引用文件中的映像。建立文件映射后,进程的地址空间就构建完成了。

虚存区文件映射的方式是:text区和data区被映射到磁盘上的可执行文件;stack区无须映射;BSS和heap区为匿名映射,即不与任何实际文件对应的映射。BSS和heap区的映射对象是一个抽象的"零页"文件,映射到零页文件的区将是全0。

虚存区覆盖的地址空间是已建立映射的,因此是进程可以访问的、有效的地址空间。没有建立映射的空白空间是进程不可用的,唯一的例外是栈增长。栈的空间会随着进程的执行而动态增长。当栈超出其所有的虚存区容量时将触发一个页故障,内核处理故障时会检查是否还有空间来增长栈。一般情况下,若栈的大小低于上限(通常是8MB)是可以增长的。如果确实无法增长了就会产生"栈溢出"异常,导致进程终止。除栈之外,其他任何对未映射地址区的访问都会触发页故障,企图写一个只读区也会触发页故障。对这种页故障的处理是向进程发"段错误"信号SIGSEGV,使进程终止。

2) 页表映射

文件映射只是将文件中的映像映射进了虚存空间,而进入了物理内存的映像则是通过页表来映射的。建立了页表映射的地址空间部分是进程实际占有的、可直接访问的部分。

内核中设有一个独立的内核页表，用来映射内核空间。各个进程的页全局 768 项是进程自己的页表，768 之后的项则共享内核页表。内核页表将内核空间映射到物理内存的低端，进程页表将用户空间映射到 1GB 之上的物理内存空间。当进程运行在用户空间时使用的是自己的进程页表，一旦陷入内核就开始使用内核页表了。

进程开始执行时，只有很少一部分虚存区的映像装入物理内存，其余部分还在外存。当进程试图访问一个不在内存的地址时，CPU 将引发一个页故障中断。页故障处理程序根据虚存区的文件映射信息在文件中找到相应位置的映像，将其从硬盘调入物理内存，为其建立相应的页表映射，然后重新执行访问操作。

映像进入内存后也并非始终驻留在内存中。页式虚存的页面交换操作可能会将其换出到硬盘的交换空间中。内存与交换空间的映射关系由操作系统内核确定，用户进程是看不到的。

示例：使用 pmap 命令查看进程 ID 为 21815 的/usr/bin/gnome-shell 进程的内存映射信息，执行结果如图 7.19 所示。

```
[root@localhost ~]#pmap 21815
```

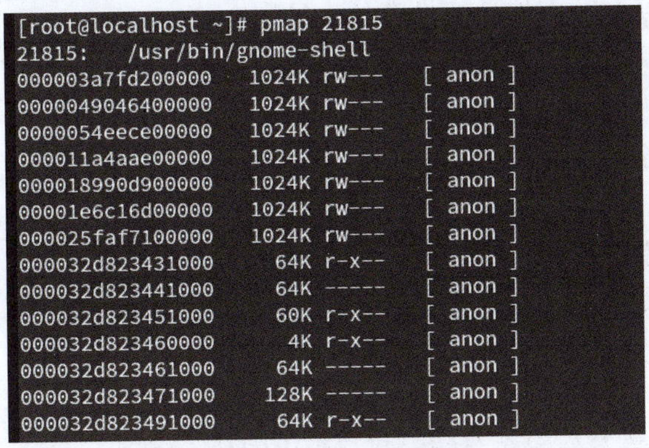

```
[root@localhost ~]# pmap 21815
21815:   /usr/bin/gnome-shell
000003a7fd200000    1024K rw---   [ anon ]
0000049046400000    1024K rw---   [ anon ]
0000054eece00000    1024K rw---   [ anon ]
000011a4aae00000    1024K rw---   [ anon ]
000018990d900000    1024K rw---   [ anon ]
00001e6c16d00000    1024K rw---   [ anon ]
000025faf7100000    1024K rw---   [ anon ]
000032d823431000      64K r-x--   [ anon ]
000032d823441000      64K -----   [ anon ]
000032d823451000      60K r-x--   [ anon ]
000032d823460000       4K r-x--   [ anon ]
000032d823461000      64K -----   [ anon ]
000032d823471000     128K -----   [ anon ]
000032d823491000      64K r-x--   [ anon ]
```

图 7.19 Linux 内存映射

上述输出是使用 pmap 命令查看进程 ID 为 21815 的/usr/bin/gnome-shell 进程的内存映射信息。以下是解释。

21815：/usr/bin/gnome-shell：表示进程 ID 为 21815，对应的可执行文件是/usr/bin/gnome-shell。

000003a7fd200000 - 0000049046400000：1024K rw--- [anon]：这是一个内存段的映射信息。

000003a7fd200000 - 0000049046400000：表示这个内存段的虚拟地址范围。

1024K：表示这个内存段的大小为 1024KB。

rw---：表示这个内存段是可读写的，但不可执行。

[anon]：表示这个内存段是匿名的，没有对应的文件映射。

上述信息显示了/usr/bin/gnome-shell 进程的一部分内存映射，每一行对应一个内存段。这些内存段可能包括堆、栈、共享库等。这个信息可以帮助用户了解进程在内存中的布局和使用情况。

4. 地址空间的描述

Linux 内核虽然是用 C 语言写成的,但它在许多方面实际采用了面向对象的思想,将一些资源抽象成对象来使用,如内存对象、文件对象等。

虚存区就是按照这种方式描述的一类对象。虚存区对象的描述结构是 vm_area_struct,该结构中包含虚存区的属性数据,如区的起始地址 vm_start 和结束地址 vm_end、访问权限 vm_page_prot、映射的文件 vm_file、文件偏移量 vm_pgoff、链表指针 vm_next 等,此外还有一个虚存区操作集的指针 vm_ops,它指向一组针对虚存区的操作函数的函数指针。这些函数包括增加虚存区 open() 和删除虚存区 close()。

习 题

1. 存储管理的主要功能是什么?
2. 什么是逻辑地址?什么是物理地址?为什么要进行地址变换?
3. 静态地址变换与动态地址变换有什么区别?
4. 简述页式分配思想和地址变换机制。
5. 页式和段式内存管理有什么区别?
6. 在页式存储系统中,若页面大小为 2KB,系统为某进程的 0、1、2、3 页面分配的物理块分别为 5、10、4、7,求出逻辑地址 5678 对应的物理地址。
7. 在页式存储系统中,如何实现存储保护和扩充?
8. Linux 系统采用的存储管理方案是什么?
9. 计算机内存的角色是什么?
10. 内存管理与多道程序设计有何关系?
11. 动态分配和静态分配在存储空间分配中有什么区别?
12. 手动内存回收和自动内存回收的区别是什么?
13. 存储地址的变换包括哪些方面的内容?
14. 内存的保护机制和措施是什么?
15. 多道程序并发中,内存资源有限性的原因是什么?
16. 存储管理器的任务是什么?
17. 为什么多进程共存对存储管理提出了需求?
18. 分区存储管理中,动态地址变换的过程是怎样的?
19. 页式存储管理中,页的分配与释放是如何进行的?
20. 段式存储管理中,段的共享、保护与扩充是怎样实现的?

图书资源支持

感谢您一直以来对清华版图书的支持和爱护。为了配合本书的使用,本书提供配套的资源,有需求的读者请扫描下方的"书圈"微信公众号二维码,在图书专区下载,也可以拨打电话或发送电子邮件咨询。

如果您在使用本书的过程中遇到了什么问题,或者有相关图书出版计划,也请您发邮件告诉我们,以便我们更好地为您服务。

我们的联系方式:

清华大学出版社计算机与信息分社网站:https://www.shuimushuhui.com/

地　　址:北京市海淀区双清路学研大厦 A 座 714

邮　　编:100084

电　　话:010-83470236　010-83470237

客服邮箱:2301891038@qq.com

QQ:2301891038(请写明您的单位和姓名)

资源下载:关注公众号"书圈"下载配套资源。

书圈

清华计算机学堂

观看课程直播